Python FastAPI 构建数据科学应用

Building Data Science Applications with FastAPI

[法]François Voron 编著

张晨曦 译

U0244780

北京航空航天大学出版社

图书在版编目(CIP)数据

Python FastAPI 构建数据科学应用 = Building Data Science Applications with FastAPI/(法)弗朗索瓦·沃龙编著；张晨曦译. -- 北京：北京航空航天大学出版社,2022.5

ISBN 978 - 7 - 5124 - 3781 - 4

Ⅰ.①P… Ⅱ.①弗… ②张… Ⅲ.①软件工具－程序设计 Ⅳ.①TP311.561

中国版本图书馆 CIP 数据核字(2022)第 068097 号

Python FastAPI 构建数据科学应用

Building Data Science Applications with FastAPI

[法]François Voron 编著

张晨曦 译

策划编辑 董宜斌 责任编辑 张冀青

*

北京航空航天大学出版社出版发行

北京市海淀区学院路 37 号(邮编 100191) http://www.buaapress.com.cn

发行部电话:(010)82317024 传真:(010)82328026

读者信箱: copyrights@buaacm.com.cn 邮购电话:(010)82316936

北京九州迅驰传媒文化有限公司印装 各地书店经销

*

开本:710×1 000 1/16 印张:19 字数:427 千字

2022 年 5 月第 1 版 2024 年 8 月第 2 次印刷

ISBN 978 - 7 - 5124 - 3781 - 4 定价:89.00 元

前　　言

FastAPI 是一个 Web 框架，可用于 Python 3.6 及其更高版本构建 API。有了这本书，您将能够使用实际示例创建快速可靠的数据科学 API 后端。

本书从 FastAPI 框架的基础知识和相关的 Python 编程概念开始讲解。然后，您将了解该框架的所有方面知识，包括其强大的依赖注入系统，以及如何使用它与数据库通信、实现身份验证和集成机器学习模型等。之后，您将学习与测试和部署相关的最佳实践，以运行高质量和健壮的应用程序。最后，您还将学习 Python 数据科学软件包的应用生态系统。随着学习的深入，您将学习如何使用 FastAPI 在 Python 中构建数据科学应用程序。本书还演示了如何开发快速高效的机器学习预测后端，并对其进行测试，以获得最佳性能。最后，您将看到如何使用 WebSocket 和 Web 浏览器作为客户端实现人脸实时检测。

在本书的最后，您不仅学习如何在数据科学项目中实现 Python，还学习如何在 FastAPI 的帮助下维护和设计它们，以满足高编程标准。

读者对象

本书面向对 FastAPI 及其生态系统感兴趣的数据科学家和软件开发人员，并以此构建数据科学应用程序。读者需要具备数据科学和机器学习概念的基本知识，以及了解如何在 Python 中应用它们。

本书主要内容

第 1 章为 Python 开发环境设置，介绍了 Python 开发环境的搭建，以便后续开始使用 Python 和 FastAPI。这其中就包含 Python 常用的各种开发工具。

第 2 章为 Python 编程特性，介绍了 Python 编程的特殊性，特别是块缩进、控制流语句、异常处理和面向对象编程等，以及列表解析和生成器等功能。最后，介绍了类型提示和异步 I/O 是如何工作的。

第 3 章为使用 FastAPI 开发 RESTful API，介绍了使用 FastAPI 创建 RESTful API 的基础知识：路由、参数、请求主体验证和响应，还展示了如何使用专用模块和单独的路由器正确构建 FastAPI 项目。

第 4 章为在 FastAPI 中管理 Pydantic 数据模型。Pydantic 是 FastAPI 使用的底层数据验证库，本章详细介绍了使用 Pydantic 定义数据模型。由于类继承，解释了如何在不重复相同代码的情况下实现相同模型的变体。最后，展示了如何在这些模型上实现自定义数据验证逻辑。

第 5 章为 FastAPI 中的依赖注入，解释了依赖注入是如何工作的，以及如何定义自己的依赖，以便在不同的路由器和端点之间重用逻辑。

第 6 章为数据库和异步 ORM,演示了如何建立与数据库的连接以读取和写入数据,介绍如何使用两个库与 SQL 数据库异步工作,以及它们如何与 Pydantic 模型交互。最后,向您展示如何使用 NoSQL 数据库中的 MongoDB。

第 7 章为 FastAPI 中的管理认证和安全性,展示了如何实现一个基本的管理认证系统,这主要包括保护我们的 API 端点,并为经过管理认证的用户返回相关数据。另外,还讨论了 CORS 的最佳实践,以及如何避免 CSRF 攻击。

第 8 章在是为 FastAPI 中为双向交互通信定义 WebSocket,帮助我们更好地理解 WebSocket,以及如何创建 WebSocket 和处理通过 FastAPI 接收的消息。

第 9 章为使用 pytest 和 HTTPX 异步测试 API,展示了如何为 REST API 端点编写测试。

第 10 章为部署 FastAPI 项目,介绍了在实际项目中顺利运行 FastAPI 应用程序的常见配置。另外,还探讨了几个部署选项:DigitalOcean 应用程序平台、Docker 和传统的服务器设置。

第 11 章为 NumPy 和 pandas 简介,介绍了 Python 中用于数据科学的两个核心库:NumPy 和 pandas。我们了解了如何使用 NumPy 创建和操作数组,以及如何对它们进行高效操作,然后展示了如何使用 pandas 管理大型数据集。

第 12 章为使用 scikit-learn 训练机器学习模型,scikit-learn 库是一套可以在 Python 中执行机器学习任务的现成工具,本章同时讲解了机器学习,包含一些最常见的算法和训练预测模型。

第 13 章为使用 FastAPI 创建高效的预测 API 端点,展示了如何使用 Joblib 高效地存储经过训练的机器学习模型;然后,将它集成到一个 FastAPI 后端,并且考虑了 FastAPI 内部的一些技术细节,以实现最大的性能;最后,展示了一种使用 Joblib 缓存结果的方法。

第 14 章为使用带 FastAPI 和 OpenCV 的 WebSocket 实现人脸实时检测系统,实现了一个在浏览器中执行人脸检测的简单应用程序,由 FastAPI WebSocket 和 OpenCV 支持,OpenCV 是一个流行的计算机视觉库。

准备工作

在本书中,我们将主要使用 Python 编程语言。第 1 章解释如何在操作系统上设置适当的 Python 环境。一些例子还涉及使用 JavaScript 运行网页,因此您的操作系统需要安装 Chrome 或 Mozilla Firefox 浏览器。

软件需求	操作系统需求
Python 3.7 及以上版本	Windows,macOS 或者 Linux
JavaScript	Windows,macOS 或者 Linux

示例代码下载

本书的示例代码可以从 https://github.com/PacktPublishing/Building-Data-Science-Applications-with-FastAPI 下载，同时相关更新也可从本网址下载。

彩色图片下载

本书所涉及的彩色图片和表格，可从 https://static. packt-cdn. com/downloads/ 9781801079211_ColorImages. pdf 下载。

代码示例说明

当我们提醒您注意代码块的特定部分时，相关行或项目以**粗体**显示：

```
class PostBase(BaseModel):
    title: str
    content: str
    def excerpt(self) ->str:
        return f"{self.content[:140]}..."
```

任何命令行输入或输出均以**粗体**显示：

```
1 validation error for Person
birthdate
    invalid date format (type = value_error. date)
```

目　　录

1

第三部分　使用 Python 和 FastAPI 构建数据科学 API

第一部分

Python 和 FastAPI 概述

在设置完成 Python 开发环境之后，我们将介绍 Python 的特性，然后再开始探索 FastAPI 的基本特性并运行我们的第一个 REST API。

本部分包括以下各章：

第 1 章　Python 开发环境设置

在开始 FastAPI 之旅之前,我们需要配置一个干净、高效的 Python 环境。本章将向您展示 Python 开发人员日常运行项目时使用的最佳实践和约定。

到本章结束时,您将能够运行 Python 项目,并在一个其开发环境中安装第三方依赖项,即使您碰巧正在另一个版本的 Python 语言或不同依赖项的项目上工作,也不会引起冲突。

在本章中,我们将介绍以下主题:
- 使用 pyenv 安装 Python 发行版;
- 创建 Python 虚拟环境;
- 使用 pip 安装 Python 包;
- 安装 HTTPie 命令行实用程序。

1.1　技术要求

在本书中,我们假设您可以访问基于 Unix 的编程环境,例如 Linux 发行版或 macOS。

如果您还没有这样的编程环境,那么 macOS 用户应该安装自制软件包(https://brew. sh),这对安装命令行工具有很大帮助。

如果您是 Windows 用户,那么应该为 Linux 启用 Windows 子系统(WSL)(https://docs. microsoft. com/windows/wsl/install-win10)安装一个 Linux 发行版,如 Ubuntu。该发行版将与 Windows 环境一起运行,以便您可以访问所有必需的工具。目前有两个版本的 WSL,分别为 WSL 和 WSL2。鉴于您的 Windows 版本,您可能无法安装最新版本,但是,如果您的 Windows 安装支持 WSL2,我们建议您使用它。

1.2　使用 pyenv 安装 Python 发行版

Python 已经与大多数 Unix 环境捆绑在一起,但是为了确保 Python 已经与 Unix 环境捆绑在一起,可以在命令行中运行如下命令,以显示当前安装的 Python 版本:

```
$ python3 -- version
```

显示的输出版本将会因您的系统而异。您可能认为这样就足以开始了,但存在一个重要的问题:您不能为您的项目选择 Python 版本。因为每个 Python 版本都引入了新的特性和突破性的更改。因此,对于新项目而言,重要的是能够切换到 Python 的最新版本,以利用其新功能,同时仍然能够运行可能不兼容的旧项目。这就是为什么我们需要 pyenv 的原因。

pyenv(https://github.com/pyenv/pyenv)是一种帮助您在系统上管理和切换多个 Python 版本的工具。它允许您为整个系统以及每个项目设置默认的 Python 版本。

在此之前,您需要在系统上安装几个构建依赖项,以便 pyenv 在系统上编译 Python。官方文件提供了明确的信息,登录 https://github.com/pyenv/pyenv/wiki#suggested-build-environment 可以查看关于这方面的指导,下面是您应该运行的命令。

(1) 安装生成依赖项:

• macOS 用户,请使用:

```
$ brew install openssl readline sqlite3 xz zlib
```

• Ubuntu 用户,请使用:

```
$ sudo apt-get update; sudo apt-get install --no-install-
recommends make build-essential libssl-dev zlib1g-dev
libbz2-dev libreadline-dev libsqlite3-dev wget curl llvm
libncurses5-dev xz-utils tk-dev libxml2-dev libxmlsec1-
dev libffi-dev liblzma-dev
```

包管理器

Brew 和 APT 通常被称为包管理器。它们的角色是自动化系统上软件的安装和管理。因此,您不必担心在哪里下载它们以及如何安装和卸载它们。这些命令只是告诉包管理器更新其内部包索引,然后安装所需包的列表。

---

(2) 安装 pynev:

```
$ curl https://pyenv.run | bash
```

提示

如果是 macOS 操作系统用户,则需要安装 Homebrew: brew install pyenv。

---

(3) 下载并执行一个安装脚本,该脚本将为您处理所有事情。最后,它将提示您向 shell 脚本中添加一些行,以便 shell 能够正确发现 pyenv。

① 在 nano(一个简单的命令行文本编辑器)中打开脚本~/.profile:

```
$ nano ~/.profile
```

② 在包含~/.bashrc 块之前添加以下代码:

```
export PYENV_ROOT = " $ HOME/.pyenv"
export PATH = " $ PYENV_ROOT/bin: $ PATH"
eval " $ (pyenv init -- path)"
```

③ 使用快捷键 Ctrl+O 保存,按 Enter 键确认,然后使用快捷键 Ctrl+X 退出。

④ 在 nano 中打开脚本 ~/.bashrc。如果您使用的是 zsh 而不是 Bash(最新 macOS 上的默认值),则文件命名为~/.zshrc。

```
$ nano ~/.bashrc
```

⑤ 在末尾添加以下代码:

```
eval " $ (pyenv init - )"
```

⑥ 使用快捷键 Ctrl+O 保存,按 Enter 键确认,然后使用快捷键 Ctrl+X 退出。

(4) 重新加载 shell 配置以应用这些更改:

```
$ source ~/.profile && exec $ SHELL
```

(5) 如果一切顺利,您现在应该能够调用 pyenv 工具:

```
$ pyenv
pyenv 1.2.21
Usage: pyenv <command> [<args>]
```

(6) 现在我们可以安装 Python 发行版了。尽管 FastAPI 与 Python 3.6 及其相关版本兼容,但在本书中我们将使用 Python 3.7,因为它对异步范例的处理更为成熟。本书中的所有示例都使用此版本进行了测试,但在新版本中也可以完美地工作。让我们安装 Python 3.7:

```
$ pyenv install 3.7.10
```

这可能需要几分钟,因为您的系统必须从源代码处编译 Python。

(7) 您可以使用以下命令设置默认 Python 版本:

```
$ pyenv global 3.7.10
```

除非在特定项目中另有规定,否则您的系统在默认情况下始终使用这个版本。

(8) 要确保一切正常,请运行以下命令检查默认调用的 Python 版本:

```
$ python - - version
Python 3.7.10
```

祝贺您!您现在可以在系统上处理任何版本的 Python 并随时切换它!

1.3　创建 Python 虚拟环境

对于当今的许多编程语言,Python 的强大功能来自于庞大的第三方库,当然包括

FastAPI,它可以帮助您快速构建复杂的高质量软件。Python Package Index(https://pypi.org),即 PyPi,是承载所有这些包的公共存储库。这是内置 Python 包管理器 pip 将使用的默认存储库。

默认情况下,使用 pip 安装第三方软件包时,它将为整个系统安装该软件包。这与其他一些语言不同,例如 Node.js'npm,在默认情况下,它会为当前项目创建一个本地目录来安装这些依赖项。显然,当您处理具有冲突版本多个依赖项的 Python 项目时,可能会出现问题,这也使得仅检索在服务器上正确部署项目所需的依赖项变得困难。

这就是 Python 开发人员通常使用虚拟环境的原因。基本上,虚拟环境只是项目中的一个目录,其中包含 Python 安装的副本和项目的依赖项。它与 Node.js 中的节点单元目录非常相似。此模式常见,因此创建它们的工具与 Python 捆绑在一起。

(1) 创建包含项目的目录:

```
$ mkdir fastapi - data - science
$ cd fastapi - data - science
```

> **提示**
>
> 如果您使用的是带有 WSL 的 Windows,建议您在 Windows 驱动器上创建工作文件夹,而不是在 Linux 发行版的虚拟文件系统上创建。当您在 Linux 中运行源代码文件时,可以在 Windows 中使用您喜爱的文本编辑器或 IDE 编辑源代码文件。
>
> 要做到这一点,实际上可以通过 mnt/c 访问 Linux 命令行中的 C:驱动器。因此,您可以使用常用的 Windows 路径访问您的个人文档,例如 cd/mnt/c/Users/YourUser-name/Documents。

(2) 创建虚拟环境:

```
$ python - m venv
```

基本上,这个命令就是告诉 Python 运行标准库的包,在目录中创建一个虚拟环境。此目录的名称是约定名称,但如果愿意,也可以选择其他名称。

(3) 完成上一步的操作后,还必须激活此虚拟环境。它将会告诉您的 shell session (会话)使用 Python 解释器和本地目录中的依赖项,而不是全局目录中的依赖项。只需运行以下命令:

```
$ source venv/bin/active
```

执行此操作后,您可能会注意到,提示会添加虚拟环境的名称:

```
(venv) $
```

谨记,此虚拟环境的激活仅适用于当前会话。如果关闭它或打开其他命令提示,则必须再次激活它。这件事很容易忘记,但在使用 Python 进行一些练习之后,就会变得自然。现在,您可以在项目中放心地安装 Python 包了!

1.4　使用 pip 安装 Python 包

正如前面所说，pip 是内置的 Python 包管理器，它将帮助我们安装第三方库。首先，让我们安装 FastAPI 和 Uvicorn：

```
$ pip install fastapi uvicorn[standard]
```

我们将在后面的章节中讨论它，但是运行 FastAPI 项目需要 Uvicorn。

提示

您可能已经注意到了后面方括号内的单词。有时，有些库具有使库正常工作所不需要的子依赖项。通常，它们是可选功能或特定项目需求所必需的。这里的方括号表示我们希望安装的 Unvicorn 是标准子依赖项。

为了确保安装工作正常，我们可以打开 Python 交互式 shell 并尝试导入 FastAPI 包：

```
$ python
>>> from fastapi import FastAPI
```

如果它通过了，没有出现任何错误，那么恭喜您，FastAPI 已经安装并且可以使用了！

1.5　安装 HTTPie 命令行实用程序

在进入主题的核心之前，我们先安装最后一个工具。您可能知道，FastAPI 主要是关于构建 REST API 的，因此，可以有以下几个选项：
- FastAPI 自动文档（将在本书后面讨论）；
- Postman，用于执行 HTTP 请求的 GUI 工具；
- cURL，用于执行网络请求的非常有名且广泛使用的命令行工具。

即使可视化工具很好而且易于使用，但有时也会缺乏一些灵活性，不如命令行工具那么高效。另一方面，cURL 是一个非常强大的工具，有数千个选项，但是对于测试简单的 REST API 而言，可能它会显得非常复杂和冗长。

这就是为什么我们引入 HTTPie 的原因。HTTPie 是一种命令行工具，旨在通过直观的语法、JSON 支持和语法突出显示来发出 HTTP 请求。其可以从大多数软件包管理器安装：
- macOS 用户，请使用：

```
$ brew install httpie
```

- Ubuntu 用户，请使用：

```
$ sudo apt-get update; sudo apt-get install httpie
```

下面让我们看一看如何在虚拟 API 上执行简单请求。

（1）检索数据：

```
$ http GET https://603cca51f4333a0017b68509.mockapi.io/todos
HTTP/1.1 200 OK
Content-Length: 195
Content-Type: application/json

[
    {
        "id": "1",
        "text": "Island"
    }
]
```

如您所见，您只需键入 HTTP 方法和 URL，就可以使用 http 命令调用 HTTPie。它以干净和格式化的方式输出 HTTP 头和 JSON 体。

（2）HTTPie 还支持在请求主体中快速发送 JSON 数据，而无须自己格式化 JSON：

```
$ http -v POST https://603cca51f4333a0017b68509.mockapi.io/todos text="My new task"
POST /todos HTTP/1.1
Accept: application/json, */*;q=0.5
User-Agent: HTTPie/2.3.0

{
    "text": "My new task"
}

HTTP/1.1 201 Created
Content-Length: 31
Content-Type: application/json

{
    "id": "6",
    "text": "My new task"
}
```

简单地键入属性名称及其值，HTTPie 就能知道它是 JSON 中请求主体的一部分。注意：这里我们指定了-v 选项，它告诉 HTTPie 在响应之前输出请求，这对于检查我们是否正确指定了请求非常有用。

（3）下面是如何指定请求头：

```
$ http - v GET https://603cca51f4333a0017b68509.mockapi.io/todos "My - Header：My -
Header - Value"
GET /todos HTTP/1.1
Accept：* / *
My - Header：My - Header - Value
User - Agent：HTTPie/2.3.0

HTTP/1.1 200 OK
Content - Length：227
Content - Type：application/json

[
    {
        "id": "1",
        "text": "Island"
    }
]
```

就这样！只需键入头名和头值，以冒号分隔，HTTPie 就可以知道这是头部。

1.6　总　结

现在，您已经拥有了运行本书示例和所有未来 Python 项目所需的所有工具和设置。了解了如何使用虚拟环境是一项关键技能以后，可以确保在切换到另一个项目或者必须处理其他人的代码时一切都能够顺利进行。您还学习了如何使用安装第三方 Python 库。最后，您还了解了如何使用 HTTPie，这是一种运行 HTTP 查询的简单而又高效的方法，可以在测试 REST API 时提高效率。

在下一章中，我们将重点介绍 Python 作为编程语言的一些特性，并真正了解 Python。

第 2 章 Python 编程特性

Python 语言旨在强调代码的可读性,因此,它包含了语法和结构,允许开发人员用很少且可读的几行代码就能快速表达复杂的概念。然而,这使得它与其他编程语言有很大的不同。

本章的目的是让您了解 Python 语言的特殊性,前提是您已经有一些编程经验。首先学习 Python 语言的基础知识、标准类型和流控制语法;然后向您介绍列表解析和生成器的概念,它们是遍历和转换数据序列的非常强大的方法。您还将会看到,Python 可以作为一种面向对象的语言使用,虽然它的语法非常轻量级,但其功能强大。在继续之前,我们还需要回顾一下类型提示和异步 I/O 的概念,它们在 Python 中非常新,但它们是 FastAPI 框架的核心。

在本章中,我们将介绍以下主题:

- Python 编程基础;
- 列表解析和生成器;
- 类别和对象;
- 使用 mypy 进行类型提示和类型检查;
- 异步 I/O。

2.1 技术要求

您需要一个 Python 虚拟环境,如我们在第 1 章所设置的环境。

您可以在 GitHub 存储库中找到本章的所有代码示例,网址如下:

https://github.com/PacktPublishing/Building-Data-Science-Applications-with-FastAPI/tree/main/chapter2

2.2 Python 编程基础

首先,让我们回顾一下 Python 的一些关键之处:

- 它是一种**解释性语言**。与 C 或 Java 等语言相反,Python 不需要编译,故允许我们以交互的方式运行 Python 代码。

- 它是**动态类型**的。值的类型在运行时确定。
- 它支持多种**编程范式**：过程式编程、面向对象式编程和函数式编程。

这使得 Python 成为了一种非常通用的语言，从简单的自动化脚本到复杂的数据科学项目。

下面让我们编写并运行一些 Python 代码！

2.2.1　运行 Python 脚本

正如我们所说，Python 是一种解释语言。因此，运行 Python 代码最简单、最快捷的方法是启动一个交互式 shell。启动会话只需运行以下命令：

```
$ python
Python 3.7.10 (default, Mar 7 2021, 10:12:14)
[Clang 12.0.0 (clang-1200.0.32.29)] on darwin
Type "help", "copyright", "credits" or "license" for more information.
>>>
```

这个 shell 使得运行一些简单语句和进行一些实验变得非常容易：

```
>>> 1 + 1
2
>>> x = 100
>>> x * 2
200
```

要退出 shell，可以使用 Ctrl＋D 快捷键。

显然，当您开始有更多的语句时，或者您只是想留存您的工作以便之后重用时，这可能会变得繁琐。Python 脚本保存在扩展名为".py"的文件中。我们在项目目录中创建一个名为 chapter2_basics_01.py 的文件夹，并添加以下代码：

chapter2_basics_01.py

```
print("Hello world!")
x = 100
print(f"Double of {x} is {x * 2}")
```

https://github.com/PacktPublishing/Building-Data-Science-Applications-with-FastAPI/blob/main/chapter2/chapter2_basics_01.py

代码非常简单，这个脚本在控制台中输出 Hello world，将值 100 分配给名为 x 的变量，并输出一个值为 x 及它的两倍的字符串。若要运行它，只需将脚本的路径添加为 Python 命令的参数：

```
$ python chapter2_basics_01.py
Hello world!
Double of 100 is 200
```

11

> **f 字符串**
>
> 您可能已经注意到以 f 开头的字符串,这种语法称为 f 字符串,是执行字符串插值的一种非常方便和简洁的方法。在字符串中,可以简单地在大括号里插入变量;它们将自动转换为字符串以生成结果字符串。我们将会在示例中经常使用它。

就是这么简单!您现在就可以编写和运行简单的 Python 脚本了。接下来我们深入了解一下 Python 语法。

2.2.2 缩进问题

Python 最具代表性的一点是,代码块不像许多其他编程语言那样使用大括号"{}"来定义,而是使用空格缩进。

这听起来可能有点奇怪,但它是 Python 可读性理论的核心。下面让我们看一看如何编写一个脚本来查找列表中的偶数。

chapter2_basics_02. py

```python
numbers = [1, 2, 3, 4, 5, 6, 7, 8, 9, 10]
even = []
for number in numbers:
    if number % 2 == 0:
        even.append(number)


print(even)  # [2, 4, 6, 8, 10]
```

https://github.com/PacktPublishing/Building-Data-Science-Application-with-FastAPI/blob/main/chapter2/chapter2_basics_02.py

在这个脚本中,numbers 被定义为一个从 1 到 10 的数字列表,even 被定义为一个包含偶数的空列表。

然后,我们定义了一个 for 循环语句来遍历 numbers 中的每个元素。如您所见,我们用冒号(:)开启一个新的模块,另起一行,然后缩进开始编写下一条语句。

下一行是检查当前数字奇偶性的条件语句,我们再一次用冒号开启一个新的模块;另起一行,再次缩进编写下一条语句。该语句将偶数添加到 even 的列表中。

在那之后,接下来的语句没有被缩进。这意味着我们已经脱离了循环块,它们应该在迭代完成后执行。

下面让我们运行它:

```
$ python chapter2_basics_02.py
[2, 4, 6, 8, 10]
```

缩进的样式和尺度

缩进的样式(制表符或空格)和尺度(2个,4个,6个,…)可以选择;唯一的限制是,在块内应保持一致。然而,按照惯例,Python 开发人员通常使用 4 个空格的缩进。

Python 在这一方面可能听起来很奇怪,但通过一些实践,您会发现强制执行缩进,可以大大提高脚本的可读性。现在我们将回顾内置类型和数据结构。

2.2.3　使用内置的类型

Python 在标量类型方面非常传统。其中有 6 个:
- int,存放整型值,例如 x = 1;
- float,用于浮点数,例如 x = 1.5;
- complex,用于复数,例如 x = 1 + 2j;
- bool,用于布尔值,例如 True 或 False;
- str,用于字符串值,例如 strx = "abc";
- NoneType,表示空值,例如 x = None。

值得注意的是,Python 是强类型的,这意味着解释器将限制隐式类型转换。例如,尝试添加一个 int 值和一个 str 值将会产生错误,如以下示例所示:

```
>>> 1 + "abc"
Traceback (most recent call last):
File "<stdin>", line 1, in <module>
TypeError: unsupported operand type(s) for +: 'int' and 'str'
```

但是,添加一个 int 值和一个 float 值将会自动上传结果给 float:

```
>>> 1 + 1.5
2.5
```

您可能已经注意到,Python 对于这些标准类型是非常传统的。下面让我们看一看基本数据结构是如何处理的。

2.2.4　使用数据结构:列表、元组、字典和集合

除了标量类型之外,Python 还提供了数组结构,在 Python 中称为列表;还有元组、字典和集合,在很多情况下使用都非常方便。让我们从列表开始。

1. 列　表

列表在 Python 中相当于经典的数组结构。列表的定义非常简单:

```
>>> l = [1, 2, 3, 4, 5]
```

正如您所看到的,用方括号括住一组元素表示一个列表。当然,您可以通过索引访问单个元素:

```
>>> l[0]
1
>>> l[2]
3
```

它还支持负索引,允许从列表末尾检索元素:索引-1是指最后一个元素,索引-2是指倒数第二个元素,以此类推:

```
>>> l[-1]
5
>>> l[-4]
2
```

另一个有用的语法是切片,它允许您快速检索子列表:

```
>>> l[1:3]
[2, 3]
```

第一个数字是开始索引(包含),第二个数字是结束索引(排除),用冒号分隔。第一个索引可以省略,就是假设其为 0:

```
>>> l[:3]
[1, 2, 3]
```

第二个数字也可以省略这种情况下,列表的长度被假定:

```
>>> l[1:]
[2, 3, 4, 5]
```

最后,该语法还支持用第三个数字来指定步长。选择列表中的第二个元素可能很有用:

```
>>> l[::2]
[1, 3, 5]
```

此语法的一个有用技巧是用-1反转列表:

```
>>> l[::-1]
[5, 4, 3, 2, 1]
```

列表是可变的。这意味着您可以重新分配元素或添加新元素:

```
>>> l[1] = 10
>>> l
[1, 10, 3, 4, 5]
>>> l.append(6)
[1, 10, 3, 4, 5, 6]
```

这与它们的近亲元组不同,元组是不可变的。

2. 元 组

元组与列表非常相似。它们不是使用方括号,而是使用圆括号来定义:

```
>>> t = (1,2,3,4,5)
```

它们支持与列表相同的语法来访问元素或部分：

```
>>> t[2]
3
>>> t[1:3]
(2, 3)
>>> t[:-1]
(5, 4, 3, 2, 1)
```

然而，元组是不可变的。这意味着您不能添加新元素或更改现有元素。尝试执行此操作将会引发错误：

```
>>> t[1] = 10
Traceback (most recent call last):
    File "<stdin>", line 1, in <module>
TypeError: 'tuple' object does not support item assignment
>>> t.append(6)
Traceback (most recent call last):
    File "<stdin>", line 1, in <module>
AttributeError: 'tuple' object has no attribute 'append'
```

它们的常用方法是用于具有多个返回值的函数。在下面的示例中，我们定义了一个函数来计算并返回欧几里得除法的商和余数。

chapter2_basics_03. py

```
def euclidean_division(dividend, divisor):
    quotient = dividend // divisor
    remainder = dividend % divisor
    return (quotient, remainder)
```

https://github. com/PacktPublishing/Building-Data-Science-Applications-with-FastAPI/blob/main/chapter2/chapter2_ basics_03. py

此函数只返回在元组中的商和余数。下面让我们计算 3÷2。

chapter2_basics_03. py

```
t = euclidean_division(3, 2)
print(t[0])          # 1
print(t[1])          # 1
```

https://github. com/PacktPublishing/Building-Data-Science-Applications-with-FastAPI/blob/main/chapter2/chapter2_basics_03. py

本例中我们将结果分配给名为 t 的元组，并通过索引检索商和余数。其实我们还可以做得更好。下面让我们计算欧几里得除法 42÷4。

chapter2_basics_03. py

```
q, r = euclidean_division(42, 4)
print(q)          # 10
```

```
print(r)          # 2
```

https://github.com/PacktPublishing/Building-Data-Science-Applications-with-FastAPI/blob/main/chapter2/chapter2_basics_03.py

您可以在这里看到，我们直接将商和余数分别分配给了变量 q 和 r。这种语法称为拆封（unpacking），可以非常方便地从列表或元组元素中分配变量。值得注意的是，因为 t 是一个元组，它是不可变的，所以不能重新分配值。另一方面，q 和 r 是新的变量，因此 t 是可变的。

3. 字　典

字典也是 Python 中广泛使用的数据结构，用于将键映射到值。它使用大括号来定义，键和值的列表用冒号分隔：

```
>>> d = {"a": 1,"b": 2,"c": 3}
```

可以通过键访问元素：

```
>>> d["a"]
1
```

字典是可变的，因此您可以在映射中重新分配或添加元素：

```
>>> d["a"] = 10
>>> d
{'a': 10, 'b': 2, 'c': 3}
>>> d["d"] = 4
>>> d
{'a': 10, 'b': 2, 'c': 3, 'd': 4}
```

4. 集　合

集合是一种方便使用的数据结构，用于存储唯一项的集合。它使用大括号来定义：

```
>>> s = {1,2,3,4,5}
```

可以将元素添加到集合中，但该结构只确保元素出现一次：

```
>>> s.add(1)
>>> s
{1, 2, 3, 4, 5}
>>> s.add(6)
{1, 2, 3, 4, 5, 6}
```

另外，还提供了简便的方法来执行两个集合上的并集或交集等操作：

```
>>> s.union({4,5,6})
{1, 2, 3, 4, 5, 6}
```

```
>>> s.intersection({4,5,6})
{4, 5}
```

这就是 Python 数据结构概述中的全部内容。您可能会在程序中经常使用它们，所以务必花一些时间熟悉。显然，我们没有涵盖它们所有的方法和特性，但您可以查看官方 Python 文档以获得详尽的信息，网址如下：

https://docs.python.org/3/library/stdtypes.html

下面让我们讨论 Python 中可用的不同类型的运算符，这些运算符允许我们对数据执行一些逻辑。

2.2.5 执行布尔逻辑并检查是否存在

Python 提供了执行布尔逻辑的运算符，当然，我们还会看到一些不太常用的运算符。这些符号使 Python 成为了一种非常有效的语言。

1. 执行布尔逻辑

使用 and、or 和 not 关键字执行布尔逻辑。让我们回顾一些简单的例子：

```
>>> x = 10
>>> x > 0 and x <100
True
>>> x > 0 or(x % 2 == 0)
Ture
>>> not(x > 0)
False
```

您可能会在程序中经常使用它们，尤其是在条件模块中。下面让我们回顾一下标识运算符。

2. 检查两个变量是否相同

is 和 is not 标识运算符可以检查两个变量是否引用同一对象。这与"＝＝"和"！＝"运算符不同，后者检查两个变量是否具有相同的值。

在内部，Python 将变量存储在指针中。因此，标识运算符是为了检查两个变量是否实际指向同一个指针。让我们回顾一些例子：

```
>>> a = [1,2,3]
>>> b = [1,2,3]
>>> a is b
False
```

即使列表 a 和 b 是相同的，它们也不共享同一个指针，因此 a is b 为假。然而，a＝＝b 是真。让我们看看，如果把 a 分配给 b 会怎样：

```
>>> a = [1,2,3]
```

```
>>> b = a
>>> a is b
Ture
```

在这种情况下,变量 b 将引用内存中与 a 相同的指针,即相同的列表。因此,标识运算符为真。

是 None 还是"== None"?

要检查变量是否为无用的,可以编写 a== None。虽然它在大多数情况下都能工作,但一般建议您编写 a is None。

为什么呢? 在 Python 中,类可以实现自定义比较运算符,因此在某些情况下,a==None 的结果可能是不可预测的,因为类可以选择将特殊含义附加到 None 值。

下面我们将检查成员运算符。

3. 检查数据结构中是否存在值

如果检查元素是否存在于数据结构(如列表或字典)中,那么成员运算符 is 和 not 非常有用。它们是 Python 的惯用语言,操作非常高效且易于编写。下面让我们看一些例子:

```
>>> l = [1,2,3]
>>> 2 in l
Ture
>>> 5 not in l
Ture
```

使用成员运算符,我们可以在一条语句中检查列表中是否存在元素。它也适用于元组和集合:

```
>>> t = (1,2,3)
>>> 2 in t
Ture
>>> s = {1,2,3}
>>> 2 in s
Ture
```

它也适用于字典。在这种情况下,成员运算符检查键是否存在,而不是值:

```
>>> d = {"a": 1,"b": 2,"c": 3}
>>> "b" in d
Ture
>>> 3 in d
False
```

现在我们清楚了这些操作,接下来我们将它们与条件语句一起使用。

2.2.6　程序控制流

没有控制流语句,编程语言就不是编程语言。您将再一次看到 Python 与其他语言的不同。让我们从条件语句开始。

1.　if、elif、else 语句

通常,这些语句是基于布尔条件执行逻辑的。在下面的例子中,我们考虑这样一种情况:一个字典中包含了电子商务网站订单的信息。编写一个函数,根据当前状态将订单状态更改为下一步:

chapter2_basics_04. py

```python
def forward_order_status(order):
    if order["status"] == "NEW":
        order["status"] = "IN_PROGRESS"
    elif order["status"] == "IN_PROGRESS":
        order["status"] = "SHIPPED"
    else:
        order["status"] = "DONE"
    return order
```

https://github. com/PacktPublishing/Building-Data-Science-Application-with-FastAPI/blob/main/chapter2/chapter2_basics_04. py

第一个条件记为 if,后跟布尔条件。然后,如 2.2.2 小节所介绍的,打开一个缩进模块。

备用条件记为 elif(非 else if),后备模块记为 else。当然,如果您不需要备用或回退条件,那么这些可以不用。值得注意的是,与其他高级语言不同,Python 不提供 switch 语句。

现在我们转到另一个经典的控制流 for 语句。可以使用 for 语句在序列上重复操作。

我们已经在本章的 2.2.2 小节看到了一个 for 循环的例子。正如您所理解的,此语句对于重复执行代码块非常有用。

您可能还注意到,它的工作原理与其他语言略有不同。通常,编程语言如下定义 for 循环:

```
for(i = 0;i <= 10;i++)
```

该语句可以定义和控制用于迭代的变量。

Python 不是这样工作的。相反,它希望您使用迭代器为循环提供信息。迭代器可以看作是一系列元素,您可以逐个检索这些元素。列表、元组、字典和集合可以像迭代器一样在 for 循环中使用。下面让我们看一些例子:

```
>>> for i in [1,2,3]:
...         print(i)
...
1
2
3
>>> for k in {"a":1,"b":2,"c":3}:
...         print(k)
...
a
b
c
```

但是,如果您只希望迭代一定的次数,该怎么办?幸运的是,Python 具有生成一些有用迭代器的内置函数。最广为人知的是 range 函数,它精确地创建了一个数字序列。让我们看一看它是如何工作的:

```
>>> for i in range(3):
...         print(i)
...
0
1
2
```

range 函数将从 0 开始生成一个你在开始时所给出的大小的序列。

还可以通过指定两个参数(开始索引(包含)和最后一个索引(排除))使其更精确:

```
>>> for i in range(1,3):
...         print(i)
...
1
2
```

您甚至可以提供一个步长作为第三个参数:

```
>>> for i in range(0,5,2):
...         print(i)
...
0
2
4
```

注意:此语法与我们在本章"列表"和"元组"中看到的部分语法非常相似。

---

range 输出不是列表

range 函数常被误解为返回的是一个列表,实际它上是一个序列对象,只存储 start、end 和 step 参数。这就是为什么可以写 range(100000000)而不破坏记忆;数百万个整数不是一次分配到内存中的。

正如您所看到的,Python 中的 for 循环语法非常容易理解,并且强调可读性。下面我们来谈谈它的近亲 while 循环。

2. while 循环语句

Python 中也提供了经典循环 while。跟其他语句相比,while 语句并没有什么特别之处。通常,while 语句可以重复指行,直到满足条件为止。我们回顾一个示例,在该示例中,我们使用 while 语句循环检索分页的元素,直到结束。

chapter2_basics_05. py

```
def retrieve_page(page):
    if page > 3:
        return {"next_page": None, "items": []}
    return {"next_page": page + 1, "items": ["A", "B", "C"]}items = []
page = 1
while page is not None:
    page_result = retrieve_page(page)
    items += page_result["items"]
    page = page_result["next_page"]
print(items)      # ["A", "B", "C", "A", "B", "C", "A", "B", "C"]
```

https://github. com/PacktPublishing/Building-Data-Science-Applications-with-FastAPI/blob/main/chapter2/chapter2_basics_05. py

retrieve_page 是一个伪函数,它将返回一个字典,其项在初始页码参数和下一个页码之间,或者当我们到达最后一页时,返回 None。一开始,我们不知道有多少页,因此,我们一再重复 retrieve_page,直到出现 page is None。在每次迭代中,我们将当前页面项保存在累加器 items 中。

当您处理第三方 REST APIs 并且希望检索所有可用项时,这种用法非常常见,而 while 循环对这一点非常有帮助。

不过,您可能希望更好地控制循环行为,这就需要 break 和 continue 语句了。

3. break 和 continue 语句

在某些情况下,您可能希望提前结束循环或者跳过迭代。为了解决这个问题,Python 采用经典的 break 和 continue 语句来实现。

2.2.7　定义函数

既然我们知道了如何使用普通运算符并控制程序流,那么让我们把它放在可重复用的逻辑中。正如所预料的,我们将研究函数以及如何定义它们。它们曾在前面的一些示例中出现过,接下来我们正式地介绍它。

在 Python 中,函数是使用关键字 def 后跟函数名来定义的。然后,在表示函数开始的冒号之前,括号中有被支持的参数列表。让我们看一个简单的例子:

```
>>> def f(a):
...     return a
...
>>> f(2)
2
```

就像这样!Python 还支持参数的默认值:

```
>>> def f(a,b = 1):
...     return a,b
...
>>> f(2)
(2, 1)
>>> f(2,3)
(2, 3)
```

调用函数时,可以使用参数名称指定参数值:

```
>>> f(a = 2,b = 3)
(2, 3)
```

这些参数称为关键字参数。如果您有多个默认参数,但只希望设置其中一个,那么这些参数将非常有用:

```
>>> def f(a = 1,b = 2,c = 3):
...     return a,b,c
...
>>> f(c = 1)
(1, 2, 1)
```

函数命名

按照惯例,函数应使用下画线命名,如 my_wonderful_function,而不是 MyWonderfulFunction。

其实还有更多!实际上,您可以定义接受动态数量参数的函数。

使用 * args 和 * * kwargs 接受动态参数

有的时候,您可能需要一个支持动态参数的函数,之后运行时在函数逻辑中处理这些参数。由此一来,就必须使用 * args 和 * * kwargs 语法。让我们定义一个使用此语法并输出这些参数值的函数:

```
>>> def f( * args, ** kwargs):
...        print("args",args)
...        print("kwargs",kwargs)
...
>>> f(1,2,3,a = 4,b = 5)
args (1,2,3)
Kwargs {'a':4,'b':5}
```

如您所见，标准参数被放置在元组中，其顺序与它们被调用的顺序相同。另一方面，关键字参数已放在字典中，其中的键是参数的名称。之后使用这些数据来执行逻辑！

有趣的是，这两种方法可以混合使用，这样就有了固定编码参数和动态参数：

```
>>> def f(a, * args):
...        print("a",a)
...        print("arg",args)
...
>>> f(1,2,3)
a 1
arg (2,3)
```

做得好！您现在已经学习了如何用 Python 编写函数来组织程序的逻辑，下一步是将这些功能组织到模块中，并将它们导入到其他模块中加以利用！

2.2.8 编写及使用包和模块

您可能已经知道，除了小脚本之外，您的源代码不应该存在于一个包含数千行的大文件中，而应该将其拆分为大小合理、易于维护的逻辑块。这正是包和模块的作用！下面我们将会看到它们是如何工作的，以及如何定义自己的包和模块。

首先，Python 自带了一组模块，即标准库，可直接导入到程序中：

```
>>> import datetime
>>> datetime.date.today()
datetime.date(2021, 3, 12)
```

只需关键字 import 就可以使用 datetime 模块并通过引用其名称访问其所有内容，datetime.date 是处理日期的内置类。但是，您可能希望有时显式导入此模块的一部分：

```
>>> from datetime import date
>>> date.today()
datetime.date(2021, 3, 12)
```

在这里，我们显式导入 date 类以直接使用它。

同样的原则也适用于安装了 pip 的第三方包，如 FastAPI。

虽然使用现有的包和模块比较好,但能编写自己的包和模块就更好了。在 Python 中,模块是包含声明的单个文件,但也可以包含首次导入模块时执行的指令。下面的示例中就存在一个非常简单的模块的定义。

chapter2_basics_module. py

```
def module_function():
    return "Hello world"
print("Module is loaded")
```

https://github. com/PacktPublishing/Building-Data-Science-Applications-with-FastAPI/blob/main/chapter2/chapter2_basics_module. py

此模块仅包含一个 module_function 函数和一个 print 语句。在项目的根目录下创建一个包含此代码的文件,并将其命名为 module. py。然后,打开 Python 解释器并运行以下命令:

```
>>> import module
Module is loaded
```

请注意,该 print 语句是在导入时执行的。您现在可以使用以下功能:

```
>>> module.module_function()
'Hello world'
```

祝贺您刚刚编写了第一个 Python 模块!

接下来让我们看看如何构造一个包。包是一种在层次结构中组织模块的方法,然后可以使用其命名空间导入模块。

在项目的根目录下,创建一个名为 package 的目录;在其内部,创建一个名为 sub-package 的目录,将 module. py 移动到其中。项目结构应如图 2.1 所示。

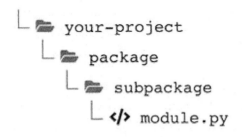

图 2.1　Python 包示例层次结构

然后您可以使用完整的命名空间导入模块:

```
>>> import package. subpackage. module
Module is loaded
```

它起作用了! 但是,为了定义一个合适的 Python 包,强烈建议在每个包和子包的根目录下创建一个空的__init__.py 文件。在较旧的 Python 版本中,必须让解释器能够识别包。在较新的版本中,则是可选的,但实际上,有__init__.py 文件的包(包)和没有该文件的包(命名空间包)之间存在一些细微的区别。在本书中我们不作进一步解释,如果您想了解更多的详细信息,可以通过以下网址查看有关命名空间包的文档:

https://packaging.python.org/guides/packaging-namespace-packages/

因此,通常应自始至终创建__init__.py 文件。在示例中我们的项目结构最终如图 2.2 所示。

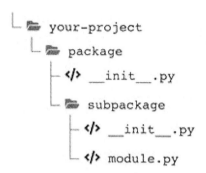

图 2.2 包含__init__.py 文件的 Python 包层次结构

值得注意的是,即使空的__init__.py 文件很好,您也可以在其中编写一些代码。这种情况一般在第一次导入包或其子模块时执行。为包执行一些初始化逻辑是很有用的。现在,您对如何编写 Python 代码是否有了比较好的感受? 接下来您可以随意编写一些小脚本来熟悉其独特的语法。下面我们探索有关 Python 语言的更高级主题,这些主题将在使用 FastAPI 的过程中被证明是有用的。

2.3 列表解析和生成器

在本节中,我们将介绍 Python 中最常用的构造:列表解析和生成器。您将会看到,对于以非常简单的语法读取和转换数据序列它们非常有用。

2.3.1 列表解析

在编程中,一个非常常见的任务是将一个序列(比如一个列表)转换为另一个序列,例如,过滤或转换元素。通常,需要编写一个操作,就像本章前面示例中所做的那样。

chapter2_basics_02.py

```
numbers = [1, 2, 3, 4, 5, 6, 7, 8, 9, 10]
even = []
```

```
for number in numbers:
    if number % 2 == 0:
        even.append(number)

print(even)    # [2, 4, 6, 8, 10]
```

https://github.com/PacktPublishing/Building-Data-Science-Applications-with-FastAPI/blob/main/chapter2/chapter2_basics_02.py

使用这种方法,我们只需迭代每个元素,检查一个条件,并在元素通过该条件时将其添加到累加器中。

为了进一步了解其可读性原理,Python 支持简洁的语法,只在一条语句中执行此操作:列表解析。让我们看一看前面的示例使用以下语法时是什么样子:

chapter2_list_comprehensions_01.py

```
numbers = [1, 2, 3, 4, 5, 6, 7, 8, 9, 10]
even = [number for number in numbers if number % 2 == 0]
print(even)        # [2, 4, 6, 8, 10]
```

https://github.com/PacktPublishing/Building-Data-Science-Applications-with-FastAPI/blob/main/chapter2/chapter2_list_comprehensions_01.py

就是这样!基本上,列表解析的工作原理是打包一个 for 循环并用方括号括起来。要添加到结果列表的元素首先出现,然后是迭代。或者添加一个条件,就像此处,以此来过滤列表输入的元素。

实际上,结果元素可以是任何有效的 Python 表达式。在下面的示例中,我们使用 randint 标准模块的 random 函数生成随机整数列表。

chapter2_list_comprehensions_02.py

```
from random import randint, seed

seed(10)    # Set random seed to make examples reproducible
random_elements = [randint(1, 10) for i in range(5)]
print(random_elements)    # [10, 1, 7, 8, 10]
```

https://github.com/PacktPublishing/Building-Data-Science-Applications-with-FastAPI/blob/main/chapter2/chapter2_list_comprehensions_02.py

Python 程序员广泛使用这种语法,您可能会越来越喜欢它。这种语法的好处在于它也适用于集合和字典,用法非常简单,只需将方括号替换为大括号,即可生成一个集合。

chapter2_list_comprehensions_03.py

```
from random import randint, seed

seed(10)    # Set random seed to make examples reproducible
random_unique_elements = {randint(1, 10) for i in range(5)}
```

```
print(random_unique_elements)   # {8, 1, 10, 7}
```

要创建字典，须指定键和以冒号分隔的值。

chapter2_list_comprehensions_04.py

```
from random import randint, seed

seed(10)                        # Set random seed to make examples reproducible
random_dictionary = {i: randint(1, 10) for i in range(5)}
print(random_dictionary)        # {0: 10, 1: 1, 2: 7, 3: 8, 4: 10}
```

2.3.2　生成器

您可能会认为，如果用圆括号替换方括号，就可以得到一个元组。实际上，你得到的是一个生成器对象。生成器和列表解析的主要区别在于，生成器的元素是按需生成的，而不是一次计算并存储在内存中。您可以将生成器看作是生成值的方法。

如前所述，可以使用与列表解析相同的语法（即圆括号）简单地定义生成器：

chapter2_list_comprehensions_05.py

```
numbers = [1, 2, 3, 4, 5, 6, 7, 8, 9, 10]
even_generator = (number for number in numbers if number % 2 == 0)
even = list(even_generator)
even_bis = list(even_generator)

print(even)                     # [2, 4, 6, 8, 10]
print(even_bis)                 # []
```

在本例中，我们定义 even_generator 输出列表 numbers 中的偶数。然后，我们使用此生成器调用构造函数 list，并将其分配给名为 even 的变量。此构造函数将耗尽在参数中传递的迭代器，并构建适当的列表。我们再做一次，然后分配给 even_bis。

如您所见，even 是一个包含所有偶数的列表，但 even_bis 是一个空列表。这个简单的例子显示生成器只能使用一次。一旦所有的值都产生了，一切就结束了。

这很有用，因为可以开始在生成器上迭代，停止执行其他操作，然后继续迭代。

创建生成器的另一种方法是定义生成器函数。在下面的示例中，我们将定义一个生成器函数，该函数输出从 2 到参数中传递的极限的偶数。

chapter2_list_comprehensions_06.py

```
def even_numbers(max):
```

```
    for i in range(2, max + 1):
        if i % 2 == 0:
            yield i

even = list(even_numbers(10))
print(even)          # [2, 4, 6, 8, 10]
```

https://github.com/PacktPublishing/Building-Data-Science-Applications-with-FastAPI/blob/main/chapter2/chapter2_list_comprehensions_06.py

正如在这个函数中看到的,此处使用了关键字 yield 而不是 return。当解释器到达该语句时,它暂停执行函数并生成值。当主程序要求另一个值时,该函数将会恢复以便再次回到 yield。

这使得我们能够实现复杂的生成器,甚至是在其过程中输出不同类型值的生成器。生成器函数的另一个有趣的特性是,允许我们在完成生成值时执行一些指令。下面的示例是在上一示例函数末尾添加一条 print 语句。

chapter2_list_comprehensions_07.py

```
def even_numbers(max):
    for i in range(2, max + 1):
        if i % 2 == 0:
            yield i
    print("Generator exhausted")

even = list(even_numbers(10))
print(even)
```

https://github.com/PacktPublishing/Building-Data-Science-Applications-with-FastAPI/blob/main/chapter2/chapter2_list_comprehensions_07.py

如果在 Python 解释器中执行,则得到以下输出:

```
$ python chapter2_list_comprehensions_07.py
Generator exhausted
[2, 4, 6, 8, 10]
```

我们得到了输出 Generator exhausted,这意味着最后一条语句 yield 之后的代码执行得很好。

如果您想在生成器耗尽后执行某些清理操作,比如关闭连接、删除临时文件等,这尤其有用。

2.4 编写面向对象的程序

正如我们所说,Python 是一种支持多范式的语言,其中一种范式是面向对象编程。在本节中,我们将学习如何定义类以及如何实例化和使用对象。您将会再一次看到

Python 语法非常轻量化。

2.4.1 定义类

用 Python 定义类很简单：使用关键字 class，键入类的名称，然后开始一个新块。之后，您可以在它的下面定义方法，就像对常规函数一样。让我们来看一个例子：

chapter2_classes_objects_01.py

```python
class Greetings:
    def greet(self, name):
        return f"Hello, {name}"


c = Greetings()
print(c.greet("John"))          # "Hello, John"
```

https://github.com/PacktPublishing/Building-Data-Science-Applications-with-FastAPI/blob/main/chapter2/chapter2_classes_objects_01.py

请注意，每个方法的第一个参数必须是 self，表示对当前对象实例的引用（在其他语言中相当于 this）。

要实例化一个类，只需像调用函数一样调用该类并将其分配给变量，之后可以使用点表示法访问这些方法。

类和方法命名

按照惯例，类应使用 camel case（驼峰大小写）拼写法命名，如 MyWonderfulClass 而不是 my_wonderful_class；而方法则应该像普通函数一样使用 snake case（蛇形大小写）拼写法命名。

显然，还可以设置类属性。为此，我们将通过 __init__ 实现该方法，其目标是初始化值：

chapter2_classes_objects_02.py

```python
class Greetings:
    def __init__(self, default_name):
        self.default_name = default_name

    def greet(self, name = None):
        return f"Hello, {name if name else self.default_name}"


c = Greetings("Alan")
print(c.default_name)  # "Alan"
print(c.greet())  # "Hello, Alan"
```

```
print(c.greet("John"))    # "Hello, John"
```

https://github.com/PacktPublishing/Building-Data-Science-Applications-with-FastAPI/blob/main/chapter2/chapter2_classes_objects_02.py

在本例中，__init__允许我们设置一个 default_name 属性，如果参数中没有提供名称，则通过 greet 方法使用该属性。如您所见，可以通过点表示法简单地访问此属性。

但要小心，__init__ 不是构造函数。在典型的面向对象语言中，构造函数是在内存中实际创建对象的方法。在 Python 语言中，调用__init__时，对象已经在内存中创建（注意，我们可以访问 self 实例）。实际上，有一种方法可以定义构造函数__new__，但在 Python 中很少使用。

私有方法和属性

在 Python 中，没有私有方法或属性。任何东西都可以从外面进入。但是，按照惯例，您可以在私有方法和属性前面加下画线，以表示它们应被视为私有，例如_private_method。

至此，您已经了解了 Python 中面向对象编程的基础知识！下面重点讨论魔法函数，它可以让我们更好地运用对象。

2.4.2　实现魔法函数

魔法函数是一组预定义的方法，在 Python 语言中具有特殊意义。魔法函数以前、后两个下画线为开始和结束，因而很容易识别。事实上，我们已经看到了其中一种神奇的方法，即__init__！这些方法不直接调用，而是在使用标准函数或运算符等其他构造时由解释器使用。

为了了解魔法函数的用处，下面介绍最常用的一些。首先从__repr__和__str__开始。

1. 对象表示法：__repr__和__str__

定义类时，能够获得实例的可读且清晰的字符串表示通常很有用。为此，Python 提供了两种魔法函数：__repr__和__str__。下面让我们看一看它们如何在表示摄氏度或华氏度温度的类上工作。

chapter2_classes_objects_03.py

```
class Temperature:
    def __init__(self, value, scale):
        self.value = value
        self.scale = scale


    def __repr__(self):
```

```
        return f"Temperature({self.value}, {self.scale! r})"
    def __str__(self):
        return f"Temperature is {self.value} °{self.scale}"
```

```
t = Temperature(25, "C")
print(repr(t))          # "Temperature(25, 'C')"
print(str(t))           # "Temperature is 25 °C"
print(t)
```

https://github.com/PacktPublishing/Building-Data-Science-Applications-with-FastAPI/blob/main/chapter2/chapter2_classes_objects_03.py

运行此示例,您会发现 print(t)输出的内容与 print(str(t))相同。通过 print,解释器调用__str__方法来获取对象的字符串表示形式。__str__的目的是:为最终用户提供对象的字符串表示。

另一方面,如您所见,即使非常相似,也可以以不同的方式实现__repr__。此方法的目的是为对象提供明确的内部表示。按照惯例,这里应该给出一个确切的语句,以便重新创建完全相同的对象。

下面用类来表示温度,让我们尝试一下比较它们会发生什么。

2. 比较方法:__eq__,__gt__,__lt__等

当然,用不同的单位比较两种温度会产生意想不到的结果。幸运的是,魔法函数允许重载默认操作符来执行有意义的比较。下面是扩展前面的示例。

chapter2_classes_objects_04. py

```
class Temperature:
    def __init__(self, value, scale):
        self.value = value
        self.scale = scale
        if scale == "C":
            self.value_kelvin = value + 273.15
        elif scale == "F":
            self.value_kelvin = (value - 32) * 5/9 + 273.15
```

https://github.com/PacktPublishing/Building-Data-Science-Application-with-FastAPI/blob/main/chapter2/chapter2_classes_objects_04.py

在__init__方法中,我们将给定电流标度的摄氏温度值转换为热力学温度值。这将有助于我们进行比较;然后,定义__eq__和__lt__。

chapter2_classes_objects_04. py

```
def __eq__(self, other):
    return self.value_kelvin == other.value_kelvin
```

31

```
def __lt__(self, other):
    return self.value_kelvin < other.value_kelvin
```

https://github.com/PacktPublishing/Building-Data-Science-Application-with-FastAPI/blob/main/chapter2/chapter2_classes_objects_04.py

如您所见，这些方法只能简单接受另一个参数，也就是要与之比较的另一个对象实例。然后，我们只需要执行比较逻辑即可。这样做，我们可以像对待任何变量一样进行比较。

chapter2_classes_objects_04.py

```
tc = Temperature(25, "C")
tf = Temperature(77, "F")
tf2 = Temperature(100, "F")
print(tc == tf)          # True
print(tc < tf2)          # True
```

https://github.com/PacktPublishing/Building-Data-Science-Application-with-FastAPI/blob/main/chapter2/chapter2_classes_objects_04.py

就是这样！如果希望所有比较运算符都可以用，还应实现所有其他比较的魔法函数：__le__、__gt__ 和 __ge__。

> **不保证其他实例的类型**
>
> 在本例中，我们假设 other 变量也是 Temperature 的对象。但是在现实世界中，这并不能保证。开发人员可以尝试用另一个对象与 Temperature 比较使用，这可能会导致出现错误行为。为了避免出现这种情况，应该用 isinstance 检查 other 变量，以保证我们能控制 Temperature，或提出适当的例外情况。

3. 运算符：__add__，__sub__，__mul__ 等

类似地，您还可以尝试定义，当两个 Temperature 对象相加或相乘时会发生什么。这里我们不再详细介绍，因为它的工作原理与比较运算符完全相同。

4. 可调用对象：__call__

我们将回顾的最后一个魔法函数是 __call__。这个函数有点特殊，因为它使您能够像调用常规函数一样调用对象实例。让我们举一个例子：

chapter2_classes_objects_05.py

```
class Counter:
    def __init__(self):
        self.counter = 0

    def __call__(self, inc=1):
```

```
    self.counter += inc

c = Counter()
print(c.counter)          # 0
c()
print(c.counter)          # 1
c(10)
print(c.counter)          # 11
```

https://github.com/PacktPublishing/Building-Data-Science-Application-with-FastAPI/blob/main/chapter2/chapter2_classes_objects_05.py

__call__可以像任何其他方法一样定义,并带有您希望的任何参数。唯一的区别是如何调用它:您只需直接在对象实例变量上传递参数,就像对常规函数那样。

如果想要定义一个维护某种局部状态的函数(如我们在本例中所做的),或者在需要提供一个可调用对象但必须设置一些参数的情况下,此模式非常有用。实际上,这就是我们在为 FastAPI 定义类依赖关系时将会遇到的用法。

如您所见,魔法函数是实现自定义类的操作并使它们易于以纯面向对象的方式使用的极好方法。此处没有涵盖所有可用的魔法函数,但您可以在以下官网文档中找到完整的列表:

https://docs.python.org/3/reference/datamodel.html#special-method-names

下面我们关注面向对象编程的另一个基本特征——继承。

2.4.3 重用逻辑并使用继承避免重复

1. 继 承

继承是面向对象编程的核心概念之一:它允许从现有类派生一个新类,可以重复用一些逻辑并重载特定于这个新类的部分。当然,Python 支持这一点。下面我们举一些非常简单的例子来理解这个机制。首先,以一个非常简单的继承为例:

chapter2_classes_objects_06.py

```
class A:
    def f(self):
        return "A"


class Child(A):
    pass
```

https://github.com/PacktPublishing/Building-Data-Science-Application-with-FastAPI/blob/main/chapter2/chapter2_classes_objects_06.py

这个 Child 继承自 A 类。语法很简单:我们要继承的类是在子类名后的括号中指定的。

---
pass 语句

pass 是一个什么都不做的陈述。由于 Python 只依赖缩进来表示块,因此创建空块是一条有用的语句,就像在其他编程语言中使用大括号一样。

在这个例子中,我们不想给 Child 类添加逻辑,所以我们只编写 pass。

另一种方法是在类定义下面添加文档字符串。

如果希望重载某个方法,但仍希望获得源方法的结果,则可以调用函数 super。

chapter2_classes_objects_07. py

```python
class A:
    def f(self):
        return "A"


class Child(A):
    def f(self):
        parent_return = super().f()
        return f"Child {parent_result}"
```

https://github.com/PacktPublishing/Building-Data-Science-Application-with-FastAPI/blob/main/chapter2/chapter2_classes_objects_07. py

现在您知道了如何在 Python 中创建基本继承,但还可以有更多,比如多重继承。

2. 多重继承

顾名思义,多重继承是指可以从多个类派生一个子类。通过这种方式,您可以将多个类的逻辑组合成一个类。让我们举一个例子:

chapter2_classes_objects_08. py

```python
class A:
    def f(self):
        return "A"


class B:
    def g(self):
        return "B"


class Child(A, B):
    pass
```

https://github.com/PacktPublishing/Building-Data-Science-Application-with-FastAPI/blob/main/chapter2/chapter2_classes_objects_08. py

语法同样很简单：只需用逗号列出所有父类。现在，该 Child 类可以同时调用 f 和 g 方法了。

混合类型

混合类型是 Python 中利用多重继承特性的常见模式。基本上，混合类型是一种具有您想要经常重用的特性的短类。之后可以通过组合混合类型来组合具体类。

但是，如果 A 和 B 类都实现了名为 f 的方法，将会发生什么？
让我们试一下：

chapter2_classes_objects_09. py

```
class A：
    def f(self)：
        return "A"

class B：
    def f(self)：
        return "B"

class Child(A, B)：
    pass
```

https://github. com/PacktPublishing/Building-Data-Science-Application-with-FastAPI/blob/main/chapter2/chapter2_classes_objects_09. py

如果调用 Child 的 f 方法，则会得到值"A"。在这种简单的情况下，Python 将考虑第一个匹配方法，遵循父类的顺序。但是，对于更复杂的层次结构，解析可能不那么明显：这是方法解析顺序（Method Resolution Order，MRO）算法的目的。这里不详细介绍，只需知道它遵循 C3 线性化原则即可。如果您想了解更多信息，可以查看以下官网文档，其中解释了用 Python 实现的算法：

https://www. python. org/download/releases/2. 3/mro/

如果您对类的 MRO 感到困惑，您可以调用 mro 方法在您的类上以获得所考虑的类的列表，顺序如下：

```
>>> Child.mro()
[<class 'chapter2.chapter2_classes_objects_08.Child'> , <class 'chapter2.chapter2_classes_objects_08.A'> , <class 'chapter2.chapter2_classes_objects_08.B'> , <class 'object'>]
```

做得好！现在，您已经对 Python 中的面向对象编程有了清楚的概念。在 FastAPI 中定义依赖项时，这些概念将非常有用。

下面我们回顾一下 Python 中 FastAPI 非常依赖的一些最新和最流行的特性。我们将从类型提示开始。

2.5　使用 mypy 进行类型提示和类型检查

在前面,我们说 Python 是一种支持动态类型化的语言:解释器不在编译时检查类型,而是在运行时检查类型。这使得 Python 语言使用更加灵活,开发人员的工作更加高效。如果您对这种语言有一些经验,您可能知道在这种情况下很容易产生错误和漏洞:忘记参数和类型不匹配。

这就是 Python 从 3.5 版开始引入类型提示的原因。我们的目的是提供一种语法,用类型注释对源代码进行注释:可以对每个变量、函数和类进行注释,以指示它们所期望的类型。这并不意味着 Python 会变成一种静态类型的语言。这些注释仍然是完全可选的,并且可以被解释器忽略。但是,静态类型检查器可以使用这些注释,它将检查您的代码在注释之后是否一致有效。因此,它能极大地帮助您减少错误并编写自解释代码。在这方面,作为工具之一的 mypy,被大众广泛使用。

2.5.1　开　始

为了理解类型注释是如何工作的,我们先回顾一个简单的注释函数:

chapter2_type_hints_01. py

```
def greeting(name: str) ->str:
    return f"Hello, {name}"
```

https://github. com/PacktPublishing/Building-Data-Science-Applications-with-FastAPI/blob/main/chapter2/chapter2_type_hints_01. py

如您所见,我们只是在冒号后面添加了参数的类型。我们还指定了箭头后面的返回类型。对于内置类型,如 str 或 int,我们可以简单地将其用作类型注释。在本节中,我们将进一步了解如何注释更复杂的类型,如列表或字典。

下面安装 mypy 以便对此文件执行类型检查。这可以像任何其他 Python 包一样完成:

```
$ pip install mypy
```

然后,对源文件运行类型检查:

```
$ mypy chapter2_type_hints_01.py
Success: no issues found in 1 source file
```

如您所见,mypy 告诉我们一切输出都很好。为了引发类型错误,让我们尝试稍微修改一下代码:

```
def greeting(name: str) ->int:
    return f"Hello, {name}"
```

很简单,我们刚才说函数的返回类型现在是 int,但我们仍然返回一个字符串。如果运行这段代码,它将执行得非常好:正如我们所说,解释器会忽略类型注释。但是,让我们看看 mypy 告诉了我们什么:

```
$ mypy chapter2_type_hints_01.py
chapter2/chapter2_type_hints_01.py:2: error: Incompatible return value type (got "str",
expected "int")
Found 1 error in 1 file (checked 1 source file)
```

这一次,mypy 报错了。它清楚地告诉我们这里出了什么问题:返回值是一个字符串,而我们所期待的是一个整数!

代码编辑器与 IDE 集成

类型检查很好用,但在命令行中需要手动运行 mypy,可能有点麻烦。所幸它与最流行的代码编辑器和 IDE 集成得很好。一旦配置完毕,它将在您输入时执行类型检查,并直接在故障线路上显示错误。类型注释还可以帮助 IDE 执行一些巧妙的操作,比如自动完成。

您可以在 mypy 的官网文档里查看如何设置您最喜欢的编辑器,网址如下:

https://github.com/python/mypy#idelinter-integrations-and-pre-commit

---

以上介绍了 Python 中类型提示的基础知识。下面我们学习更高级的示例,特别是非标量类型。

2.5.2 typing **模块**

到目前为止,我们已经了解了如何为标量类型(如 str 或 int)注释变量;看到了一些数据结构,比如列表和字典,它们在 Python 中被广泛使用。对于这些以及其他类型的实用程序,Python 引入了 typing 模块。在以下示例中,我们将演示如何在 Python 中输入提示的基本数据结构:

chapter2_type_hints_02.py

```python
from typing import Dict, List, Set, Tuple


l: List[int] = [1, 2, 3, 4, 5]
t: Tuple[int, str, float] = (1, "hello", 3.14)
s: Set[int] = {1, 2, 3, 4, 5}
d: Dict[str, int] = {"a": 1, "b": 2, "c": 3}
```

https://github.com/PacktPublishing/Building-Data-Science-Applications-with-FastAPI/blob/main/chapter2/chapter2_type_hints_02.py typing 模块包含了用于类型提示列表、元组、集合和字典的类,您只需导入便可在注释中使用它。在本例中,这些类希望您提供构成结构的值的类型。这与面向对象的编程中众所周知的泛型概念相同。在 Python 中,它们是使用方括号来定义的。

> **Python 3.9 中的内置类型注释已更改**
>
> 从 Python 3.9 开始,这里显示的注释列表、元组、集合和字典的方法已被弃用。这个较新版本的 Python 实际上支持使用常规类进行类型提示,而不需要从 typing:1:list[int] = [1, 2, 3, 4, 5]下导入另一个版本。

除了泛型类型之外,typing 模块还包含其他实用程序,以涵盖更复杂的注释。例如,在 Python 中,拥有一个包含不同类型元素的列表是完全有效的。要使用类型检查器执行此操作,我们将使用类型 Union。

chapter2_type_hints_03. py

```
from typing import List, Union

l: List[Union[int, float]] = [1, 2.5, 3.14, 5]
```

https://github. com/PacktPublishing/Building-Data-Science-Applications-with-FastAPI/blob/main/chapter2/chapter2_type_hints_03. py

Union 也是能接受任意个类型的泛型类型。在这种情况下,我们的列表将接受整数或浮点数。当然,如果您试图向 mypy 列表中添加既不是 int 值也不是 float 值的元素,则 mypy 会报错。

还有一种有用的情况。通常,函数参数或返回类型会返回一个值或 None。因此,您可以这样编写:

chapter2_type_hints_04. py

```
from typing import Union

def greeting(name: Union[str, None] = None) ->str:
    return f"Hello, {name if name else 'Anonymous'}"
```

https://github. com/PacktPublishing/Building-Data-Science-Applications-with-FastAPI/blob/main/chapter2/chapter2_type_hints_04. py

它允许的值为字符串或 None,非常好用。不过,这种情况非常常见,所以 typing 提供了一种快捷方式:Optional。因此,您可以编写以下内容:

chapter2_type_hints_05. py

```
from typing import Optional
```

```
def greeting(name: Optional[str] = None) ->str:
return f"Hello, {name if name else 'Anonymous'}"
```

https://github.com/PacktPublishing/Building-Data-Science-Applications-with-FastAPI/blob/main/chapter2/chapter2_type_hints_05.py

在处理复杂类型时,可以使用别名并随意重用它们,而无须每次重写它们。要做到这一点,您可以像分配任何变量一样简单地分配它们:

chapter2_type_hints_06.py

```
from typing import Tuple

IntStringFloatTuple = Tuple[int, str, float]

t: IntStringFloatTuple = (1, "hello", 3.14)
```

https://github.com/PacktPublishing/Building-Data-Science-Applications-with-FastAPI/blob/main/chapter2/chapter2_type_hints_06.py

按照惯例,类型应该像类一样使用 camel case 拼写法命名。谈到类,让我们看一看类型提示是如何与它们一起工作的。

chapter2_type_hints_07.py

```
from typing import List

class Post:
    def __init__(self, title: str) ->None:
        self.title = title

    def __str__(self) ->str:
        return self.title

posts: List[Post] = [Post("Post A"), Post("Post B")]
```

https://github.com/PacktPublishing/Building-Data-Science-Applications-with-FastAPI/blob/main/chapter2/chapter2_type_hints_07.py

实际上,类的类型提示没有什么特别之处,只需像对常规函数那样对方法进行注释即可。如果您需要在注释中使用您的类,比如这里的帖子列表,只需使用类名即可。

有的时候,您必须编写一个函数或方法来接受参数中的另一个函数。在这种情况下,需要给出此函数的类型签名。这就是引入 Callable 的目的。

2.5.3 可调用的类型函数签名

为函数签名指定类型非常有用,特别是当需要将函数作为其他函数的参数传递时。对于这样的任务,typing 模块提供了 Callable 类。在下面的示例中,我们将实现一个名为 filter_list 的函数,该函数需要一个整型列表和一个返回给定整数的布尔值的函数。

chapter2_type_hints_08. py

```
from typing import Callable, List

ConditionFunction = Callable[[int], bool]

def filter_list(l: List[int], condition: ConditionFunction) ->List[int]:
    return [i for i in l if condition(i)]
```

https://github.com/PacktPublishing/Building-Data-Science-Applications-with-FastAPI/blob/main/chapter2/chapter2_type_hints_08. py

如您所见,我们定义了一个类型别名 ConditionFunction,这要归功于 Callable。同样,这是一个泛型类,它需要两样东西:一是参数类型列表,二是返回类型。这里,我们需要一个整型参数,返回类型为布尔型。

然后,我们可以在 filter_list 函数的注释中使用此类型,mypy 将确保参数中传递的条件函数符合特征。例如,我们可以编写一个简单的函数对整数进行奇偶校验,如下例所示:

chapter2_type_hints_08. py

```
def is_even(i: int) ->bool:
    return i % 2 == 0

filter_list([1, 2, 3, 4, 5], is_even)
```

https://github.com/PacktPublishing/Building-Data-Science-Applications-with-FastAPI/blob/main/chapter2/chapter2_type_hints_08. py

值得注意的是,没有语法可以指示可选参数或关键字参数。在这种情况下,您可以写成 Callable[..., bool],其中"..."表示任意数量的参数。

2.5.4　Ang 和 cast

在某些情况下,代码是动态且复杂的,以致无法对其进行正确的注释,或者类型检查器可能无法正确推断类型。为了帮助实现正确地注释和推断类型,该模块提供了两个实用程序:Any 和 cast。

Any 是一种类型注释,它告诉类型检查器变量或参数可以是任何东西。在这种情况下,任何类型的值都对类型检查器有效。

chapter2_type_hints_09. py

```
from typing import Any
```

```
def f(x: Any) ->Any:
    return x

f("a")
f(10)
f([1, 2, 3])
```

https://github. com/PacktPublishing/Building-Data-Science-Applications-with-FastAPI/blob/main/chapter2/chapter2_type_hints_09. py

cast 是一个函数,用于覆盖由类型检查器推断的类型。它可以强制类型检查器考虑被指定的类型。

chapter2_type_hints_10. py

```
from typing import Any,cast

def f(x: Any) ->Any:
    return x

a = f("a")              # inferred type is "Any"
a = cast(str, f("a"))   # forced type to be "str"
```

https://github. com/PacktPublishing/Building-Data-Science-Applications-with-FastAPI/blob/main/chapter2/chapter2_type_hints_10. py

但是要小心,cast 函数仅对类型检查有意义。对于所有其他类型的注释,解释器都会完全忽略它,并且不会执行真正的强制转换。

虽然方便,但也应尽量避免过于频繁地使用这些实用程序。如果所有内容都被 Any 或 cast 投射为不同的类型,那么您将完全失去静态类型检查的好处。

正如我们所看到的,类型提示和类型检查确实有助于在开发和保持高质量代码的同时减少错误。但这还不是全部。实际上,Python 允许您在运行时检索类型注释并基于它们执行一些逻辑。这样一来您就能做一些比较省力的事情,比如依赖项注入:只需在函数中类型提示一个参数,库就可以自动解释它并在运行时注入相应的值。这个概念是 FastAPI 的核心。

FastAPI 的另一个关键方法是异步 I/O,这是我们在本章中讨论的最后一个主题。

2.6 异步 I/O

如果您使用过 JavaScript 和 Node. js,您可能会遇到承诺和 async/await 关键字的概念,这是异步 I/O 范例的特征。基本上,这是一种使 I/O 操作无阻并允许程序在读/写操作进行时执行其他任务的方法。这背后的主要驱动力是 I/O 操作很慢:从磁盘读取、网络请求比从 RAM 读取或处理指令慢 100 万倍。在下面的示例中,我们有一个读取磁盘上文件的简单脚本。

chapter2_asyncio_01. py

```
with open(__file__) as f:
    data = f.read()
# The program will block here until the data has been read
print(data)
```

https://github. com/PacktPublishing/Building-Data-Science-Applicationas-with-FastAPI/blob/main/chapter2/chapter2_asyncio_01. py

我们看到脚本将受到阻塞,直至我们从磁盘上检索到数据,正如我们所说的,这个时间可能很长。99%的程序执行时间都用于等待磁盘。通常,对于像这样的简单脚本来说,这不是问题,因为您可能不需要同时执行其他操作。

然而,在其他情况下,可能有机会执行其他任务。本书中最感兴趣的典型案例是 Web 服务器。假设第一个用户,在发送响应之前执行 10 s 的时间数据库查询,发出请求;同时第二个用户也发出一个请求,那么这时他们必须等待第一个响应完成后才能得到回复。

为了解决这个问题,基于 Web 服务器网关接口(WSGI)的传统 Python Web 服务器(如 Flask 或 Django)产生了一些响应流程。这些都是 Web 服务器的子进程,它们都能够响应请求。如果一个子进程忙于处理一个长请求,那么其他子进程可以回复新的请求。

使用异步 I/O,单个进程在处理具有长 I/O 操作的请求时不会阻塞。在等待此操作完成期间,它可以回复其他请求。当 I/O 操作完成后,它将回复请求逻辑并最终响应请求。

从技术上讲,这是通过事件循环的概念实现的。将其视为一个导体,它会管理您发送给它的所有异步任务。当数据可用或其中一个任务的写入操作完成时,它将发送回主程序,以便执行下一个操作。在底层,它依赖于操作系统 select 和 call 调用,这些调用正是为了在操作系统层面上询问有关 I/O 操作的事件。Julia Evans 在 *Async IO on Linux:select,poll,and epoll* 文中提供了非常有趣的细节,网址如下:

https://jvns. ca/blog/2017/06/03/async-io-on-linux--select--poll--and-epoll/

Python 最早在 3.4 版中实现了异步 I/O,此后有了很大的发展,特别是在 3.6 版中引入了关键字 async/await。管理此范例的所有实用程序都可以通过标准 asyncio 模块获得。不久之后,引入了 WSGI 在支持异步的 Web 服务器上的继承者——异步服务器网关接口(Asynchronous Server Gateway Interface,ASGI)。FastAPI 十分依赖于此,这也是它表现出如此优异性能的原因之一。

让我们回顾一下 Python 中异步编程的基础知识。下面是一个使用 asyncio 的简单 Hello world 示例。

chapter2_asyncio_02. py

```
import asyncio

async def main():
```

```
    print('Hello ...')
    await asyncio.sleep(1)
    print('... World! ')
```

```
asyncio.run(main())
```

https：//github. com/PacktPublishing/Building-Data-Science-Applicationas-with-FastAPI/blob/main/chapter2/chapter2_asyncio_02. py

当您希望定义一个异步函数时，只需在 def 之前添加关键字 async 即可。这允许您在其中使用关键字 await。这种异步函数称为协同路由。

在它内部的，先执行第一个语句 print，然后调用 asyncio. sleep 协同路由。这是在给定的秒数范围内阻止程序的 time. sleep 异步等效程序。注意，一般用关键字 await 作为调用的前缀。这意味着需要等待此协同程序完成，然后再继续。这就是关键字 async/await 的主要好处：编写类似于协同程序的代码。如果省略了 await，则需要创建协同路由对象，但这些从不执行。

还需要注意，我们使用了函数 asyncio. run。这是创建新的循环、执行协同程序并返回其结果的机制。它应该是异步程序的主要入口点。

这个例子很好，但从异步的角度来看不是很有趣；因为只等待一次操作，所以给人的印象并不深刻。让我们看一个同时执行两个协同程序的示例。

chapter2_asyncio_03. py

```
import asyncio

async def printer(name: str, times: int) ->None:
    for i in range(times):
        print(name)
        await asyncio.sleep(1)

async def main():
    await asyncio.gather(
        printer("A", 3),
        printer("B", 3),
    )

asyncio.run(main())
```

https：//github. com/PacktPublishing/Building-Data-Science-Applicationas-with-FastAPI/blob/main/chapter2/chapter2_asyncio_03. py

在这里，我们有一个协同程序 printer，它按给定的次数打印其名称。
在每次输出之间，它休眠 1 s。

然后，主协程使用 asyncio. gather 实用程序，该实用程序可以并发执行调度多个协程。如果运行此脚本，则得到结果如下：

```
$ python chapter2_asyncio_03.py
A
```

```
B
A
B
A
B
```

一系列的 A 和 B 意味着我们的协同过程是同时执行的,而不是等到第一个过程完成后再开始第二个过程。

您可能想知道为什么我们在这个示例中添加了 asyncio. sleep。事实上,如果我们去掉它,可能会得到如下结果:

```
A
A
A
B
B
B
```

上述结果看起来不是并行的,事实上确实不是。这是 asyncio 的一个主要的陷阱:在协同程序中编写代码并不一定意味着它就不会阻塞。诸如计算之类的常规操作都会阻塞事件循环。通常,这并不是问题,因为这些操作速度很快。唯一不会阻塞的操作是设计为异步工作的正确 I/O 操作。这与在子进程上执行操作的多进程不同,子进程本质上是不会阻止主进程的。

因此,在选择与数据库、API 等交互的第三方库时务必要小心。有些已经被调整为异步工作,或者有些替代方案已经与标准方案同步开发。这些我们将在下一章看到,特别是在使用数据库时。我们对异步 I/O 的快速介绍到此结束。后面还有其他一些有趣之处,但通常,我们在这里讲述的基础知识有助于您利用 FastAPI 中 asyncio 的强大功能。

2.7　总　结

通过本章的学习,您应该了解了 Python 语言的基础知识,这是一种非常简洁、高效的语言;还有更高级的列表解析和生成器概念,它们是处理数据序列的惯用方法。Python 也是一种多范式语言,您已经了解了如何利用面向对象的语法。

最后,您发现了该语言的一些最新特性:类型提示,它允许静态类型检查以减少错误并加快开发;异步 I/O,一组新工具和语法,以最大限度地提高性能并允许在执行 I/O 绑定操作时并发。

现在,您已经准备好使用 FastAPI 开始您的旅程了! 您将会看到,FastAPI 框架利用了所有 Python 特性,提供了一种快速而愉快的开发体验。在下一章中,您要学习的是如何使用 FastAPI 编写您的第一个 REST API。

第 3 章　使用 FastAPI 开发 RESTful API

本章我们开始学习 FastAPI！我们将会介绍 FastAPI 的基础知识,通过简单且重点突出的示例演示 FastAPI 的不同功能。每个示例都会产生一个可以工作的 API 端点,您可以使用 HTTPie 对其进行测试。在本章的最后一节中,我们将向您展示一个更复杂的 FastAPI 项目,其中路由被分割到多个文件中。本章将会让您大概了解如何构建自己的应用程序。

结束本章时,您将会了解如何启动 FastAPI 应用程序以及如何编写 API 端点,还可以根据自己的逻辑处理请求数据和构建响应。除此之外,您将会学到一种将 FastAPI 项目组织为几个模块的方法,这些模块更易于维护和长期使用。

在本章中,我们将介绍以下主题:
- 创建第一个端点并在本地运行;
- 处理请求参数;
- 自定义响应;
- 利用多个路由器构建一个更大的项目。

3.1　技术要求

对于本章中的示例,您需要一个 Python 虚拟环境,如我们在第 1 章所设置的环境。您可以在专用的 GitHub 存储库中找到本章的所有代码示例,网址如下:

https://github.com/PacktPublishing/Building-Data-Science-Applications-with-FastAPI/tree/main/chapter3

3.2　创建第一个端点并在本地运行

FastAPI 是一个旨在易于使用和快速编写的框架。在下面的示例中,您将会认识到这不仅仅是一个承诺。事实上,创建 API 端点只需要几行代码。

chapter3_first_endpoint_01.py

```
from fastapi import fastapi
```

```
app = FastAPI()

@app.get("/")
async defhello_world():
    renturn{"hello":"world"}
```

https://github.com/PacktPublishing/Building-Data-Ssience-Applications-with-FastAPI/blob/main/chapter3/chapter3_first_endpoint_01.py

在本例中,我们在根路径上定义了一个 GET 端点,它总是返回{"hello":"world"}的 JSON 回应。为此,我们首先实例化一个 FastAPI 对象,这是一个连接所有 API 路由的主要应用程序对象。

然后,简单地定义一个包含路由逻辑的协例程,即路径操作函数。它的返回值由 FastAPI 自动处理,以使用 JSON 有效负载生成适当的 HTTP 响应。

在这里,代码中最重要的部分可能是以@开头的那一行,它可以在协例程定义上找到,即装饰器(decorator)。在 Python 中,装饰器是语法糖,它允许您用公共逻辑包装函数或类,而不影响可读性。它相当于 app.get("/")(hello_world)。

FastAPI 为每个 HTTP 方法公开一个装饰器,以便向应用程序中添加新的路由。这里显示的是添加了一个以路径作为第一个参数的 GET 端点。

现在,让我们运行这个 API。将示例复制到项目的根目录,然后运行以下命令:

```
$ uvicorn chapter3_first_endpoint_01:app
INFO：Started server process [13300].
INFO：Waiting for application startup.
INFO：Application startup complete.
INFO：Uvicorn running on http://127.0.0.1:8000 (Press CTRL + C to quit)
```

正如 2.6 节中提到的,FastAPI 公开了一个与 ASGI 兼容的应用程序。要运行它,则需要一个与此协议兼容的 Web 服务器。Uvicorn 是一个很好的选择,它提供了一个快速启动 Web 服务器的命令。在第一个参数中,它需要 Python 模块的虚线名称空间,其中包含应用程序实例,后跟冒号(:),最后是 ASGI 应用程序实例的变量名(在我们的例子中,这是 app)。之后,它会负责实例化应用程序并在本地机器上公开。

下面让我们用 HTTPie 来试一试端点:

```
$ http http://localhost:8000
HTTP/1.1 200 OK
content - length：17
content - type：application/json
date：Tue, 23 Mar 2021 07:35:16 GMT
server：uvicorn

{
    "hello"："world"
```

}

它起作用了！如您所见，只使用了几行 Python 语句和一个命令，就得到了一个 JSON 响应以及想要的负载！

FastAPI 最受欢迎的特性之一是自动交互文档。如果在浏览器中打开 http://localhost:8000/docs ，将会显示一个与图 3.1 类似的 Web 界面。

图 3.1 FastAPI 自动交互文档

FastAPI 将自动列出所有定义的端点，并提供有关预期输入和输出的文档。您甚至可以在此 Web 界面中直接尝试每个端点。在引擎下，它依赖于 OpenAPI 规范和 Swagger 提供的相关工具。官网 https://swagger.io/上有更多信息。

就这样！便用 FastAPI 创建了第一个 API。当然，这只是一个非常简单的示例，接下来，要学习的是如何处理输入数据以及制作有意义的东西！

站在巨人的肩上

值得注意的是，FastAPI 构建在两个主要的 Python 库之上：

- starlette，一个低级 asgiweb 框架，网址如下：

  https://www.starlette.io/

- pydantic，一个基于类型提示的数据验证库，网址如下：

  https://pydantic docs.helpmanual.io/

3.3 处理请求参数

REST API 的主要目标是提供与数据交互的结构化方式。因此,最终用户发送一些信息以调整他们所需的响应是至关重要的,例如路径参数、查询参数、正文有效负载(body payload)或头(Header)。

为了处理它们,Web 框架通常要求操作请求对象来检索您感兴趣的部分并手动应用验证。但是,对于 FastAPI 而言,这不是必需的! 实际上,它允许您以声明的方式定义所有参数;然后,在请求中自动检索它们,并基于类型提示应用验证。这就是为什么我们在第 2 章中引入类型提示,因为 FastAPI 需要使用它来执行数据验证!

接下来,将要探讨的是如何使用此功能从请求的不同部分检索和验证此输入数据。

3.3.1 路径参数

API 路径是最终用户将与其交互的主要内容,因此,它是动态参数的一个很好的定位点。一个典型的例子是放置想要检索的对象的唯一标识符,例如/users/123。让我们看一看如何用 FastAPI 来定义它:

chapter3_path_parameters_01.py

```
from fastapi import FastAPI

app = FastAPI()

@app.get("/users/{id}")
async def get_user(id: int):
    return {"id": id}
```

https://github.com/PacktPublishing/Building-Data-Science-Applications-with-FastAPI/blob/main/chapter3/chapter3_path_parameters_01.py

在本例中,定义了一个 API,该 API 要求在其路径的最后部分包含一个整数。为此,需要将参数名放在大括号周围的路径中。然后,我们将这个参数定义为路径操作函数的参数。注意:我们添加了一个类型提示,以指定参数为整数。

运行这个示例:可以参考上一节,创建第一个端点并在本地运行它。这样可以学习到如何使用 Uvicorn 运行 FastAPI 应用程序。

首先,我们尝试用省略路径参数来发出请求:

```
$ http http://localhost:8000/users
HTTP/1.1 404 Not Found
content-length: 22
content-type: application/json
```

```
date: Wed, 24 Mar 2021 07:23:47 GMT
server: uvicorn


{
    "detail": "Not Found"
}
```

得到的是 404 的状态响应。这是意料之中的,因为我们的路由等待着在/users 之后的一个参数,所以如果我们省略它,那么它根本不匹配任何模式。

让我们使用适当的整数参数尝试一下。

```
$ http http://localhost:8000/users/123
HTTP/1.1 200 OK
content-length: 10
content-type: application/json
date: Wed, 24 Mar 2021 07:26:23 GMT
server: uvicorn


{
    "id": 123
}
```

它起作用了!我们得到一个 200 的状态响应,响应中包含了我们在参数中传递的整数。注意:它已正确转换为整数了。

如果我们传递的值不是有效的整数,那么会发生什么呢?让我们来了解一下。

```
$ http http://localhost:8000/users/abc
HTTP/1.1 422 Unprocessable Entity
content-length: 99
content-type: application/json
date: Wed, 24 Mar 2021 07:28:11 GMT
server: uvicorn


{
    "detail": [
        {
            "loc": [
                "path",
                "id"
            ],
            "msg": "value is not a valid integer",
            "type": "type_error.integer"
        }
    ]
```

}

我们得到一个 422 的状态响应！由于 abc 不是一个有效的整数,因此验证失败并输出一个错误。注意:有一个非常详细和结构化的错误响应,它会告诉我们到底是哪个元素导致了错误以及原因。我们所需要做的就是触发这个验证,即键入提示参数!

当然,并不仅仅局限于一个路径参数,可以有多个,有不同的类型。在下面的示例中我们添加了一个字符串类型的类型参数。

chapter3_path_parameters_02. py

```
from fastapi import FastAPI


app = FastAPI()


@app.get("/users/{type}/{id}/")
async def get_user(type: str, id: int):
    return {"type": type, "id": id}
```

https://github. com/PacktPublishing/Building-Data-Science-Applications-with-FastAPI/blob/main/chapter3/chapter3_path_parameters_02. py

做得很好,但端点将接受任何字符串作为类型参数。

限制允许的值

如果我们只想接受一组有限的值呢？我们需要再一次依靠类型提示。Python 有一个非常有用的类——Enum。枚举是一种列出特定类型数据的所有有效值的方法。如果定义一个 Enum 类,那么它将会列出不同类型的用户。

chapter3_path_parameters_03. py

```
from enum import Enum
from fastapi import FastAPI


class UserType(str, Enum):
    STANDARD = "standard"
    ADMIN = "admin"
```

https://github. com/PacktPublishing/Building-Data-Science-Applications-with-FastAPI/blob/main/chapter3/chapter3_path_parameters_03. py

如果要定义字符串枚举,那么将会同时继承 str 类型和 Enum 类;然后,我们将允许的值列为类属性:属性名及其实际的字符串值;最后,使用这个类来输入类型提示的类型参数。

chapter3_path_parameters_03. py

```
@app.get("/users/{type}/{id}/")
```

```
async def get_user(type: UserType, id: int):
    return {"type": type, "id": id}
```

https://github.com/PacktPublishing/Building-Data-Science-Applications-with-FastAPI/blob/main/chapter3/chapter3_path_parameters_03.py

如果运行此示例并使用不在枚举中的类型调用端点,那么将会得到以下响应:

```
$ http http://localhost:8000/users/hello/123/
HTTP/1.1 422 Unprocessable Entity
content-length: 184
content-type: application/json
date: Thu, 25 Mar 2021 06:30:36 GMT
server: uvicorn

{
    "detail": [
        {
            "ctx": {
                "enum_values": [
                    "standard",
                    "admin"
                ]
            },
            "loc": [
                "path",
                "type"
            ],
            "msg": "value is not a valid enumeration member;
permitted: 'standard', 'admin'",
            "type": "type_error.enum"
        }
    ]
}
```

如您所见,得到了一个很好的验证错误,此参数的值!

还可以进一步定义更高级的验证规则,特别是数字和字符串。在这种情况下,类型提示已不再足够,需要依赖 FastAPI 提供的函数,允许我们在每个参数上设置一些选项。对于路径参数,该函数被命名为"路径"。在以下示例中,只允许一个大于或等于 1 的 id 参数:

chapter3_path_parameters_04.py

```
from fastapi import FastAPI, Path
```

```
app = FastAPI()

@app.get("/users/{id}")
async def get_user(id: int = Path(..., ge = 1)):
    return {"id": id}
```

https://github.com/PacktPublishing/Building-Data-Science-Applications-with-FastAPI/blob/main/chapter3/chapter3_path_parameters_04.py

需要注意的是,路径的结果被用作路径操作函数中的 id 参数的默认值。

此外,如您所见,我们使用省略号语法作为路径的第一个参数。实际上,它期望该参数的默认值作为第一个参数。在这种情况下,我们不需要一个默认值,而该参数是必需的。因此,省略号是为了告诉 FastAPI,我们不需要一个默认值。

然后,我们可以添加我们感兴趣的关键字参数。在例子中,这是 ge(大于或等于),以及其关联的值。有许多可用的验证,如下:

- gt:大于;
- ge:大于或等于;
- lt:小于;
- le:小于或等于。

还有针对字符串值的验证选项,它们基于长度和正则表达式的使用。在下面的示例中,我们希望定义一个路径参数,可以接受 AB - 123 - CD(法国车牌)形式的车牌。第一种方法是强制字符串的长度为 9(即 2 个字母、1 个半字线、3 位数字、1 个半字线、2 个字母)。

chapter3_path_parameters_05. py

```
@app.get("/license-plates/{license}")
async def get_license_plate(license: str = Path(..., min_length = 9, max_length = 9)):
    return {"license": license}
```

https://github.com/PacktPublishing/Building-Data-Science-Applications-with-FastAPI/blob/main/chapter3/chapter3_path_parameters_05.py

现在只需要定义 min_length 和 max_length 关键字参数即可,就像我们对验证数量所做的那样。当然,另外一个更好的解决方案是,使用正则表达式来验证车牌号码。

chapter3_path_parameters_06. py

```
@app.get("/license-plates/{license}")
async def get_license_plate(license: str = Path(..., regex = r"^\w{2} - \d{3} - \w{2} $ ")):
    return {"license": license}
```

https://github.com/PacktPublishing/Building-Data-Science-Applications-with-FastAPI/blob/main/chapter3/chapter3_path_parameters_06.py

由于这是个正则表达式,所以只接受与车牌格式完全匹配的字符串。请注意,正则表达式是以 r 为前缀的。与 f 字符串一样,这是一个 Python 语法,用于表示以下字符串应该被视为正则表达式。

参数元数据

数据验证并不是参数函数所接受的唯一选项。

除此之外,还可以设置在自动文档中添加有关参数的信息的选项,如标题、描述和已弃用的选项。

现在,您应该已经能够定义路径参数,并对它们应用一些验证。要放在 URL 中的其他有用参数是查询参数。接下来我们讨论它们。

3.3.2　查询参数

查询参数是向 URL 添加一些动态参数的一种常见的方法。您可以在 URL 的末尾找到它们,格式如"? param1＝foo&param2＝bar"。在 REST API 中,它们通常用于读取端点,以应用分页、筛选器、排序顺序或选择字段。

您会发现,用 FastAPI 定义它们非常简单。实际上,它们使用完全相同的语法作为路径参数。

chapter3_query_parameters_01. py

```python
@app.get("/users")
async def get_user(page: int = 1, size: int = 10):
    return {"page": page, "size": size}
```

https://github.com/PacktPublishing/Building-Data-Science-Applications-with-FastAPI/blob/main/chapter3/chapter3_query_parameters_01.py

您只需将它们声明为路径操作函数的参数即可。如果它们不出现在路径模式中,如它们在路径参数中所做的那样,那么 FastAPI 会自动将它们视为查询参数。让我们尝试一下。

```
$ http "http://localhost:8000/users? page = 5&size = 50"
HTTP/1.1 200 OK
content - length: 20
content - type: application/json
date: Thu, 25 Mar 2021 07:17:01 GMT
server: uvicorn

{
    "page": 5,
    "size": 50
}
```

在上述程序里，我们已经为这些参数定义了一个默认值，这意味着它们在调用 API 时是可选的。当然，如果您希望定义所需的查询参数，则只需省略默认值即可。

chapter3_query_parameters_01. py

```python
from enum import Enum
from fastapi import FastAPI

class UsersFormat(str, Enum):
    SHORT = "short"
    FULL = "full"

app = FastAPI()
@app.get("/users")

async def get_user(format: UsersFormat):
    return {"format": format}
```

https://github. com/PacktPublishing/Building-Data-Science-Applications-with-FastAPI/blob/main/chapter3/chapter3_query_parameters_01. py

此处，如果省略了 URL 中的格式参数，那么您将得到是一个 422 的错误响应。注意：在本例中，我们定义了一个 UsersFormat 枚举来限制此参数的允许值的数量；这正是 3.3.1 小节中所做的。

我们还可以通过查询功能访问更高级的验证。它的工作方式与 3.3.1 小节中演示的工作方式相同。

chapter3_query_parameters_01. py

```python
@app.get("/users")
async def get_user(page: int = Query(1, gt = 0), size: int =
Query(10, le = 100)):
    return {"page": page, "size": size}
```

https://github. com/PacktPublishing/Building-Data-Science-Applications-with-FastAPI/blob/main/chapter3/chapter3_query_parameters_01. py

在这里，我们强制页面大于 0，小于或等于 100。请注意，默认参数值如何是 Query 函数的第一个参数。

当然，在发送请求数据时，最明显的方法是使用主体数据。接下来，让我们研究一下它是如何用 FastAPI 来工作的。

3.3.3 主体数据

主体（body）是 HTTP 请求中包含原始数据的部分，代表文档、文件或表单提交。

在 REST API 中,它通常用 JSON 编码,并用于在数据库中创建结构化对象。

对于最简单的情况,从主体中检索数据的工作原理与 Query 参数完全相同。唯一的区别是,必须始终使用 Body 函数;否则,FastAPI 将默认在 Query 参数中查找它。让我们看一个简单的例子,我们打算发布一些用户数据。

chapter3_request_body_01. py

```
@app.post("/users")
async def create_user(name: str = Body(...), age: int = Body(...)):
    return {"name": name, "age": age}
```

https://github. com/PacktPublishing/Building-Data-Science-Applications-with-FastAPI/blob/main/chapter3/chapter3_request_body_01. py

与 Query 参数相同,使用类型提示、Body 函数定义每个参数,并且它们不需要设置默认值。让我们尝试以下终点:

```
$ http - v POST http://localhost:8000/users name = "John" age = 30
POST /users HTTP/1.1
Accept: application/json, * / * ;q = 0.5
Accept - Encoding: gzip, deflate
Connection: keep - alive
Content - Length: 29
Content - Type: application/json
Host: localhost:8000
User - Agent: HTTPie/2.4.0

{
    "age": "30",
    "name": "John"
}

HTTP/1.1 200 OK
content - length: 24
content - type: application/json
date: Sun, 28 Mar 2021 08:17:26 GMT
server: uvicorn

{
    "age": 30,
    "name": "John"
}
```

在这里,我们展示了具有-v 选项的请求有效负载,可以清楚地看到我们发送的 JSON 有效负载。FastAPI 成功地从有效负载中检索了每个字段的数据。如果发送的请求缺少字段或存在无效字段,那么将会引发 422 状态错误响应。

您还可以通过 Body 函数获得更高级的验证。它的工作方式与 3.3.1 小节中演示的工作方式相同。

然而,像这样定义有效负载验证也存在一些缺点。首先,它比较冗长,并使路径操作函数原型巨大,特别是对于更大的模型。其次,常常需要在其他端点或应用程序的其他部分上重用数据结构。

这就是为什么 FastAPI 使用 Pydantic 模型进行数据验证的原因。Pydantic 是一个用于数据验证的 Python 库,它基于类和类型提示。事实上,到目前为止我们了解的 Path、Query 和 Body 函数都是在引擎盖下使用 Pydantic!

通过定义自己的 Pydantic 模型并将它们作为路径参数中的类型提示,FastAPI 可以自动实例化一个模型实例并验证数据。让我们用这个方法来重写前面的示例。

chapter3_request_body_02. py

```
from fastapi import FastAPI
from pydantic import BaseModel


class User(BaseModel):
    name: str
    age: int


app = FastAPI()


@app.post("/users")
async def create_user(user: User):
    return user
```

https://github. com/PacktPublishing/Building-Data-Science-Applications-with-FastAPI/blob/main/chapter3/chapter3_request_body_02. py

首先,我们从 Pydantic 上导入 BaseModel,这是每个模型都应该继承的基类;然后,我们定义 User 类,并简单地将所有属性列为类属性。它们中的每一个都应该有一个适当的类型提示,这就是 Pydantic 能够验证字段类的方式。

最后,只需将 user 声明为路径操作函数的参数,并将 User 类作为类型提示即可。FastAPI 会自动理解用户数据可以在请求的有效负载中找到。在函数中,可以访问适当的 User 对象实例,通过使用点表示法(如 user. name)来访问单个属性。

注意,您只是返回对象,FastAPI 就足以智能,地自动将其转换为 JSON 以生成 HTTP 响应。

第 4 章我们将详细探讨 Pydantic 数据的使用可能性,特别是在验证方面。

有时可能会有几个对象希望同时发送同一有效负载。例如,用户(user)和公司(company)。在这个场景中,您可以简单地添加几个由 Pydantic 模型类型提示的参数,并且 FastAPI 将自动理解有几个对象。在此配置中,希望有一个包含按其参数名索引的每个对象的主体。

chapter3_request_body_03. py

```python
@app.post("/users")
async def create_user(user: User, company: Company):
    return {"user": user, "company": company}
```

https://github. com/PacktPublishing/Building-Data-Science-Applications-with-FastAPI/blob/main/chapter3/chapter3_request_body_03. py

在这里,Company 是一个简单的 Pydantic 模型,具有一个字符串名称属性。在此配置中,FastAPI 期望有一个类似于如下内容的有效负载。

```json
{
    "user": {
        "name": "John",
        "age": 30
    },
    "company": {
        "name": "ACME"
    }
}
```

对于更复杂的 JSON 结构,建议您将已格式化的 JSON 通过 pipe 传输到 HTTPie 中,而不是使用参数。让我们尝试如下:

```
$ echo '{"user": {"name": "John", "age": 30}, "company":{"name": "ACME"}}' |
http POST http://localhost:8000/users
HTTP/1.1 200 OK
content - length: 59
content - type: application/json
date: Sun, 28 Mar 2021 08:54:11 GMT
server: uvicorn

{
    "company": {
        "name": "ACME"
    },
    "user": {
        "age": 30,
        "name": "John"
    }
}
```

仅此而已！

您甚至可以使用 Body 函数添加单一主体值，就像在本节开始时看到的那样。如果您希望拥有一个不属于任何模型的单一属性，那么这一点非常有用。

chapter3_request_body_04. py

```
@app.post("/users")
async def create_user(user: User, priority: int = Body(..., ge = 1, le = 3)):
    return {"user": user, "priority": priority}
```

https://github.com/PacktPublishing/Building-Data-Science-Applications-with-FastAPI/blob/main/chapter3/chapter3_request_body_04. py

优先级属性是一个介于 1~3 之间的整数，它与 user 对象一起被设置。

```
$ echo '{"user": {"name": "John", "age": 30}, "priority": 1}' |
http POST http://localhost:8000/users
HTTP/1.1 200 OK
content - length: 46
content - type: application/json
date: Sun, 28 Mar 2021 09:02:59 GMT
server: uvicorn


{
    "priority": 1,
    "user": {
        "age": 30,
        "name": "John"
    }
}
```

您现在应该大致了解了如何处理 JSON 有效负载数据。然而，有时，您需要接受更传统的表单数据，甚至文件上传。让我们看一看接下来该怎么做吧！

3.3.4 表单数据和文件上传

即使 REST API 大部分时间都在 JSON 上工作，有时，也不得不处理表单编码的数据或都文件上传，这些数据被编码为 application/x-www-form-urlencoded or multi-part/form-data。

再来一次，FastAPI 将非常容易地实现这种情况。但是，您需要一个额外的 Python 依赖项——python-multipart，来处理这类数据。和往常一样，使用 pip 来安装：

```
$ pip install python - multipart
```

然后，再使用专用于表单数据的 FastAPI 特性。首先，让我们来看一看如何处理简单的表单数据。

1. 表单数据

检索表单数据字段的方法类似于我们在检索奇异 JSON 属性 3.3.3 小节中讨论的方法。下面的例子与您在那里探索的例子大致相同。但是，这个示例需要使用表单编码的数据，而不是 JSON。

chapter3_form_data_01. py

```
@app. post("/users")
async def create_user(name: str = Form(...), age: int = Form(...)):
    return {"name": name, "age": age}
```

https://github.com/PacktPublishing/Building-Data-Science-Applications-with-FastAPI/blob/main/chapter3/chapter3_form_data_01. py

这里唯一的区别是，我们使用 Form 函数而不是 Body 函数。您可以使用 HTTPie 和 --form 选项尝试此端点，以强制对数据进行表单编码：

```
$ http - v -- form POST http://localhost:8000/users name = Johnage = 30
POST /users HTTP/1.1
Accept: * / *
Accept - Encoding: gzip, deflate
Connection: keep - alive
Content - Length: 16
Content - Type: application/x - www - form - urlencoded; charset = utf - 8
Host: localhost:8000
User - Agent: HTTPie/2.4.0

name = John&age = 30

HTTP/1.1 200 OK
content - length: 24
content - type: application/json
date: Sun, 28 Mar 2021 14:50:07 GMT
server: uvicorn

{
    "age": 30,
    "name": "John"
}
```

注意请求中 Content-Type 头和主体数据显示的变化。您还可以看到，在 JSON 中仍然提供了该响应。除非另有说明，否则默认情况下，FastAPI 将始终输出任何输入数据形式下的 JSON 响应。

当然，关于 Path、Query 和 Body 的验证选项仍然可用。您可以在 3.3.1 小节中找到每个参数的描述。

值得注意的是,与 JSON 的有效负载相反,FastAPI 不允许您定义 Pydantic 模型来验证表单数据,必须手动将每个字段定义为路径操作函数的参数。

现在,让我们继续讨论如何处理文件上传。

2. 文件上传

上传文件是 Web 应用程序的一个常见要求,无论其是图像还是文档。FastAPI 提供了一个参数函数——File,它可以启用这个功能。

让我们看一个简单的例子,你可以直接检索一个文件作为一个字节对象。

Chapter3_file_uploads_01. py

```python
from fastapi import FastAPI, File


app = FastAPI()


@app.post("/files")
async def upload_file(file: bytes = File(...)):
    return {"file_size": len(file)}
```

https://github.com/PacktPublishing/Building-Data-Science-Applications-with-FastAPI/blob/main/chapter3/chapter3_file_uploads_01. py

再一次,您可以看到该方法仍然是相同的:我们为路径操作函数 file 定义了一个参数,添加了一种提示类型——bytes,然后使用 file 函数作为此参数的默认值。这样做,FastAPI 理解它必须检索名为 file 的体部分中的原始数据,并将其作为字节返回。

我们只需通过调用这个字节对象上的 len 函数来返回这个文件的大小即可。

在以下网址的代码示例存储库中可以找一只猫的图片:

https://github.com/PacktPublishing/Building-Data-Science-Applications-with-FastAPI/blob/main/assets/cat. jpg

用 HTTPie 将它上传到我们的端点上。上传文件,需要输入文件上传字段(此处是文件)的名称,其后是@和要上传的文件的路径。

别忘了设置——form 选项:

```
$ http -- form POST http://localhost:8000/files file@./assets/cat.jpg
HTTP/1.1 200 OK
content - length: 19
content - type: application/json
date: Mon, 29 Mar 2021 06:42:02 GMT
server: uvicorn

{
```

```
    "file_size": 71457
}
```

它有效！我们已经正确地得到了文件的字节大小。

这种方法的缺点是，上传的文件完全存储在内存中。因此，虽然它适用于小文件，但您可能会遇到大文件的问题。此外，操作字节对象并不总是方便文件处理。

要解决这个问题，FastAPI 提供了一个 uploadFile 类。uploadFile 类将把数据存储在内存中，直至达到一定的阈值，之后将自动存储在磁盘的临时位置上。这允许您接受更大的文件而不耗尽内存。此外，公开的对象实例将公开有用的元数据，如内容类型和一个类似文件的接口。这意味着您可以在 Python 中将其作为常规文件进行操作，并可以将其提供给任何需要文件的函数。

要使用它，需要将其指定为一个类型提示，而不是字节。

chapter3_file_uploads_02. py

```python
from fastapi import FastAPI, File, UploadFile

app = FastAPI()

@app.post("/files")
async def upload_file(file: UploadFile = File(...)):
    return {"file_name": file.filename, "content_type": file.content_type}
```

https://github.com/PacktPublishing/Building-Data-Science-Applications-with-FastAPI/blob/main/chapter3/chapter3_file_uploads_02. py

注意，在这里，我们返回 filename 和 content_type 属性。内容类型对于检查上传文件的类型特别有用，并且如果它不是您所期望的类型，可能会被拒绝。

以下是 HTTPie 的测试结果：

```
$ http -- form POST http://localhost:8000/files file@./assets/cat. jpg
HTTP/1.1 200 OK
content - length: 51
content - type: application/json
date: Mon, 29 Mar 2021 06:58:20 GMT
server: uvicorn

{
    "content_type": "image/jpeg",
    "file_name": "cat.jpg"
}
```

您甚至可以通过类型提示参数作为上传文件列表来接受多个文件。

chapter3_file_uploads_03. py

```
@app.post("/files")
async def upload_multiple_files(files: List[UploadFile] = File(...)):
    return [
        {"file_name": file.filename, "content_type": file.content_type}
        for file in files
    ]
```

https://github.com/PacktPublishing/Building-Data-Science-Applications-with-FastAPI/blob/main/chapter3/chapter3_file_uploads_03. py

想要用 HTTPie 上传几个文件，只需重复这个参数。显示如下：

```
$ http -- form POST http://localhost:8000/files files@./assets/cat.jpg files@./assets/cat.jpg
HTTP/1.1 200 OK
content-length: 105
content-type: application/json
date: Mon, 29 Mar 2021 12:52:45 GMT
server: uvicorn

[
    {
        "content_type": "image/jpeg",
        "file_name": "cat.jpg"
    },
    {
        "content_type": "image/jpeg",
        "file_name": "cat.jpg"
    }
]
```

现在，您可以在 FastAPI 应用程序中处理表单数据和上传文件了。

至此，已经学习了如何管理面向用户的数据。然而，也有一些非常有趣的信息不太可见：Header。接下来我们将探索它们。

3.3.5 Header 和 Cookie

除了 URL 和主体以外，HTTP 请求的另一个主要部分就是 Header。它包含了在处理请求时可能有用的各种元数据。常见的用法是使用它们进行身份验证，例如，通过著名的 Cookie。

同样，在 FastAPI 中检索它们只涉及类型提示和参数函数。让我们看一个简单的例子，其中我们想要检索一个名为 Hello 的头部文件：

chapter3_headers_cookies_01. py

```
@app.get("/")
async def get_header(hello: str = Header(...)):
    return {"hello": hello}
```

https://github.com/PacktPublishing/Building-Data-Science-Applications-with-FastAPI/blob/main/chapter3/chapter3_headers_cookies_01.py

在这里,您可以看到,我们只需使用 Header 函数作为 hello 参数的默认值。参数的名称决定了我们想要检索的 Header 的键。让我们看一看它的实际作用:

```
$ http GET http://localhost:8000 'Hello: World'
HTTP/1.1 200 OK
content-length: 17
content-type: application/json
date: Mon, 29 Mar 2021 13:28:36 GMT
server: uvicorn

{
    《hello》:《World》
}
```

FastAPI 能够检索标头值。由于没有指定默认值(我们输入省略号),因此需要使用头。如果它再一次丢失,您将会得到一个 422 状态错误响应。

此外,请注意,FastAPI 会自动将头名称转换为小写。除此之外,由于头名称由连字符"-"分隔,所以大多数的时候,它也会自动将其转换为 snake 拼写。因此,它可以使用任何有效的 Python 变量名来正常工作。下面的示例通过检索 user_agent 头来显示此行为。

chapter3_headers_cookies_02. py

```
@app.get("/")
async def get_header(user_agent: str = Header(...)):
    return {"user_agent": user_agent}
```

https://github.com/PacktPublishing/Building-Data-Science-Applications-with-FastAPI/blob/main/chapter3/chapter3_headers_cookies_02.py

现在,让我们提出一个非常简单的请求。我们将保留 HTTPie 的默认用户代理,看一看会发生什么?

```
$ http -v GET http://localhost:8000
GET / HTTP/1.1
Accept: */*
Accept-Encoding: gzip, deflate
```

```
Connection: keep - alive
Host: localhost:8000
User - Agent: HTTPie/2.4.0

HTTP/1.1 200 OK
content - length: 29
content - type: application/json
date: Mon, 29 Mar 2021 13:37:57 GMT
server: uvicorn

{
    《user_agent》: "HTTPie/2.4.0"
}
```

一个非常特殊的情况是 Cookie。您可以通过自己解析 Cookie 头来检索它们,但是这样有点乏味。FastAPI 提供了另一个参数函数,它可以自动为您执行该操作。

下面的示例只是简单地检索一个名为 hello 的 Cookie。

chapter3_headers_cookies_03. py

```
@app.get("/")
async def get_cookie(hello: Optional[str] = Cookie(None)):
    return {"hello": hello}
```

https://github.com/PacktPublishing/Building-Data-Science-Applications-with-FastAPI/blob/main/chapter3/chapter3_headers_cookies_03. py

请注意,我们输入的参数是可选的,并且为 Cookie 函数设置了一个默认值 None。这样一来,即使在请求中没有设置 Cookie,FastAPI 也会继续,并且不会生成 422 状态错误响应。

Header 和 Cookie 是实现一些身份验证特性的非常有用的工具。在第 7 章中,将介绍有内置的安全功能,它可以帮助您实现通用的身份验证方案。

3.3.6 请求对象

有时,您会发现,需要访问一个包含关联所有数据的原始请求对象。这种情况是可能存在的。这时只需在使用请求类暗示的路径操作函数类型上声明一个参数。

chapter3_request_object_01. py

```
from fastapi import FastAPI, Request

app = FastAPI()

@app.get("/")
async def get_request_object(request: Request):
```

```
return {"path": request.url.path}
```

https://github.com/PacktPublishing/Building-Data-Science-Applications-with-FastAPI/blob/main/chapter3/chapter3_request_object_01.py

在引擎底层,这是来自 Starlette 的请求对象,它是一个为 FastAPI 提供所有核心服务器逻辑的库。您可以在 Starlette 的官方文档中查看该对象的方法和属性的完整描述,网址如下:

https://www.starlette.io/requests

恭喜您!您现在已经了解了关于如何在 FastAPI 中处理请求数据的所有基本知识。无论您想查看 HTTP 请求的哪一个部分,其逻辑都是相同的。只需命名想要检索的参数,添加一个类型提示,并使用一个参数函数来告诉 FastAPI,它应该在哪里查看。甚至还可以添加一些验证逻辑!

在下一节中,我们将探讨 REST API 作业的另一方面:返回一个响应。

3.4　自定义响应

在前面的几节中曾介绍,在路径操作函数中直接返回字典或 JSON 对象就足以让 FastAPI 返回 JSON 响应。

大多数情况下,还需要进一步自定义此响应,例如更改状态代码,提高验证错误,设置 Cookie。FastAPI 提供了不同的方法,从最简单的情况到最先进的情况均有。首先,我们学习如何使用路径操作参数以声明性的方式自定义响应。

3.4.1　路径操作参数

在 3.2 节中我们讲到,要创建一个新的端点,必须在路径操作函数上放置一个装饰器。这个装饰器能够接受许多选项,包括一个用于自定义响应的选项。

1. 状态代码

在 HTTP 响应中需要自定义的最明显的事情是状态代码。默认情况下,当路径操作函数执行期间一切顺利时,FastAPI 将始终处于为 200 状态,有时,可能需要改变这种状态。例如,在 REST API 中,端点的执行最终在创建新对象时返回 201 已创建状态是比较好的做法。

要设置此参数,只需在路径装饰器上指定 status_code 参数即可。

chapter3_response_path_parameters_01.py

```
from fastapi import FastAPI, status
from pydantic import BaseModel
```

```
class Post(BaseModel):
    title: str


app = FastAPI()


@app.post("/posts", status_code=status.HTTP_201_CREATED)
async def create_post(post: Post):
    return post
```

https://github.com/PacktPublishing/Building-Data-Science-Applications-with-FastAPI/blob/main/chapter3/chapter3_response_path_parameters_01.py

装饰器参数作为关键字参数直接出现在路径后面。status_code 选项只需要一个表示状态代码的整数。所以,我们可以编写 status_code=201,但是 FastAPI 在状态子模块中提供了一个有用的列表,可以提高代码的全面性,您可以在这里看到。

我们可以尝试以下端点来获得生成的状态代码:

```
$ http POST http://localhost:8000/posts title="Hello"
HTTP/1.1 201 Created
content-length: 17
content-type: application/json
date: Tue, 30 Mar 2021 07:56:22 GMT
server: uvicorn

{
    "title": "Hello"
}
```

我们获得了 201 状态代码。

请务必了解,这个覆盖状态代码的选项只有在一切顺利时才有用。即使您的输入数据无效,您仍然会得到一个 422 状态错误响应。

这个选项的另一个有趣场景是,当您没有任何内容可返回时,例如删除对象时,这种情况下,204 No Content 状态码非常适合。在下面的示例中,我们实现一个简单的删除端点,以设置此响应状态代码。

chapter3_response_path_parameters_02.py

```
# Dummy database
posts = {
    1: Post(title="Hello", nb_views=100),
}


@app.delete("/posts/{id}", status_code=status.HTTP_204_NO_CONTENT)
```

```
async def delete_post(id: int):
    posts.pop(id, None)
    return None
```

https://github.com/PacktPublishing/Building-Data-Science-Applications-with-FastAPI/blob/main/chapter3/chapter3_response_path_parameters_02.py

请注意,您完全可以在路径操作函数中返回 None。FastAPI 将会处理它,并返回一个空体的响应。

我们将在 3.4.2 小节的"3.动态设置状态码"中介绍如何在路径操作逻辑中动态地自定义状态代码。

2. 响应模型

使用 FastAPI,主要用例是直接返回一个 JSON 模型,该模型会自动转换为正确格式化的 JSON。但是,您会发现,在输入数据、存储在数据库中的数据以及希望显示给最终用户的数据之间存在一些差异。例如,有些字段可能是私有的,或者仅内部使用,或者仅在创建过程中有用,之后便被丢弃。

下面让我们来看一个简单的例子。假设你有一个包含博客文章的数据库。这些博客文章有多个属性,如标题、内容或创建日期。此外,还需要存储每个视图的数量,但是不希望终端用户看到这些内容。

您可以采用以下标准方法:

chapter3_response_path_parameters_03.py

```
from fastapi import FastAPI
from pydantic import BaseModel


class Post(BaseModel):
    title: str
    nb_views: int


app = FastAPI()

# Dummy database
posts = {
    1: Post(title="Hello", nb_views=100),
}


@app.get("/posts/{id}")
async def get_post(id: int):
    return posts[id]
```

https://github.com/PacktPublishing/Building-Data-Science-Applications-with-FastAPI/blob/main/chapter3/chapter3_response_path_parameters_03.py

然后调用这个端点：

```
$ http GET http://localhost:8000/posts/1
HTTP/1.1 200 OK
content-length: 32
content-type: application/json
date: Tue, 30 Mar 2021 08:11:11 GMT
server: uvicorn

{
    "nb_views": 100,
    "title": "Hello"
}
```

nb_views 属性在输出中。但是，我们不希望这样。这正是 response_model 选项的目的：指定另外一个只输出我们想要的属性的模型。首先，让我们定义另外一个只有标题属性的 Pydantic 模型。

chapter3_response_path_parameters_04. py

```
class PublicPost(BaseModel):
    title: str
```

https://github.com/PacktPublishing/Building-Data-Science-Applications-with-FastAPI/blob/main/chapter3/chapter3_response_path_parameters_04.py

> **提示**
> 您可能已经注意到，在定义这些模型时，我们会重复很多次。在第 4 章中您将学习如何避免出现这种情况。

chapter3_response_path_parameters_04. py

```
@app.get("/posts/{id}", response_model=PublicPost)
async def get_post(id: int):
    return posts[id]
```

https://github.com/PacktPublishing/Building-Data-Science-Applications-with-FastAPI/blob/main/chapter3/chapter3_response_path_parameters_04.py

现在，让我们尝试调用此端点。

```
$ http GET http://localhost:8000/posts/1
HTTP/1.1 200 OK
content-length: 17
content-type: application/json
date: Tue, 30 Mar 2021 08:29:45 GMT
server: uvicorn
```

```
{
    "title": "Hello"
}
```

nb_views 属性已经不再出现了! 多亏了 response_model 选项,FastAPI 在序列化之前,自动将我们的 Post 实例转换为 PublicPost 实例。现在我们的私人数据是安全的!

好处是,交互式文档也考虑了这个选项,它将向终端用户显示正确的输出模式,如图 3.2 所示。

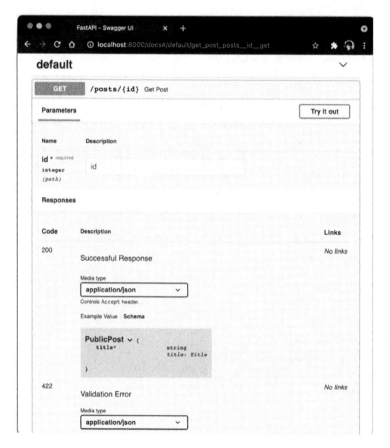

图 3.2   交互式文档中的响应模型模式

到目前为止,已经介绍了可以帮助您快速自定义由 FastAPI 生成的响应的选项。下面介绍另外一种能够打开更多可能性的方法。

3.4.2   响应参数

主体和状态码并不是 HTTP 响应中唯一有趣的部分。有时,返回一些自定义 Header 或设置 Cookie 可能很有用。这些可以在路径操作逻辑中直接使用 FastAPI 动态地完成。怎么会这样? 通过将响应对象作为路径操作函数的参数进行注入。

1. 设置 Header

与往常一样,这只涉及为参数设置适当的类型提示。下面的示例说明了如何设置自定义 Header。

chapter3_response_parameter_01. py

```
from fastapi import FastAPI, Response

app = FastAPI()

@app.get("/")
async def custom_header(response: Response):
    response.headers["Custom - Header"] = "Custom - Header - Value"
    return {"hello": "world"}
```

https://github. com/PacktPublishing/Building-Data-Science-Applications-with-FastAPI/blob/main/chapter3/chapter3_response_parameter_01. py

响应对象允许您访问一组属性,包括 Header。它是一个简单的字典,其中键是 Header 的名称,值是它的关联值。因此,设置自定义 Header 相对简单。

另外,还要注意,您不必返回响应对象。您仍然可以返回 JSON 可编码的数据,而 FastAPI 将负责形成一个适当的响应,包括所设定的 Header。因此,我们仍然遵循 3.4.1 小节中讨论的 response_model 和 status_code 选项。

让我们来看一看结果:

```
$ http GET http://localhost:8000
HTTP/1.1 200 OK
content - length: 17
content - type: application/json
custom - header: Custom - Header - Value
date: Wed, 31 Mar 2021 06:22:03 GMT
server: uvicorn

{
    "hello": "world"
}
```

自定义 Header 是响应的一部分。

正如前面提到的,这种方法的好处是它在您的路径操作逻辑中。这意味着您可以根据业务逻辑中发生的事情动态设置 Header。

2. 设置 Cookie

当您希望在每次访问之间维护用户在浏览器中的状态时,Cookie 也会特别有用。

为了提示浏览器在响应中保存一些 Cookie,可以构建自己的 Set-Cookie 头,并在头部字典中设置它,就像我们在前面的命令块中看到的那样。但是,由于这可能相当棘手,响应对象公开了一个方便的 set_cookie 方法。

chapter3_response_parameter_02. py

```
@app.get("/")
async def custom_cookie(response: Response):
    response.set_cookie("cookie-name", "cookie-value", max_age=86400)
    return {"hello": "world"}
```

https://github.com/PacktPublishing/Building-Data-Science-Applications-with-FastAPI/blob/main/chapter3/chapter3_response_parameter_02. py

在这里,我们简单地设置了一个 cookie-name 和 cookie-value。在浏览器删除它之前,它将有效 86 400 s。

让我们尝试一下:

```
$ http GET http://localhost:8000
HTTP/1.1 200 OK
content-length: 17
content-type: application/json
date: Wed, 31 Mar 2021 06:37:18 GMT
server: uvicorn
set-cookie: cookie-name=cookie-value; Max-Age=86400; Path=/;
SameSite=lax

{
    "hello": "world"
}
```

您可以看到,我们有一个很好的 Set-Cookie 头,其中包含了 Cookie 的所有选项。

您可能知道,Cookie 比在这里展示的 Cookie 具有更多的选项;例如,路径、域和仅限 HTTP。set_cookie 方法支持所有这些方法。您可以在 Starlette 的官方文档中阅读完整的选项列表,网址如下:

https://www.starlette.io/responses/#set-cookie

如果不熟悉设置 Cookie 头,我们还建议您阅读 MDN Web 文档,网址如下:

https://developer.mozilla.org/en-US/docs/Web/HTTP/Headers/Set-Cookie

当然,如果您需要设置几个 Cookie,也可以多次调用这个方法。

3. 动态设置状态码

在 3.4.1 小节中,我们讨论了一种声明性地设置响应的状态码的方法。这种方法的缺点是,无论其内部发生了什么,它永远都是一样的。

假设我们有一个端点,用于更新数据库中的对象,或者在对象不存在时创建该对象。一种很好的方法是,在对象已经存在时返回 200 OK 状态,或者在必须创建对象时

71

返回 201 已创建状态。

这样的话，只需在响应对象上设置 status_code 属性即可。

chapter3_response_parameter_03.py

```python
# Dummy database
posts = {
    1: Post(title = "Hello", nb_views = 100),
}


@app.put("/posts/{id}")
async def update_or_create_post(id: int, post: Post, response: Response):
    if id not in posts:
        response.status_code = status.HTTP_201_CREATED
    posts[id] = post
    return posts[id]
```

https://github.com/PacktPublishing/Building-Data-Science-Applications-with-FastAPI/blob/main/chapter3/chapter3_response_parameter_03.py

首先，我们检查路径中的 ID 是否存在于数据库中。如果没有，我们将状态码更改为 201，然后，我们只需在数据库中的这个 ID 上分配该帖子即可。

让我们尝试使用一个现有的帖子：

```
$ http PUT http://localhost:8000/posts/1 title = "Updated title"
HTTP/1.1 200 OK
content - length: 25
content - type: application/json
date: Wed, 31 Mar 2021 07:02:41 GMT
server: uvicorn


{
    "title": "Updated title"
}
```

ID 为 1 的帖子已经存在，所以我们得到了一个 200 的状态。让我们尝试使用一个不存在的 ID：

```
$ http PUT http://localhost:8000/posts/2 title = "Updated title"
HTTP/1.1 201 Created
content - length: 25
content - type: application/json
date: Wed, 31 Mar 2021 07:03:56 GMT
server: uvicorn

{
```

```
    "title": "Updated title"
}
```

我们得到了一个 201 的状态！

现在,您有了在逻辑中动态设置状态码的方法。但是,请记住,它们不会被自动文档检测到。因此,它们不会作为一个可能的响应状态代码出现在其中。

您可能会尝试使用这种方法来设置错误状态码,例如 400 Bad Request 或者 404 Not Found,其实您不需要这样做,因为 FastAPI 提供了一种专门的方法来做这件事：HTTPException。

3.4.3 引发 HTTP 错误

当频繁调用 REST API 时,您可能会发现事情进展得不顺利;还可能会遇到错误的参数、无效的有效负载或者不再存在的对象。错误的发生可能有很多种原因。

这就是为什么检测它们并向最终用户发出清晰和明确的错误信息是至关重要的,以便它们可以纠正自己的错误。在 REST API 中,有两个非常重要的内容来返回信息消息:状态码和有效负载。

状态码是可以提供一个关于错误性质的宝贵提示。由于 HTTP 协议提供了宽泛的错误状态码,因此最终用户可能不需要读取有效负载来了解出了什么问题。

当然,最好同时提供一个明确的错误信息,以便提供更多的信息并添加一些关于最终用户如何解决这个问题的有用信息。

> **错误状态码非常重要**
>
> 一些 API 始终选择返回一个 200 的状态码,其有效负载包含一个声明请求是否成功的属性,例如{"success":false}。不要这样做。RESTful 的观点是,鼓励您使用 HTTP 语义来赋予数据意义。拥有解析输出并查找属性以确定调用是否成功是一个糟糕的设计。

要在 FastAPI 中引发 HTTP 错误,必须引发 Python 异常,即 HTTPException。这个异常类将允许我们设置一个状态码和一个错误消息。它被负责形成正确 HTTP 响应的 FastAPI 错误处理程序捕获。

在下面的示例中,如果密码和 password_confirm 有效负载属性不匹配,我们将增加一个 400 Bad Request 的错误。

chapter3_raise_errors_01.py

```python
@app.post("/password")
async def check_password(password: str = Body(...), password_confirm: str = Body(...)):
    if password != password_confirm:
        raise HTTPException(
            status.HTTP_400_BAD_REQUEST,
```

```
            detail = "Passwords don't match.",
        )
    return {"message": "Passwords match."}
```

https://github.com/PacktPublishing/Building-Data-Science-Applications-with-FastAPI/blob/main/chapter3/chapter3_raise_errors_01.py

正如您在这里所看到的，如果密码不相等，我们可以直接提高 HTTPException。第一个参数是状态码，而详细信息关键字参数允许我们编写一个错误消息。

下面让我们来看一看它是如何编写的。

```
$ http POST http://localhost:8000/password password = "aa" password_confirm = "bb"
HTTP/1.1 400 Bad Request
content - length: 35
content - type: application/json
date: Wed, 31 Mar 2021 11:58:45 GMT
server: uvicorn

{
    "detail": "Passwords don't match."
}
```

在这里，我们确实得到了一个 400 的状态码，并且错误消息已经被很好地包装在一个带有详细信息关键字的 JSON 对象中。这是 FastAPI 在默认情况下处理错误的方法。

实际上，这并不局限于错误消息的简单字符串：您可以返回字典或列表，以获取有关错误的结构化信息。例如，请看下面的代码片段：

chapter3_raise_errors_02.py

```
raise HTTPException(
    status.HTTP_400_BAD_REQUEST,
    detail = {
        "message": "Passwords don't match.",
        "hints": [
            "Check the caps lock on your keyboard",
            "Try to make the password visible by clicking on the eye icon to check your
typing",
        ],
    },
)
```

https://github.com/PacktPublishing/Building-Data-Science-Applications-with-FastAPI/blob/main/chapter3/chapter3_raise_errors_02.py

仅此而已！您现在有能力提出错误,并向最终用户提供有关这些错误的有意义的信息。

到目前为止,所有这些方法都涵盖了在开发 API 过程中可能会遇到的大多数情况。尽管如此,有时您还需要自己构建一个完整的 HTTP 响应。这是下一节的主题。

3.4.4 构建自定义响应

多数情况下,我们会让 FastAPI 通过提供一些要序列化的数据来处理构建 HTTP 响应。在引擎下,FastAPI 使用响应的子类称为 JSONResponse。可以预见的是,这个响应类负责将一些数据序列化到 JSON 中,并添加正确的内容类型头。

但是,还有其他的响应类也涵盖了常见的情况:

* HTMLResponse:可用于返回一个 HTML 响应。
* PlainTextResponse:可用于返回原始文本。
* RedirectResponse:可用于重定向。
* StreamingResponse:可用于流式字节流。
* FileResponse:可用于根据本地磁盘上的文件路径自动构建正确的文件响应。

使用它们的方法有两种:要么在路径装饰器上设置 response_class 参数,要么直接返回响应实例。

1. 使用 response_class 参数

这是返回自定义响应的最简单和最直接的方法。实际上,通过这样做,您甚至不需要创建一个类实例,只需要像通常对标准 JSONResponse 那样返回数据即可。

这非常适合 HTMLResponse 和 PlainTextResponse。

chapter3_custom_response_01.py

```python
from fastapi import FastAPI
from fastapi.responses import HTMLResponse, PlainTextResponse

app = FastAPI( )

@app.get("/html", response_class = HTMLResponse)
async def get_html( ):
    return """
        <html>
            <head>
                <title> Hello world! </title>
            </head>
            <body>
                <h1> Hello world! </h1>
            </body>
        </html>
    """
```

```
@app.get("/text", response_class = PlainTextResponse)
async def text():
    return "Hello world!"
```

https://github.com/PacktPublishing/Building-Data-Science-Applications-with-FastAPI/blob/main/chapter3/chapter3_custom_response_01.py

通过在装饰器上设置 response_class 参数,可以更改 FastAPI 用于构建响应的类;然后,再简单地返回这类响应的有效数据。请注意,响应类是通过 fastapi.responses 模块导入的。

这样做的好处是,可以将此选项与 3.4.1 小节中的选项结合起来。使用 3.4.2 小节中描述的响应参数也可以非常好地工作!

但是,对于其他响应类,必须自己构建该实例,然后返回它。

2. 重定向

如前所述,重定向响应是一个帮助您构建 HTTP 重定向的类,它只是一个 HTTP 响应,其中一个位置头指向新的 URL 和一个在 3xx 范围内的状态码。它只是希望重定向到 URL 作为第一个参数:

chapter3_custom_response_02.py

```
@app.get("/redirect")
async def redirect():
return RedirectResponse("/new - url")
```

https://github.com/PacktPublishing/Building-Data-Science-Applications-with-FastAPI/blob/main/chapter3/chapter3_custom_response_02.py

默认情况下,将会使用 307 Temporary Redirect 状态码,但也可以通过 status_code 参数更改它。

chapter3_custom_response_03.py

```
@app.get("/redirect")
async def redirect():
    return RedirectResponse("/new - url", status_code = status.HTTP_301_MOVED_PERMA-NENTLY)
```

https://github.com/PacktPublishing/Building-Data-Science-Applications-with-FastAPI/blob/main/chapter3/chapter3_custom_response_03.py

3. 服务文件

现在,让我们来研究 File Response 是如何工作的。如果有一些文件要下载,此时就很有用。这个响应类将自动处理打开磁盘上的文件和流化的字节以及适当的 HTTP 头。

让我们看一看如何使用一个端点下载一只猫的图片。您可以在代码示例存储库中找到它,网址如下:

https://github. com/PacktPublishing/Building-Data-Science-Applications-with-FastAPI/blob/main/assets/cat.jpg

想要使这个类能够工作,首先需要一个额外的依赖项,例如:

```
$ pip install aiofiles
```

然后,返回一个 FileResponse 实例即可,其中包含想要作为第一个参数的文件的路径。

chapter3_custom_response_04. py

```
@app. get("/cat")
async def get_cat():
    root_directory = path. dirname(path. dirname(__file__))
    picture_path = path. join(root_directory, "assets", "cat.jpg")
    return FileResponse(picture_path)
```

https://github. com/PacktPublishing/Building-Data-Science-Applications-with-FastAPI/blob/main/chapter3/chapter3_custom_response_04. py

> **os. path 模块**
>
> Python 提供了一个模块来帮助您处理文件路径 os. path。该方法是操作路径的推荐方法,因为它会根据您正在运行的操作系统正确处理它们。您可以在以下官网文档中阅读关于此模块的功能:
>
> https://docs. python. org/3/library/os. path. html

让我们查看一下 HTTP 响应是什么样子:

```
$ http GET http://localhost:8000/cat
HTTP/1.1 200 OK
content - length: 71457
content - type: image/jpeg
date: Thu, 01 Apr 2021 06:50:34 GMT
etag: 243d3de0ca74453f0c2d120e2f064e58
last - modified: Mon, 29 Mar 2021 06:40:29 GMT
server: uvicorn

+ ----------------------------------------+
| NOTE: binary data not shown in terminal |
+ ----------------------------------------+
```

如您所见,图像有正确的 content-length 和 content-type 头。响应甚至设置了 etag

和 last-modified 头,以便浏览器可以正确地缓存资源。HTTPie 没有在主体中显示二进制数据,但是,如果在浏览器中打开端点,一定会看到猫出现!

4. 自定义响应

如果确实有一个没有被提供的类所涵盖的案例,那么总是可以选择使用响应类来构建所需要的内容。使用这个类,可以设置所有内容,包括主体内容和标头。

下面的示例说明了如何返回 XML 响应。

chapter3_custom_response_05. py

```
@app.get("/xml")
async def get_xml():
    content = """>? xml version = "1.0"encoding = "UTF－8"? >
        <Hello> World </Hello>
    """
    return Response(content = content, media_type = "application/xml")
```

https://github. com/PacktPublishing/Building-Data-Science-Applications-with-FastAPI/blob/main/chapter3/chapter3_custom_response_05. py

您可以在 Starlette 的官方文档中查看完整的参数列表,网址如下:

https://www. starlette. io/responses/♯response

> **路径操作参数和响应参数将没有任何影响**
>
> 请记住,当您直接返回响应类(或其子类)时,在装饰器上设置的参数或对注入的响应对象执行的操作不会产生任何影响。它们将被您返回的响应对象完全覆盖。如果需要自定义状态码或 Header,那么在实例化类时,请使用 status_code 和 Header参数。

非常好,现在您拥有了为 REST API 创建响应所需的所有知识。您已经了解到,FastAPI 具有合理的默认值,可以立即创建合适的 JSON 响应;同时,还可以访问更高级的对象和选项,进行自定义响应。

到目前为止,所有例子都非常简短并且简单,但是,如果开发一个真正的应用程序,可能会有几十个端点和模型。本章最后,将研究如何组织这些项目,以使它们模块化和更容易维护。

3.5　使用多个路由器构建一个更大的项目

在构建一个真实世界的 Web 应用程序时,可能会有许多代码和逻辑:数据模型、API 端点和服务。当然,所有这些都不能在一个单个文件中活动,所以必须构建这个项目使其易于维护和发展。

FastAPI 支持路由器的概念。它们是 API 的"子部分",通常专门用于单一类型的

对象,例如在它们自己的文件中定义的用户或帖子。然后,可以将它们包含在您的主
FastAPI 应用程序中,这样就可以相应地路由。

本节探讨如何使用路由器,以及如何构建 FastAPI 项目。虽然这种结构是一种可
行的方法,而且工作得很好,但它并不是黄金法则,不一定能完全符合自己设计的需求。

在代码示例存储库中,有一个名为 chapter3_project 的文件夹,其中包含一个具有
此结构的示例项目,网址如下:

https://github.com/PacktPublishing/Building-Data-Science-Applications-with-
FastAPI/tree/main/chapter3_project

以下为项目结构:

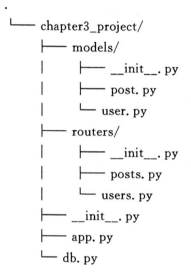

```
.
└── chapter3_project/
    ├── models/
    │   ├── __init__.py
    │   ├── post.py
    │   └── user.py
    ├── routers/
    │   ├── __init__.py
    │   ├── posts.py
    │   └── users.py
    ├── __init__.py
    ├── app.py
    └── db.py
```

在这里,可以看到,我们选择了一边包含热化模型,另一边包含路由器的包。在项
目的根目录中,有一个名为 app.py 的文件,它将公开主要的 FastAPI 应用程序。
db.py 文件为本示例定义了一个虚拟数据库。_init_.py 文件可以正确地将我们的目
录定义为 Python 软件包。在第 2 章包、模块和导入部分可以阅读有关此方面的更多详
细信息。

首先,让我们查看一下 FastAPI 路由器是什么样子的。

users.py

```
from typing import List

from fastapi import APIRouter, HTTPException, status

from chapter3_project.models.user import User, UserCreate
from chapter3_project.db import db
```

```
router = APIRouter()

@router.get("/")
async def all() ->List[User]:
    return list(db.users.values())
```

https://github.com/PacktPublishing/Building-Data-Science-Applications-with-FastAPI/blob/main/chapter3_project/routers/users.py

正如您在这里看到的，实例化 APstAPI 类，而不是实例化 APstRouter 类。然后，可以使用与它完全相同的方式来装饰路径操作函数。

另外，请注意，我们从模型包中的相关模块导入 Pydantic 模型。

此处不会详细讨论端点的逻辑，但希望您阅读它。它使用了迄今为止我们所探索过的所有 FastAPI 特性。

现在，让我们看一看如何导入这个路由器，并将其包含在一个 FastAPI 应用程序中。

app. py

```
from fastapi import FastAPI

from chapter3_project.routers.posts import router as posts_router
from chapter3_project.routers.users import router as users_router

app = FastAPI()
app.include_router(posts_router, prefix = "/posts",tags = ["posts"])
app.include_router(users_router, prefix = "/users",tags = ["users"])
```

https://github.com/PacktPublishing/Building-Data-Science-Applications-with-FastAPI/blob/main/chapter3_project/app.py

像往常一样，实例化了 FastAPI 类。然后，使用 include_router 方法来添加子路由器。您可以看到，我们只是从其相关模块导入了路由器，并将其作为 include_router 的第一个参数。注意：我们在导入时使用了 synta as。因为用户和帖子路由器在其模块中的名称都是相同的，所以这个语法允许我们为其名称命名，从而避免**名称冲突**。

此外，您还可以看到，我们将关键字参数设置为前缀，如此一来，这个路由器的所有端点的路径都可以作为前缀。这样，就不必用路由器逻辑硬编码了，并且可以很容易地为整个路由器更改它。它还可以用于提供 API 的版本化路径，例如/v1。

最后，标记参数可以将交互式文档中的端点分组，以获得更好的可读性。这样做，帖子和用户端点将在文档中明确地分开。

这就是所需要做的！您可以像往常一样，使用 uvicorn 运行整个应用程序：

```
$ uvicorn chapter3_project.app:app
```

如果在 http://localhost:8000/docs 上打开交互式文档，您会看到所有的路由都在那里,按我们在包含路由器时指定的标签分组,如图 3.3 所示。

图 3.3   在交互式文档中使用已标记的路由器

再一次,您可以看到 FastAPI 功能的强大,使用起来非常轻量级。路由器的好处是可以嵌套它们,包括路由器中的子路由器,这些路由器本身也包括其他路由器。因此,您可以简单高效地拥有相当复杂的路由层次结构。

3.6   总   结

做得好!您现在已经熟悉了 FastAPI 的所有基本功能。在本章中,您学习了如何创建和运行 API 端点,并且可以验证和检索 HTTP 请求所有部分的数据:路径、查询、参数、头,当然还有主体;您还学习了如何根据需要定制 HTTP 响应,无论是简单的 JSON 响应、错误,还是要下载的文件;最后,您了解了如何定义单独的 API 路由器,并将它们包含在主应用程序中,以保持项目结构的干净性和可维护性。

您现在拥有足够的知识开始使用 FastAPI 构建自己的 API 了。在下一章中,我们将重点讨论 Pydantic 模型。要知道,它们是 FastAPI 数据验证功能的核心,因此充分了解它们的工作方式以及如何有效地操作它们至关重要。

第 4 章　在 FastAPI 中管理 Pydantic 数据模型

本章将详细介绍使用 Pydantic 定义数据模型,而 Pydantic 是 FastAPI 使用的底层数据验证库。由于类继承,我们将解释如何在不重复相同代码的情况下实现相同模型的变量。最后,我们将展示如何在 Pydantic 模型中实现自定义数据验证逻辑。

在本章中,我们将介绍以下主题:

- 使用 Pydantic 定义模型及字段类型;
- 使用类继承创建模型变量;
- 使用 Pydantic 添加自定义数据验证;
- 使用 Pydantic 对象。

4.1　技术要求

运行代码示例,您需要一个 Python 虚拟环境,如我们在第 1 章设置的环境。

您可以在 GitHub 库中找到本章的所有代码示例,网址如下:

https://github.com/PacktPublishing/Building-Data-Science-Applications-with-FastAPI/tree/main/chapter4

4.2　使用 Pydantic 定义模型及字段类型

Pydantic 是一个可以用 Python 类和类型提示来定义数据模型的库。此方法使这些类完全兼容静态类型检查。此外,由于有常规的 Python 类,我们既可以使用类继承,也可以用自己的方法来添加自定义逻辑。

在第 3 章中,我们已经学习了使用 Pydantic 定义数据模型的基本知识:用 Pydantic 定义数据模型必须定义一个从 BaseModel 模型继承的类,并将所有字段列为类属性,每个字段都有适当的类型提示来强制执行它们的类型。

本节我们重点讨论模型定义,并了解定义字段所需的所有可能性。

4.2.1 标准字段类型

我们将首先用标准类型来定义字段,它只涉及简单的类型提示。下面让我们回顾一个表示个人信息的简单模型:

chapter4_standard_field_types_01.py

```python
from pydantic import BaseModel


class Person(BaseModel):
    first_name: str
    last_name: str
    age: int
```

https://github.com/PacktPublishing/Building-Data-Science-Applications-with-FastAPI/blob/main/chapter4/chapter4_standard_field_types_01.py

如上所述,只需编写字段的名称,然后给所需的类型加上类型提示即可。当然,这并不局限于标量类型,复合类型也可以使用,如列表、元组或日期时间类。在下面的示例中,我们可以看到使用这些复杂类型的模型。

chapter4_standard_field_types_02.py

```python
from datetime import date
from enum import Enum
from typing import List

from pydantic import BaseModel, ValidationError


class Gender(str, Enum):
    MALE = "MALE"
    FEMALE = "FEMALE"
    NON_BINARY = "NON_BINARY"


class Person(BaseModel):
    first_name: str
    last_name: str
    gender: Gender
    birthdate: date
    interests: List[str]
```

https://github.com/PacktPublishing/Building-Data-Science-Applications-with-FastAPI/blob/main/chapter4/chapter4_standard_field_types_02.py

在本例中有三点需要注意。

第一,使用标准 PythonEnum 类作为性别字段的类型。这需要我们指定一组有效值。如果输入的值不在此枚举中,Pydantic 将产生错误,如下代码所示:

chapter4_standard_field_types_02.py

```
# Invalid gender
try:
    Person(
        first_name = "John",
        last_name = "Doe",
        gender = "INVALID_VALUE",
        birthdate = "1991 - 01 - 01",
        interests = ["travel", "sports"],
    )
except ValidationError as e:
    print(str(e))
```

https://github.com/PacktPublishing/Building-Data-Science-Applications-with-FastAPI/blob/main/chapter4/chapter4_standard_field_types_02.py

如果运行上面的示例,则输出如下:

```
1 validation error for Person
gender
value is not a valid enumeration member; permitted: 'MALE', 'FEMALE', 'NON_BINARY' (type = type_error.enum; enum_values = [<Gender.MALE: 'MALE'>, <Gender.FEMALE: 'FEMALE'>,
<Gender.NON_BINARY: 'NON_BINARY'>])
```

实际上,这正是我们在第 3 章中所做的,用来限制 path 参数的允许值。

第二,使用 Python date 类作为 birthdate 字段的类型。Pydantic 能够自动解析作为国际标准化组织(ISO)格式字符串或时间戳整数给出的 data 和 datetime,并实例化适当的 date 或 datetime 对象。当然,如果解析失败,会出现报错。我们可以在下面的示例中对此进行试验。

chapter4_standard_field_types_02.py

```
# Invalid birthdate
try:
    Person(
        first_name = "John",
        last_name = "Doe",
        gender = Gender.MALE,
        birthdate = "1991 - 13 - 42",
        interests = ["travel", "sports"],
    )
except ValidationError as e:
```

```
print(str(e))
```

下面是输出结果：

```
1 validation error for Person
birthdate
    invalid date format (type = value_error.date)
```

第三,将 interests 定义为字符串列表。Pydantic 将再次检查该字段是否为有效的字符串列表。

显然,如果代码运行正常,我们将获得一个 Person 实例并访问正确解析的字段。如下代码所示：

chapter4_standard_field_types_02.py

```
# Valid
person = Person(
    first_name = "John",
    last_name = "Doe",
    gender = Gender.MALE,
    birthdate = "1991 - 01 - 01",
    interests = ["travel", "sports"],
)
# first_name = 'John' last_name = 'Doe' gender = <Gender.MALE: 'MALE'> birthdate =
    datetime.date(1991, 1, 1) interests = ['travel', 'sports']
print(person)
```

如上所述,我们可以拥有非常复杂的字段类型,但这并不是全部,因为字段本身可以是 Pydantic 模型,允许拥有子对象。在下面的示例中,我们尝试扩展上一段代码以添加地址字段。

chapter4_standard_field_types_03.py

```
class Address(BaseModel):
    street_address: str
    postal_code: str
    city: str
    country: str
```

```
class Person(BaseModel):
    first_name: str
    last_name: str
    gender: Gender
    birthdate: date
    interests: List[str]
    address: Address
```

https://github.com/PacktPublishing/Building-Data-Science-Applications-with-FastAPI/blob/main/chapter4/chapter4_standard_field_types_03.py

我们只需要定义另一个 Pydantic 模型并将其用作类型提示即可。现在,要么使用已经有效的 address 实例来实例化 Person 实例,要么使用字典实例化 Person 实例。在这种情况下,Pydantic 将自动解析它并根据地址模型进行验证。

在下面的示例中,我们尝试输入无效地址。

chapter4_standard_field_types_03.py

```
try:
    Person(
        first_name = "John",
        last_name = "Doe",
        gender = "INVALID_VALUE",
        birthdate = "1991 - 01 - 01",
        interests = ["travel", "sports"],
        address = {
            "street_address": "12 Squirell Street",
            "postal_code": "424242",
            "city": "Woodtown",
            # Missing country
        }
    )
except ValidationError as e:
    print(str(e))
```

https://github.com/PacktPublishing/Building-Data-Science-Applications-with-FastAPI/blob/main/chapter4/chapter4_standard_field_types_03.py

由此产生以下验证错误:

```
1 validation error for Person
address ->country
    field required (type = value_error.missing)
```

Pydantic 清楚地显示了子对象中缺少的字段。同样,如果代码运行顺利,我们将获得一个 Person 实例及其关联地址,如以下代码所示:

chapter4_standard_field_types_03. py

```python
# Valid
person = Person(
    first_name = "John",
    last_name = "Doe",
    gender = Gender.MALE,
    birthdate = "1991-01-01",
    interests = ["travel", "sports"],
    address = {
        "street_address": "12 Squirell Street",
        "postal_code": "424242",
        "city": "Woodtown",
        "country": "US",
    },
)

print(person)
```

https://github.com/PacktPublishing/Building-Data-Science-Applications-with-FastAPI/blob/main/chapter4/chapter4_standard_field_types_03. py

4.2.2 可选字段和默认值

如您所想,这非常简单,可以使用可选输入注释。

到目前为止,我们假设在实例化模型时必须提供每个字段。然而,很多时候,我们希望有一些值是可选的,因为它们可能与每个对象实例无关。有的时候,我们还希望为未指定的字段设置默认值。

其实,使用 optional 类型注释可以非常简单地完成此操作,如以下代码所示:

chapter4_optional_fields_default_values_01. py

```python
from typing import Optional

from pydantic import BaseModel

class UserProfile(BaseModel):
    nickname: str
    location: Optional[str] = None
    subscribed_newsletter: bool = True

user = UserProfile(nickname = "jdoe")
print(user)   # nickname = 'jdoe' location = None subscribed_newsletter = True
```

https://github.com/PacktPublishing/Building-Data-Science-Applications-with-FastAPI/blob/main/chapter4/chapter4_optional_fields_default_values_01.py

使用 optional 类型提示定义字段时,它接受 None 值。正如前面的代码示例,可以简单地通过将值放在等号后面来指定默认值。

但是要注意,不要为动态类型(如 datetimes)指定这样的默认值。这会在导入模型时 datetime 实例化只计算一次。结果就是,实例化的所有对象都会共享相同的值,而不是新值,如以下代码所示:

chapter4_optional_fields_default_values_02.py

```
class Model(BaseModel):
    # Don't do this.
    # This example shows you why it doesn't work.
    d: datetime = datetime.now()


o1 = Model()
print(o1.d)

time.sleep(1) # Wait for a second

o2 = Model()
print(o2.d)

print(o1.d < o2.d) # False
```

https://github.com/PacktPublishing/Building-Data-Science-Applications-with-FastAPI/blob/main/chapter4/chapter4_optional_fields_default_values_02.py

尽管我们在 o1 和 o2 的实例化之间等待了 1 s,但 d 的日期时间是一样的,这意味着在导入类时,datetime 只计算了一次。

如果我们想要有一个默认列表,例如 l: list[str] = ["a", "b", "c"],可能会遇到同样的问题。请注意,这适用于每个 Python 对象,而不仅仅是 Pydantic 模型。

那么,如何分配动态默认值呢? 所幸,Pydantic 提供了一个 Field 函数,允许我们在字段上设置一些高级选项,包括设置工厂以创建动态值。在展示这一点之前,我们将首先介绍 Field 函数。

4.2.3　字段验证

在第 3 章中,我们展示了如何对 request 参数做一些验证,以检查数字是否在某个范围内,或者字符串是否与正则表达式(regex)匹配。实际上,这些选项直接来自 Pydantic,我们可以使用相同的方法对模型的字段进行验证。

为此,我们将使用 Pydantic 中的 Field 函数,并将其结果用作字段的默认值。在下面的示例中,使用 first_name 和 last_name 所需的属性(长度应至少为 3 个字符)和可选的 age 属性(长度应为 0~120 之间的整数)定义了一个 Person 模型。下面的示例中展示了此模型的实现。

chapter4_fields_validation_01. py

```python
from typing import Optional

from pydantic import BaseModel, Field, ValidationError

class Person(BaseModel):
    first_name: str = Field(..., min_length = 3)
    last_name: str = Field(..., min_length = 3)
    age: Optional[int] = Field(None, ge = 0, le = 120)
```

https://github. com/PacktPublishing/Building-Data-Science-Applications-with-FastAPI/blob/main/chapter4/chapter4_fields_validation_01. py

正如您所看到的,该语法与在 Path、Query 和 Body 中看到的语法非常相似。第一个位置参数定义字段的默认值。如果该字段为必填字段,则使用省略号(...)。关键字参数用于设置字段的选项,包括一些基本验证。

您可以在官网 Pydantic 文档中查看 Field 函数接受的参数的完整列表,网址如下:

https://pydantic-docs. helpmanual. io/usage/schema/#field-customisation

4.2.4　动态默认值

在上一节中,我们提醒不要将动态值设置为默认值。所幸 Pydantic 在 Field 函数上提供了 default_factory 参数来涵盖这个用例。此参数期望传递一个将在模型实例化期间被调用的函数。因此,每次创建新对象时,都会在运行时对生成的对象进行计算。如以下示例所示:

chapter4_fields_validation_02. py

```python
from datetime import datetime
from typing import List

from pydantic import BaseModel, Field

def list_factory():
    return ["a", "b", "c"]

class Model(BaseModel):
    l: List[str] = Field(default_factory = list_factory)
```

```
d: datetime = Field(default_factory = datetime.now)
l2: List[str] = Field(default_factory = list)
```

https://github.com/PacktPublishing/Building-Data-Science-Applications-with-FastAPI/blob/main/chapter4/chapter4_fields_validation_02.py

只需向该参数传递一个函数即可,不需要给它加参数,当实例化新对象时,Pydantic会自动为我们调用函数。

如果需要调用一个特定参数的函数,则必须将其封装到自己的函数中,就像我们对 list_factory 所做的那样。

还需要注意,用于默认值(例如 None 或...)的第一个位置参数在这里被完全省略。这是有道理的,因为同时具有 default 值和 factory 是矛盾的,如果将这两个参数设置在一起,Pydantic 将会报错。

4.2.5　使用 Pydantic 类型验证邮件地址和 URL

为了方便起见,Pydantic 提供了一些类,可以用作字段类型来验证一些常见的模式,如电子邮件地址或统一资源定位器(URL)。

在下面的示例中,我们将会使用 EmailStr 和 HttpUrl 来验证电子邮件地址和超文本传输协议(HTTP)URL。

想要 EmailStr 正常工作,我们需要一个可选的依赖项 email-validator,可以使用以下命令安装该依赖项:

```
$ pip install email-validator
```

这些类可以像任何其他类型或类一样工作:只需将它们作为字段的类型提示,如以下代码所示:

chapter4_pydantic_types_01.py

```
from pydantic import BaseModel, EmailStr, HttpUrl, ValidationError


class User(BaseModel):
    email: EmailStr
    website: HttpUrl
```

https://github.com/PacktPublishing/Building-Data-Science-Applications-with-FastAPI/blob/main/chapter4/chapter4_pydantic_types_01.py

在下面的示例中,我们将检查该电子邮件地址是否已被正确验证。

chapter4_pydantic_types_01.py

```
# Invalid email
try:
    User(email = "jdoe", website = "https://www.example.com")
```

```
except ValidationError as e:
    print(str(e))
```

https://github.com/PacktPublishing/Building-Data-Science-Applications-with-FastAPI/blob/main/chapter4/chapter4_pydantic_types_01.py

然后看到以下输出:

```
1 validation error for User
email
    value is not a valid email address (type = value_error.email)
```

我们还检查了 URL 是否被正确解析,如以下代码所示:

chapter4_pydantic_types_01.py

```
# Invalid URL
try:
    User(email = "jdoe@example.com", website = "jdoe")
except ValidationError as e:
    print(str(e))
```

https://github.com/PacktPublishing/Building-Data-Science-Applications-with-FastAPI/blob/main/chapter4/chapter4_pydantic_types_01.py

然后看到以下输出:

```
1 validation error for User
website
    invalid or missing URL scheme (type = value_error.url.scheme)
```

在下面的示例中,URL 被解析为一个对象,我们可以访问该对象的不同部分,例如方案或主机名。

chapter4_pydantic_types_01.py

```
# Valid
user = User(email = >> jdoe@example.com >> , website = >> https://www.example.com >> )
# email = 'jdoe@example.com' website = HttpUrl('https://www.example.com', scheme =
'https', host = 'www.example.com',tld = 'com', host_type = 'domain')
print(user)
```

https://github.com/PacktPublishing/Building-Data-Science-Applications-with-FastAPI/blob/main/chapter4/chapter4_pydantic_types_01.py

Pydantic 提供了一组相当大的类型,可以在各种情况下提供帮助。详见官方文件中的完整列表,网址如下:

https://pydanticdocs. helpmanual. io/usage/types/＃pydantic-types

现在,通过使用更高级的类型或利用验证功能,我们可以更好地了解如何精细定义 Pydantic 模型,这些模型是 FastAPI 的核心。有的时候,我们可能需要为同一实体定义几个变量,以适应多种情况。

下一节将展示如何以最少的重复来实现这一点。

4.3　使用类继承创建模型变量

在第 3 章中展示了一个案例,我们需要定义 Pydantic 模型的两个变量,以便分割想要存储在后端的数据和想要向用户显示的数据。这是 FastAPI 中的常见模式——定义一个用于创建的模型、一个用于响应的模型和一个用于存储在数据库中的数据模型。

以下示例展示了这一基本方法。

chapter4_model_inheritance_01. py

```
from pydantic import BaseModel


class PostCreate(BaseModel):
    title: str
    content: str


class PostPublic(BaseModel):
    id: int
    title: str
    content: str


class PostDB(BaseModel):
    id: int
    title: str
    content: str
    nb_views: int = 0
```

https://github. com/PacktPublishing/Building-Data-Science-Applications-with-FastAPI/blob/main/chapter4/chapter4_model_inheritance_01. py

这里有三个模型,以涵盖下面三种情况:
- PostCreate 将用于 POST 端点以创建新的帖子。我们希望用户给出标题和内容,但是**标识符**(ID)将由数据库自动确定。
- 当检索帖子数据时,将使用 PostPublic。当然,这不但需要它的标题和内容,还需要它在数据库中的相关 ID。

- PostDB 将携带我们希望存储在数据库中的所有数据。在这里，我们还希望存储视图的数量，但需要保密，以便在内部生成自己的统计数据。

在这里可以看到，我们重复了很多次，特别是在标题和内容字段方面。在具有大量字段和大量验证选项的比较大的示例中，这可能很快变得难以管理。

相应的解决方案是利用模型继承来避免这种情况。方法很简单——确定每个变量的公共字段，并将它们放入一个模型中，作为其他变量的基础。然后，只需从该模型继承即可创建变量并添加特定字段。以下示例展示了上一个示例使用此方法的情况。

chapter4_model_inheritance_02. py

```python
from pydantic import BaseModel


class PostBase(BaseModel):
    title: str
    content: str


class PostCreate(PostBase):
    Pass


class PostPublic(PostBase):
    id: int


class PostDB(PostBase):
    id: int
    nb_views: int = 0
```

https://github. com/PacktPublishing/Building-Data-Science-Applications-with-FastAPI/blob/main/chapter4/chapter4_model_inheritance_02. py

现在，每当我们需要为整个实体添加字段时，所要做的就是将其添加到 PostBase 模型中。

如果希望在模型上定义方法，那么它也非常方便。请记住，Pydantic 模型是常规的 Python 类，因此可以实现任意多个方法！

chapter4_model_inheritance_03. py

```python
class PostBase(BaseModel):
    title: str
    content: str

    def excerpt(self) ->str:
        return f"{self.content[:140]}..."
```

https://github. com/PacktPublishing/Building-Data-Science-Applications-with-FastAPI/blob/main/chapter4/chapter4_model_inheritance_03. py

在 PostBase 上定义 excerpt 方法,意味着其将在每个模型变量中可用。

虽然不是严格要求,但最好还是使用这种继承方法,以免代码重复和报错。下一节我们将会看到,使用自定义验证方法会更有效。

4.4 使用 Pydantic 添加自定义数据验证

到目前为止,我们已经了解了如何通过 Pydantic 提供的 field 参数或自定义类型将基本验证应用于模型。但是,在实际项目中可能还需要为特定案例添加自定义验证逻辑。

Pydantic 通过定义验证器来实现这一点,验证器是模型上可以在字段级别或对象级别应用的方法。

4.4.1 在字段级别上应用验证

为单个字段设置验证规则是最常见的一种情况。要在 Pydantic 中定义它,我们只需在模型上编写一个静态方法,并用 validator 装饰器装饰它。提醒一下,装饰器是语法糖,允许使用公共逻辑包装函数或类,而不会影响可读性。

以下示例通过验证此人的年龄不超过 120 岁来检查出生日期。

chapter4_custom_validation_01. py

```
from datetime import date

from pydantic import BaseModel, validator

class Person(BaseModel):
    first_name: str
    last_name: str
    birthdate: date

    @validator("birthdate")
    def valid_birthdate(cls, v: date):
    delta = date.today() - v
    age = delta.days / 365
        if age > 120:
    raise ValueError("You seem a bit too old!")
    return v
```

https://github. com/PacktPublishing/Building-Data-Science-Applications-with-

FastAPI/blob/main/chapter4/chapter4_custom_validation_01.py

正如您所见,validator 是一个静态类方法(第一个参数 cls 是类本身),要验证的值是 v 参数。它由 validator 装饰器装饰,并且期望将参数的名称作为第一个参数进行验证。

Pydantic 的这种方法有如下两种情况:

- 如果根据您的逻辑,该值无效,则应发出 ValueError 报错,并显示错误信息。
- 否则,应返回将在模型中指定的值。注意:它不需要与输入值相同,可以更改它以满足需要。实际上,这就是 4.4.3 小节要做的事情。

4.4.2　在对象级别上应用验证

通常情况下,一个字段的验证依赖于另一个字段。例如,检查密码确认是否与密码匹配,或者在某些情况下强制执行需要的字段。为了允许这种验证,我们需要访问整个对象数据。为此,Pydantic 提供了 root_validator 装饰器,如以下示例所示:

chapter4_custom_validation_02.py

```python
from pydantic import BaseModel, EmailStr, ValidationError,root_validator

class UserRegistration(BaseModel):
    email: EmailStr
    password: str
    password_confirmation: str

    @root_validator()
    def passwords_match(cls, values):
        password = values.get("password")
        password_confirmation = values.get("password_confirmation")
        if password != password_confirmation:
            raise ValueError("Passwords don't match")
        return values
```

https://github.com/PacktPublishing/Building-Data-Science-Applications-with-FastAPI/blob/main/chapter4/chapter4_custom_validation_02.py

此处的装饰器的用法类似于 validator 装饰器。静态 class 方法与 values 参数一起调用,values 参数是一个包含所有字段的字典。因此,我们可以检索它们中的每一个并实现代码逻辑。

同样,Pydantic 的这种方法有如下两种情况:

- 如果根据逻辑,这些值无效,则应发出 ValueError 报错,并显示错误信息。
- 否则,返回将被分配给模型的 values 字典。注意:该字典中的某些值是可以根据需要来进行更改的。

4.4.3 在 Pydantic 解析之前应用验证

默认情况下,验证器在 Pydantic 完成解析工作后运行。这意味着获得的值已经符合指定的字段类型。如果类型不正确,Pydantic 将在不调用验证程序的情况下报错。

但是,有的时候我们希望提供一些自定义解析逻辑,以转换一些可能不符合设置类型的输入值。在这种情况下,则需要在 Pydantic 解析器之前运行验证器,这是 validator 中 pre 参数的目的。

在以下示例中,我们将演示如何将带有逗号分隔值的字符串转换为正确的列表。

chapter4_custom_validation_03. py

```python
from typing import List

from pydantic import BaseModel, validator

class Model(BaseModel):
    values: List[int]

    @validator("values", pre=True)
    def split_string_values(cls, v):
        if isinstance(v, str):
            return v.split(",")
        return v

m = Model(values="1,2,3")
print(m.values) # [1, 2, 3]
```

https://github. com/PacktPublishing/Building-Data-Science-Applications-with-FastAPI/blob/main/chapter4/chapter4_custom_validation_03. py

从以上代码可以看出,验证器首先检查是否有字符串。如果我们这样做,就需要分割一个逗号分隔的字符串并返回结果列表;否则,直接返回值。Pydantic 将在之后运行其解析逻辑,因此如果 v 是无效值,仍会引发错误。

4.5 使用 Pydantic 对象

在使用 FastAPI 开发 API 端点时,可能需要处理大量的 Pydantic 模型实例;然后,会实现将对象和服务(例如数据库或机器学习(ML)模型)建立连接的逻辑。

所幸 Pydantic 提供了一些方法,让这件事变得非常容易。下面我们将回顾在开发过程中对此有用的常见用例。

4.5.1　将对象转换为字典

将对象转换为字典,可能是对 Pydantic 对象执行最多的操作。例如,将其转换为原始字典,以便发送到另一个 API 或在数据库中使用。我们只需在对象实例上调用 dict 方法即可。

下面的示例重复使用了 4.2.1 小节中的 Person 和 Address 模型。

chapter4_working_pydantic_objects_01.py

```python
person = Person(
    first_name = "John",
    last_name = "Doe",
    gender = Gender.MALE,
    birthdate = "1991 - 01 - 01",
    interests = ["travel", "sports"],
    address = {
        "street_address": "12 Squirell Street",
        "postal_code": "424242",
        "city": "Woodtown",
        "country": "US",
    },
)
person_dict = person.dict()
print(person_dict["first_name"]) # "John"
print(person_dict["address"]["street_address"])         # "12 SquirellStreet"
```

https://github.com/PacktPublishing/Building-Data-Science-Applications-with-FastAPI/blob/main/chapter4/chapter4_working_pydantic_objects_01.py

如上所示,调用 dict 就足以将整个数据转换为字典。

子对象也会被递归转换——地址键将自身指向具有地址属性的字典。

有趣的是,dict 方法支持一些参数,允许我们选择要转换的属性子集。我们可以声明要包含的内容或要排除的内容,如以下示例所示:

chapter4_working_pydantic_objects_02.py

```python
person_include = person.dict(include = {"first_name", "last_name"})
print(person_include) # {"first_name": "John", "last_name": "Doe"}

person_exclude = person.dict(exclude = {"birthdate", "interests"})
print(person_exclude)
```

https://github.com/PacktPublishing/Building-Data-Science-Applications-with-FastAPI/blob/main/chapter4/chapter4_working_pydantic_objects_02.py include 和 exclude 参数需要一个具有要包含或排除的字段键的集合。

对于嵌套结构(如此处的 address),还可以使用字典指定要包含或排除的子字段,如以下示例所示:

chapter4_working_pydantic_objects_02. py

```
person_nested_include = person.dict(
    include = {
        "first_name": ...,
        "last_name": ...,
        "address": {"city", "country"},
    }
)
# {"first_name": "John", "last_name": "Doe", "address":{"city": "Woodtown", "country": "US"}}
print(person_nested_include)
```

https://github. com/PacktPublishing/Building-Data-Science-Applications-with-FastAPI/blob/main/chapter4/chapter4_working_pydantic_objects_02. py

生成的 address 字典只包含城市和国家。请注意使用此语法时,诸如 first_name 或 last_name 之类的标量字段必须与省略号(...)关联。

如果经常使用转换功能,那么将其放在一个方法中就可以随意"复用"更专业,这会很有趣,如以下示例所示:

chapter4_working_pydantic_objects_03. py

```
class Person(BaseModel):
    first_name: str
    last_name: str
    gender: Gender
    birthdate: date
    interests: List[str]
    address: Address
def name_dict(self):
    return self.dict(include = {"first_name", "last_name"})
```

https://github. com/PacktPublishing/Building-Data-Science-Applications-with-FastAPI/blob/main/chapter4/chapter4_working_pydantic_objects_03. py

4.5.2 从子类对象创建实例

在 4.3 节中我们研究了根据情况拥有特定模型类的常见模式。特别地,我们将拥有一个专用于创建端点的模型,其中仅包含创建所需的字段,以及一个包含我们要存储的所有字段的数据库模型。

我们再来举一个 Post 示例,如下例所示:

chapter4_working_pydantic_objects_04. py

```
class PostBase(BaseModel):
```

```
        title: str
        content: str

class PostCreate(PostBase):
    Pass

class PostPublic(PostBase):
    id: int

class PostDB(PostBase):
    id: int
    nb_views: int = 0
```

https://github.com/PacktPublishing/Building-Data-Science-Applications-with-FastAPI/blob/main/chapter4/chapter4_working_pydantic_objects_04.py

在 create 端点的 path 操作函数中，将会得到一个只有 title 和 content 的 PostCreate 实例。但是，在将 PostDB 实例存储到数据库之前，需要构建一个适当的 PostDB 实例。

一个简便的方法是联合使用 dict 方法和解包语法。在下面的示例中，我们使用这种方法实现了创建一个端点。

chapter4_working_pydantic_objects_04.py

```
@app.post("/posts", status_code = status.HTTP_201_CREATED, response_model = PostPublic)
async def create(post_create: PostCreate):
    new_id = max(db.posts.keys() or (0,)) + 1

    post = PostDB(id = new_id, ** post_create.dict())

    db.posts[new_id] = post
    return post
```

https://github.com/PacktPublishing/Building-Data-Science-Applications-with-FastAPI/blob/main/chapter4/chapter4_working_pydantic_objects_04.py

如您所见，路径操作函数提供了一个有效的 PostCreate 对象。然后，需要将其转换为 PostDB 对象。

首先确定缺失的 id 属性，它由数据库提供。在这里，使用了一个基于字典的虚拟数据库，因此只需获取数据库中已经存在的最大密钥并将其递增即可。实际情况下，这将由数据库自动确定。

这里最有趣的一行是 PostDB 实例化，可以看到，我们首先通过 keyword 参数分配缺少的字段，然后解压 post_create 的字典表示形式。提醒一下，函数调用中 ∗∗ 的作用是将{"title":"Foo","content":"Bar"}等字典转换为关键字参数"title＝"Foo",content＝"Bar""。这是一种非常方便和动态的方法，可以将我们已有的所有字段设置到新模型中。

还要注意,我们在路径操作装饰器上设置了 response_model 参数。这一点已经在第 3 章中解释了,但基本上,它会提示 FastAPI 仅使用 PostPublic 字段构建 JSON 响应,即使我们在函数末尾返回了一个 PostDB 实例。

4.5.3　使用部分实例更新一个实例

在某些情况下,我们希望允许部分更新,换句话说,就是允许最终用户只将他们想要更改的字段发送到 API,不应该更改的字段忽略。这是实现 PATCH 端点的常用方法。

要做到这一点,首先需要一个特殊的 Pydantic 模型,其中所有字段都标记为可选,以便在缺少字段时不会引发错误。让我们看一看加上 Post 实例会怎么样,如下例所示:

chapter4_working_pydantic_objects_05.py

```python
class PostBase(BaseModel):
    title: str
    content: str


class PostPartialUpdate(BaseModel):
    title: Optional[str] = None
    content: Optional[str] = None
```

https://github.com/PacktPublishing/Building-Data-Science-Applications-with-FastAPI/blob/main/chapter4/chapter4_working_pydantic_objects_05.py

我们现在能够实现一个端点,该端点将接受 Post 字段的子集。由于这是一个更新,所以我们将根据其 ID 检索数据库中现有的帖子;然后必须找到一种方法,只更新有效负载中的字段,而不影响其他字段。所幸 Pydantic 再次涵盖了这一点,并提供了方便的方法和选项。

在下面的示例中,我们将会看到这样的端点是如何实现的。

chapter4_working_pydantic_objects_05.py

```python
@app.patch("/posts/{id}", response_model=PostPublic)
async def partial_update(id: int, post_update: PostPartialUpdate):
    try:
        post_db = db.posts[id]

        updated_fields = post_update.dict(exclude_unset=True)
        updated_post = post_db.copy(update=updated_fields)

        db.posts[id] = updated_post
```

```
            return updated_post
      except KeyError：
            raise HTTPException(status.HTTP_404_NOT_FOUND)
```

https://github.com/PacktPublishing/Building-Data-Science-Applications-with-FastAPI/blob/main/chapter4/chapter4_working_pydantic_objects_05.py

路径操作函数接受两个参数：id 属性（来自路径）和 PostPartialUpdate 实例（来自主体）。

首先要做的是检查数据库中是否存在此 id 属性。由于我们对虚拟数据库使用了字典，因此访问不存在的密钥引发 KeyError 错误。如果发生这种情况，只需使用 404 状态码表示 HTTPException 异常即可。

有趣的部分是：更新现有对象。我们要做的第一件事是使用 dict 方法将 PostPartialUpdate 转换为字典，但是，这次我们将 exclude_unset 参数设置为 True。这样做的效果是 Pydantic 不会输出结果字典中未提供的字段，我们只获取用户在有效负载中发送的字段。

然后，在现有的 post_db 数据库实例上再调用 copy 方法。这是将 Pydantic 对象克隆到另一个实例中的有效方法。这个方法的优点是它接受了一个 update 参数。此参数需要一个包含复制期间应更新的所有字段的字典，这正是我们想要利用 updated_fields 字典来做的！

我们现在有了一个更新的 post 实例，其中只包含有效负载中所需的更改。在使用 FastAPI 开发时，我们可能会经常使用 exclude_unset 参数和 copy 方法，因此请务必记住它们，这会让我们更轻松！

4.6　总　结

恭喜！您已经了解了 FastAPI 的另一个重要方面——使用 Pydantic 设计和管理数据模型。现在，您应该有信心创建模型，并通过内置选项和类型在字段级别应用验证，还可以实现自己的验证方法。您还知道如何在对象级别上应用验证来检查多个字段之间的一致性。您还查看了一个通用模式，利用模型继承来避免代码复制和重复，同时定义模型变量。最后，您学习了如何正确使用 Pydantic 模型实例，以便以高效、可读的方式转换和更新它们。

您现在已经了解了 FastAPI 的几乎所有功能。最后一个非常强大的方法是依赖注入。它有助于我们定义自己的逻辑和值以直接注入到 path 操作函数中，就像对 path 参数和有效负载对象所做的那样，也能够在项目中的任何地方复用它们。这是下一章的主题。

第 5 章　FastAPI 中的依赖注入

本章我们将重点关注 FastAPI 最有趣的部分——依赖注入。您将会看到,它是一种在整个项目中重用逻辑的强大且可读的方法。事实上,它允许项目创建复杂的构建块,并且可以在逻辑中的任何地方使用这些构建块。依赖项的典型用例是认证系统、查询参数的验证器或限速器。在 FastAPI 中,依赖项注入甚至可以递归调用另一个依赖项注入,从而允许从基本功能开始就构建高级块。到本章结束时,您将能够为 FastAPI 创建自己的依赖项,并在项目的多个级别上使用它们。

在本章中,我们将介绍以下主题:

- 什么是依赖注入?
- 创建和使用函数依赖项;
- 创建和使用类的参数化依赖项;
- 在路径、路由器和全局级别使用依赖项。

5.1　技术要求

您需要一个 Python 虚拟环境,如我们在第 1 章中所设置的环境。

您可以在专用的 GitHub 存储库中找到本章的所有代码示例,网址如下:

https://github.com/PacktPublishing/Building-Data-Science-Applications-with-FastAPI/tree/main/chapter5

5.2　什么是依赖注入

一般来说,依赖注入是一个能够自动实例化对象及其依赖对象的系统。之后,开发人员的责任是只提供如何创建对象的声明,并让系统在运行时解析所有依赖关系链并创建实际对象。

FastAPI 允许您仅通过在路径操作函数参数中声明对象和变量来声明希望拥有的对象和变量。实际上,在前面的章节中我们已经使用了依赖注入。在下面的示例中,我们使用 Header 函数检索 user agent 头:

chapter5_what_is_dependency_injection_01.py

```
from fastapi import FastAPI, Header

app = FastAPI()

@app.get("/")
async def header(user_agent: str = Header(...)):
    return {"user_agent": user_agent}
```

https://github.com/PacktPublishing/Building-Data-Science-Applications-with-FastAPI/blob/main/chapter5/chapter5_what_is_dependency_injection_01.py

在内部，Header 函数具有一些逻辑，可以自动获取请求对象、检查所需的 Header、返回其值，或者于不存在时引发错误。然而，从开发人员的角度来看，我们不知道它是如何处理此操作所需的对象的，我们只是要求获得所需的值。这就是依赖注入。

诚然，通过在请求对象的头字典中选择 user agent 属性，可以很容易地在函数体中重现这个示例。但是，依赖项注入方法与此方法相比有许多优点：

- 意图很清楚：不必读取函数的代码，就可以知道端点在请求数据中期望得到什么。
- 端点逻辑和更通用的逻辑之间有一个清晰的分离：头检索和相关的错误处理不会污染其余的逻辑；在依赖函数中是自包含的；此外，可以很容易地在其他端点中重用。
- 在 FastAPI 的情况下，可用于生成 OpenAPI 模式，以便自动文档清楚地显示该端点预期的参数。

换句话说，当我们需要实用逻辑来检索或验证数据、进行安全检查，或者调用在应用程序中需要多次的外部逻辑时，依赖项是一个理想的选择。

FastAPI 超依赖于这种依赖注入系统，并鼓励开发人员使用它来实现他们的构建块。如果是来自于其他 Web 框架（如 Flask 或 Express），这可能有点令人费解，但您肯定会很快被它的功能和相关性所说服。

为了让人信服，我们看一看如何以函数的形式创建和使用自己的依赖项。

5.3 创建和使用函数依赖项

在 FastAPI 中，依赖项可以定义为函数或可调用类。在本节中，我们将重点介绍函数，这些函数都是经常使用的函数。

正所谓，依赖关系是一种包装一些逻辑的方法，这些逻辑将检索一些子值或子对象，用它们制作一些东西，最后返回一个值，该值将被注入调用它的端点。

首先让我们看一个示例，其中定义了一个函数依赖项，用于检索 pagination 的查询参数 skip 和 limit。

chapter5_function_dependency_01.py

```python
async def pagination(skip: int = 0, limit: int = 10) -> Tuple[int, int]:
    return (skip, limit)


@app.get("/items")
async def list_items(p: Tuple[int, int] = Depends(pagination)):
    skip, limit = p
    return {"skip": skip, "limit": limit}
```

https://github.com/PacktPublishing/Building-Data-Science-Applications-with-FastAPI/blob/main/chapter5/chapter5_function_dependency_01.py

本示例分为两部分：

① 依赖项定义，它带有分页功能。您可以看到，我们定义了 skip 和 limit 两个参数，它们是具有默认值的整数。这些都是端点上的查询参数。我们对它们的定义与对路径操作函数的定义完全相同。这就是这种方法的优点：FastAPI 将递归地处理依赖项上的参数，并且在需要时将它们与请求数据（如查询参数或标头）匹配。只需将这些值作为元组返回即可。

② 路径操作函数 list_items，它使用分页依赖关系。您可以看到，这里的用法与 header 或 body 值的用法非常相似：定义了结果参数的名称，并使用函数 result 作为默认值。对于依赖项，我们使用 Depends 函数。它的作用是在参数中获取一个函数，并在调用端点时执行它。子依赖项将自动发现并执行。

在端点中，我们直接以元组的形式进行分页。

让我们使用以下命令运行本示例：

```
$ uvicorn chapter5.chapter5_function_dependency_01:app
```

现在，我们尝试调用/items 端点，看它是否能够检索查询参数。您可以使用以下 HTTPie 命令尝试此操作：

```
$ http "http://localhost:8000/items? limit = 5&skip = 10"
HTTP/1.1 200 OK
content - length: 21
content - type: application/json
date: Sat, 29 May 2021 16:03:36 GMT
server: uvicorn

{
    "limit": 5,
    "skip": 10
}
```

由于函数的依赖关系，查询参数 limit 和 skip 被正确检索。您还可以尝试在不使用查询参数的情况下调用端点，并注意它返回默认值。

依赖项返回值的类型提示

您可能已经注意到,我们必须在路径操作参数中键入提示依赖项的结果,即使我们已经键入了提示依赖项函数本身的内容。遗憾的是,这是 FastAPI 及其 Dependes 函数的一个限制,它不能转发依赖函数的类型。因此,我们必须手动输入提示结果,就像我们在这里所做的。

就是这样! 如您所见,在 FastAPI 中创建和使用依赖项非常简单和直接。当然,也可以在多个端点中随意重用它,正如在其他示例中所看到的那样。

chapter5_function_dependency_01. py

```python
@app.get("/items")
async def list_items(p: Tuple[int, int] = Depends(pagination)):
    skip, limit = p
    return {"skip": skip, "limit": limit}


@app.get("/things")
async def list_things(p: Tuple[int, int] =
Depends(pagination)):
    skip, limit = p
    return {"skip": skip, "limit": limit}
```

https://github. com/PacktPublishing/Building-Data-Science-Applications-with-FastAPI/blob/main/chapter5/chapter5_function_dependency_01. py

我们还可以在这些依赖项中做更复杂的事情,就像在常规路径操作函数中一样。在以下示例中,我们向这些分页参数添加了一些验证,并将额度限制为 100。

chapter5_function_dependency_02. py

```python
async def pagination(
    skip: int = Query(0, ge = 0),
    limit: int = Query(10, ge = 0),
) ->Tuple[int, int]:
    capped_limit = min(100, limit)
    return (skip, capped_limit)
```

https://github. com/PacktPublishing/Building-Data-Science-Applications-with-FastAPI/blob/main/chapter5/chapter5_function_dependency_02. py

如您所见,这些依赖项开始变得更加复杂:

- 在参数中添加了查询函数,以添加验证约束:如果 skip 或 limit 是负整数,则将引发 422 错误。
- 确保最高限额为 100。

路径操作函数上的代码不必更改：端点逻辑和分页参数的更通用逻辑之间有一个明确的分离。

让我们看一看依赖项的另一个典型用法：获取对象或引发 404 错误。

获取对象或引发 404 错误

在 REST API 中，通常会由端点来获取、更新和删除路径中给定标识符的单个对象。对于每一个对象，您可能都有相同的逻辑：尝试在数据库中检索该对象，或者如果该对象不存在，则引发 404 错误。这是一个设计得非常完美的依赖性用例！在以下示例中，您将看到如何实现它。

chapter5_function_dependency_03. py

```python
async def get_post_or_404(id: int) ->Post:
    try:
        return db.posts[id]
    except KeyError:
        raise HTTPException(status_code = status.HTTP_404_NOT_FOUND)
```

https://github. com/PacktPublishing/Building-Data-Science-Applications-with-FastAPI/blob/main/chapter5/chapter5_function_dependency_03. py

依赖项定义很简单：它接受一个参数，即我们要检索的帖子的 ID。它将从相应的路径参数中提取。然后，我们检查它是否存在于我们的虚拟字典数据库中：如果存在，就返回它；否则，将会引发 404 状态码的 HTTPException。

这个例子的要点是：您可以在依赖项中引发错误。在执行端点逻辑之前检查一些先决条件非常有用。另外一个典型的例子是身份验证：如果端点要求对用户进行身份验证，我们可以通过检查令牌或 Cookie 在依赖项中引发 401 错误。

现在，我们可以在每个 API 端点中使用此依赖关系，如以下示例所示：

chapter5_function_dependency_03. py

```python
@app.get("/posts/{id}")
async def get(post: Post = Depends(get_post_or_404)):
    return post


@app.patch("/posts/{id}")
async def update(post_update: PostUpdate, post: Post = Depends(get_post_or_404)):
    updated_post = post.copy(update = post_update.dict())
    db.posts[post.id] = updated_post
    return updated_post


@app.delete("/posts/{id}", status_code = status.HTTP_204_NO_CONTENT)
```

```
async def delete(post: Post = Depends(get_post_or_404)):
    db.posts.pop(post.id)
```

https://github.com/PacktPublishing/Building-Data-Science-Applications-with-FastAPI/blob/main/chapter5/chapter5_function_dependency_03.py

如您所见,我们只需定义 post 参数,并根据 get_post_or_404 依赖项使用 Depends 函数。然后,在路径操作逻辑中,确保手边有 post 对象;我们可以专注于核心逻辑,它现在非常简洁。例如,get 端点只需返回对象。

在这种情况下,唯一需要注意的是,不要忘记这些端点路径中的 ID 参数。根据 FastAPI 的规则,如果不在路径中设置此参数,它将自动被视为查询参数,这不是我们想要的。在 3.3.1 小节中有更多关于这方面的详细信息。

以上就是函数依赖项的全部内容。正如我们所说,这些是 FastAPI 项目中的主要构建块。但是,在某些情况下,您需要在这些依赖项上设置一些参数,例如,使用来自环境变量的值。为此,我们可以定义类依赖项。

5.4　创建和使用具有类的参数化依赖项

在上一节中,我们定义了在大多数情况下都适用的常规依赖项。但是,这些依赖项需要设置一些参数以微调其行为。由于函数的参数是由依赖项注入系统设置的,因此我们不能向函数中添加参数。

在分页示例中,我们添加了一些逻辑,将限制值限制为 100。

如果想动态地设置这个最大限制值,我们应该怎么做?

解决方案是创建一个用作依赖项的类。通过这种方式,我们可以设置类属性,例如使用 __init__ 方法,并在依赖项本身的逻辑中使用它们。该逻辑将在类的 __call__ 方法中定义。如果您还记得我们在 2.4.2 小节中的"可调用对象:__call__"讲的内容,就会知道它使对象可调用,这意味着它可以像常规函数一样被调用。实际上,这就是依赖项的全部要求:成为可调用的。由于类的存在,我们将使用此属性创建参数化依赖项。

在下面的示例中,我们使用一个类重新实现了分页示例,还可以动态设置最大限制值。

chapter5_class_dependency_01.py

```
class Pagination:
    def __init__(self, maximum_limit: int = 100):
        self.maximum_limit = maximum_limit

    async def __call__(
        self,
```

```
        skip: int = Query(0, ge = 0),
        limit: int = Query(10, ge = 0),
    ) ->Tuple[int, int]:
        capped_limit = min(self.maximum_limit, limit)
        return (skip, capped_limit)
```

https://github.com/PacktPublishing/Building-Data-Science-Applications-with-FastAPI/blob/main/chapter5/chapter5_class_dependency_01.py

如您所见，__call__方法中的逻辑与前面示例中定义的函数中的逻辑相同。唯一的区别是，该方法可以从类属性中提取最大限制值，这些属性可以在对象初始化时设置。

然后，您可以简单地创建该类的实例，并将其用作依赖项，具体取决于您的路径操作函数，如以下代码所示：

chapter5_class_dependency_01.py

```
pagination = Pagination(maximum_limit = 50)

@app.get("/items")
async def list_items(p: Tuple[int, int] = Depends(pagination)):
    skip, limit = p
    return {"skip": skip, "limit": limit}
```

https://github.com/PacktPublishing/Building-Data-Science-Applications-with-FastAPI/blob/main/chapter5/chapter5_class_dependency_01.py

在这里，我们硬编码了值 50，但是我们可以很好地从配置文件或环境变量中提取它。

类依赖项的另一个优点是，它可以在内存中维护本地值。如果我们必须进行大量的初始化设置，例如加载机器学习模型，再比如只想在启动时执行一次，那么这个属性非常有用。然后，可调用部分只需调用加载的模型即可进行预测，这应该非常快。

将类方法用作依赖项

即使__call__方法是建立类依赖项的最直接的方法，您也可以直接将方法传递给 Dependens。事实上，正如我们所说，它只需要一个可调用的参数，而类方法是一个完全有效的可调用参数！

如果您有需要在略有不同的情况下重用的公共参数或逻辑，那么这种方法非常有用。例如，您可以使用 Scikit learn 制作一个经过预训练的机器学习模型。在应用决策函数之前，需要根据输入数据应用不同的预处理步骤。

为此，只需在类方法中编写逻辑，并通过点表示法将其传递给 Depends 函数即可。

您可以在下面的示例中看到这一点，其中我们为分页依赖项实现了另一种样式，使用的是 page 和 size 参数而不是 skip 和 limit。

chapter5_class_dependency_02. py

```
class Pagination:
    def __init__(self, maximum_limit: int = 100):
        self.maximum_limit = maximum_limit

    async def skip_limit(
        self,
        skip: int = Query(0, ge = 0),
        limit: int = Query(10, ge = 0),
    ) ->Tuple[int, int]:
        capped_limit = min(self.maximum_limit, limit)
        return (skip, capped_limit)

    async def page_size(
        self,
        page: int = Query(1, ge = 1),
        size: int = Query(10, ge = 0),
    ) ->Tuple[int, int]:
        capped_size = min(self.maximum_limit, size)
        return (page, capped_size)
```

https://github. com/PacktPublishing/Building-Data-Science-Applications-with-FastAPI/blob/main/chapter5/chapter5_class_dependency_02. py

这两种方法的逻辑非常相似。我们只关注不同的查询参数。然后，在路径操作函数中，我们将/items 端点设置为使用 skip/limit 样式，而/things 端点将使用 page/size 样式。

chapter5_class_dependency_02. py

```
pagination = Pagination(maximum_limit = 50)

@app. get( << /items >> )
async def list_items(p: Tuple[int, int] = Depends(pagination.
skip_limit)):
    skip, limit = p
    return {"skip": skip, "limit": limit}

@app. get("/things")
async def list_things(p: Tuple[int, int] = Depends(pagination.
page_size)):
    page, size = p
```

```
        return {"page": page, "size": size}
```

https://github.com/PacktPublishing/Building-Data-Science-Applications-with-FastAPI/blob/main/chapter5/chapter5_class_dependency_02.py

如您所见,只需通过分页对象上的点表示法传递所需的方法即可。

总之,类依赖方法比函数方法更高级,对于需要动态设置参数、执行大量初始化逻辑,或者在几个依赖项上重用公共逻辑的情况下,类依赖方法都非常有用。

到目前为止,一直假设非常关心依赖项的返回值。虽然大多数情况下可能确实这样,可能偶尔需要调用依赖项来检查某些条件,但实际上并不需要返回值。FastAPI 允许这样的用例,这就是我们现在要看到的。

5.5　在路径、路由器和全局级别使用依赖项

正如我们所说,依赖项是在 FastAPI 项目中创建构建块的推荐方法,它允许在保持最大代码可读性的同时跨端点重用逻辑。到目前为止,我们已经在单个端点上应用了它们,但是这种方法能扩展到整个路由器,甚至是整个 FastAPI 应用程序吗? 事实上,可以做到!

这样做的主要动机是能够在几个路由器上应用一些全局请求验证或执行端逻辑,而不需要在每个端点上添加依赖项。通常,身份验证方法或限速器可能非常适合此用例。

为了展示它是如何工作的,我们需要实现一个简单的依赖项,下面的示例中都会使用它。您可以在以下示例中看到它:

chapter5_path_dependency_01.py

```
def secret_header(secret_header: Optional[str] = Header(None)) ->None:
    if not secret_header or secret_header != "SECRET_VALUE":
        raise HTTPException(status.HTTP_403_FORBIDDEN)
```

https://github.com/PacktPublishing/Building-Data-Science-Applications-with-FastAPI/blob/main/chapter5/chapter5_path_dependency_01.py

此依赖项只需在名为 secret_header 的请求中查找头。如果缺少或不等于 SE-CRET_VALUE,则将引发 403 错误。注意:此方法仅用于示例。有更好的方法来保护您的 API,这些内容将在第 7 章中介绍。

5.5.1　在路径装饰器上使用依赖项

到目前为止,一直假设对依赖项的返回值感兴趣。正如 secret_header 依赖项在这里清楚地显示的那样,实际情况并非总是如此。这就是为什么可以在路径操作装饰器

上添加依赖项而不是参数。您可以在下面的示例中看到：

chapter5_path_dependency_01. py

```
@app.get("/protected - route", dependencies = [Depends(secret_header)])
async def protected_route():
    return {"hello": "world"}
```

https://github. com/PacktPublishing/Building-Data-Science-Applications-with-FastAPI/blob/main/chapter5/chapter5_path_dependency_01. py

路径操作装饰器接受一个参数 dependencies，它需要一个依赖项列表。如您所见，就像在参数中传递依赖项一样，需要用 Depends 函数包装您的函数（或可调用函数）。

现在，无论何时调用/protectedroute，都将调用依赖项并检查所需的标头。

正如您猜到的，因为依赖项是一个列表，所以可以根据需要添加任意多的依赖项。

这很有趣，如果我们想保护一整套端点呢？在每个页面上手动添加会很麻烦，并且容易出错。所幸 FastAPI 提供了一种实现的方法。

5.5.2　在整个路由器上使用依赖项

如果您还记得 3.5 小节中的结构，就应该知道，可以在项目中创建多个路由器，以便清晰地分割 API 的不同部分，并将它们"连接"到主 FastAPI 应用程序上。这些是通过 APIRouter 类和 FastAPI 类的 include_routermethod 完成的。

使用这种方法，可以在整个路由器上注入依赖项，以便为该路由器的每个路由调用依赖项。有两种方法可以做到这一点：

① 在 APIRouter 类上设置 dependencies 参数，如下例所示：

chapter5_router_dependency_01. py

```
router = APIRouter(dependencies = [Depends(secret_header)])


@router.get("/route1")
async def router_route1():
    return {"route": "route1"}


@router.get("/route2")
async def router_route2():
    return {"route": "route2"}


app = FastAPI()
app. include_router(router, prefix = "/router")
```

https://github.com/PacktPublishing/Building-Data-Science-Applications-with-FastAPI/blob/main/chapter5/chapter5_router_dependency_01.py

② 在 include_router 方法上设置 dependencies 参数,如下例所示:

chapter5_router_dependency_02.py

```
router = APIRouter()

@router.get("/route1")
async def router_route1():
    return {"route": "route1"}

@router.get("/route2")
async def router_route2():
    return {"route": "route2"}

app = FastAPI()
app.include_router(router, prefix = "/router",
dependencies = [Depends(secret_header)])
```

https://github.com/PacktPublishing/Building-Data-ScienceApplications-with-FastAPI/blob/main/chapter5/chapter5_router_dependency_02.py

在上述两种情况下,dependencies 参数都需要依赖项列表。您可以看到,就像在参数中传递依赖项一样,需要用 Depends 函数包装您的函数(或可调用函数)。当然,它是一个列表,所以,如果需要,可以添加几个依赖项。

如何在这两种方法之间进行选择? 在这两种情况下,效果完全相同,所以又可以说哪一种并不重要。从理论上讲,如果在这个路由器的上下文中需要 APIRouter 类,就应该声明它的依赖关系。换句话说,我们可以问自己这样一个问题:如果独立运行路由器,那么它在没有依赖项的情况下会工作吗? 如果答案是否定的,那么就应该在 APIRouter 类上设置依赖项;否则,在 include_router 方法中声明可能更有意义。但是,这是一个明智的选择,不会改变 API 的功能,所以请随意选择您更熟悉的 API。

我们现在可以为整个路由器设置依赖项。在某些情况下,为整个应用程序声明它们也很有趣!

5.5.3 对整个应用程序使用依赖项

如果您有一个实现某些日志记录或速率限制功能的依赖项,那么为 API 的每个端点执行它将会非常有趣。幸运的是,FastAPI 允许这样做,正如您在以下示例中所看到的。

chapter5_global_dependency_01.py

```
app = FastAPI(dependencies = [Depends(secret_header)])

@app.get("/route1")
async def route1():
    return {"route": "route1"}

@app.get("/route2")
async def route2():
    return {"route": "route2"}
```

https：//github.com/PacktPublishing/Building-Data-Science-Applications-with-FastAPI/blob/main/chapter5/chapter5_global_dependency_01.py

同样，只需直接在主 FastAPI 类上设置 dependencies 参数。现在，依赖关系应用于 API 中的每个端点！

图 5.1 给出了一个简单的决策树以确定应该在哪个级别注入依赖项。

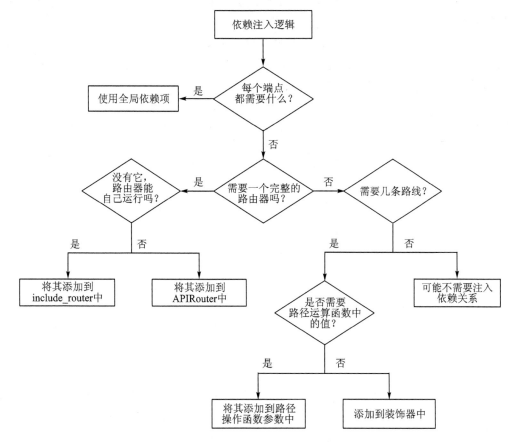

图 5.1　应该在哪个级别注入依赖关系

5.6 总 结

做得好！您现在应该对 FastAPI 最具标志性的特性之一——依赖注入，感到满意了。通过实现自己的依赖项，您将能够做到将在 API 中重用的公共逻辑与端点的逻辑分开。这将使您的项目干净且可维护，同时保持最大的可读性：依赖项只需声明为路径操作函数的参数即可，这将有助于理解其意图，而无须阅读函数体。

这些依赖项既可以是检索和验证请求参数的简单包装，也可以是执行机器学习任务的复杂服务。基于类的方法，确实可以为最高级的任务设置动态参数或保持本地状态。

最后，这些依赖项还可以在路由器或全局级别使用，允许您对一组路由或整个应用程序执行公共逻辑或检查。

本书第一部分到此结束！您现在已经熟悉了 FastAPI 的主要特性，并且应该能够使用该框架编写干净且性能良好的 REST API。

在下一部分中，我们将把您的知识提升到一个新的层次，并向您展示如何实现和部署一个健壮、安全且经过测试的 Web 后端。第 6 章将专门讨论数据库及其使用，这是大多数 API 能够读/写数据的必备条件。

第二部分

使用 FastAPI 构建和部署 完整的 Web 后端

本部分的目标是向您展示如何使用 FastAPI 构建一个真实的 Web 后端,该后端可以读取和写入数据,并对用户进行身份验证,针对实际运行环境进行正确的测试和配置。

本部分包括以下各章:

第6章　数据库和异步 ORM

REST API 的主要目标是读/写数据。到目前为止,我们只使用 Python 和 FastAPI 提供的工具,这些工具允许我们构建可靠的端点来处理和响应请求。然而,我们无法有效地检索和保存这些信息:我们错过了一个数据库。

本章的目的是向您展示如何在 FastAPI 中与不同类型的数据库和相关库进行交互。值得注意的是,FastAPI 对于数据库是完全不可知的,您可以使用任何您想要的系统,您的责任是集成它。这就是为什么我们要回顾三种集成数据库的不同方法,即使用基本 SQL 查询、使用对象关系映射(ORM)以及使用 NoSQL 数据库的原因。

在本章中,我们将介绍以下主题:

- 关系数据库和 NoSQL 数据库概述;
- 使用 SQLAlchemy 与 SQL 数据库通信;
- 使用 TOrtoise ORM 与 SQL 数据库通信;
- 使用 Motor 与 MongoDB 数据库通信。

6.1　技术要求

在本章中,您需要一个 Python 虚拟环境,如我们在第 1 章所设置的环境。

为了使用 Motor 与 MongoDB 数据库通信,您需要在本地计算机上运行 MongoDB 服务器。最简单的方法是,将其作为 Docker 容器运行。如果您之前从未使用过 Docker,我们建议您参考官方文档中的入门教程,网址如下:

https://docs.docker.com/get start/

完成此操作后,您就可以使用以下简单命令运行 MongoDB 服务器:

```
$ docker run - d -- name fastapi - mongo - p 27017:27017 mongo:4.4
```

然后,MongoDB 服务器实例将在您的本地计算机的端口 27017 上可用。

您可以在专用的 GitHub 存储库中找到本章的所有代码示例,网址如下:

https://github.com/PacktPublishing/Building-Data-Science-Applications-with-FastAPI/tree/main/chapter6

6.2　关系数据库和 NoSQL 数据库

数据库的作用是以结构化方式存储数据,保持数据的完整性,并提供一种查询语言,使您能够在应用程序需要时检索此数据。

为 Web 项目选择数据库时,主要有两个选择:关系数据库及其关联的 SQL 查询语言;NoSQL 数据库,其命名与第一类相反。

为项目选择合适的技术完全取决于您,因为这在很大程度上取决于您的需求和要求。在本节中,我们将概述这两个数据库系列的主要特征和特性,并尝试为您的项目选择合适的数据库系列提供一些见解。

6.2.1　关系数据库

关系数据库自 20 世纪 70 年代就已经存在,并且随着时间的推移,它们已经被证明是非常高效和可靠的。它们几乎与 SQL 查询语言密不可分,SQL 查询语言已成为查询此类数据库的事实标准。即使一个数据库引擎和另一个数据库引擎之间存在一些差异,但大多数语法都是通用的、易于理解的,并且足够灵活,可以表达复杂的查询。关系数据库实现关系模型:应用程序的每个实体或对象都存储在表中。例如,如果考虑一个博客应用程序,我们可以拥有表示用户、帖子和评论的表。

这些表中的每个表都有几个列,表示实体的属性。如果考虑的是职位,那么可以有一个标题,还有出版日期和内容。在这些表中,都有几行,每一行代表这种类型的单个实体;每个帖子都有自己的行。

顾名思义,关系数据库的一个关键点是关系。每个表都可以与其他表相关联,行引用其他表中的其他行。在我们的示例中,帖子可能与编写它的用户相关。同样,评论也可以链接到与之相关的帖子上。

其背后的主要目的是避免重复。事实上,在每个帖子上重复用户名或电子邮件不是很有效。如果在某个时候需要修改,我们将不得不浏览每一篇文章,这很容易出错,并使数据的一致性面临风险。这就是为什么我们更喜欢在帖子中引用用户的原因。那么,我们如何才能做到这一点呢?

通常,关系数据库中的每一行都有一个标识符,称为主键。这在表中是唯一的,并允许您唯一地标识此行。因此,可以在另一个表中使用此键来引用它。我们称之为外键:该键是外键,因为它引用了另一个表。

在图 6.1 中,您可以使用实体关系图查看此类数据库模式的表示。注意:每个表都有自己的主键或 ID,Post 表通过 user_id 外键引用 User。类似地,Comment 表可以通过 user_id 和 post_id 外键引用 User 和 Post。

在应用程序中,您可能希望检索带有注释和关联用户的帖子。为此,我们执行一个

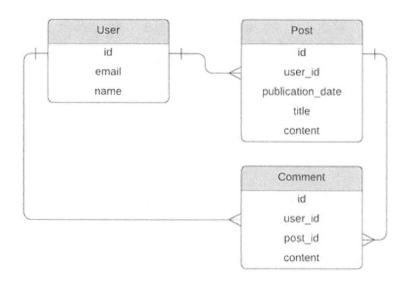

图 6.1　博客应用程序的关系数据库模式示例

连接查询,它将根据外键返回所有相关记录。关系数据库被设计为高效地执行这些任务;但是,如果模式更复杂,这些操作可能会变得昂贵。这就是为什么仔细设计关系模式及其查询非常重要的原因。

6.2.2　NoSQL 数据库

所有非关系型数据库引擎都归为 NoSQL 类别。事实上,这是一个相当模糊的名称,它重新组合了不同系列的数据库:键值存储,如 Redis;图形数据库,如 Neo4j;面向文档的数据库,如 MongoDB。也就是说,大多数时候,当我们谈论"NoSQL 数据库"时,指的是面向文档的数据库。它们是我们在本章感兴趣的东西。

面向文档的数据库不再使用关系架构,而是尝试将给定对象的所有信息存储在单个文档中。因此,执行连接查询要难得多,而且通常更困难。

这些文档存储在集合中。与关系数据库相反,集合中的文档可能不具有所有相同的属性:虽然关系数据库中的表具有定义的模式,但集合接受任何类型的文档。

在图 6.2 中,您可以查看我们之前博客示例的表示,该示例已被改编为面向文档的数据库结构。在这个配置中,我们为用户选择了一个集合,为帖子选择了另一个集合。但是,请注意,评论现在是帖子的一部分,也就是说,它们包含在列表中。

想要检索一篇文章及其所有评论,不需要执行链接查询,因为所有数据都来自一个查询。这是开发面向文档数据库的主要动机:通过限制查看多个集合的需要来提高查询性能。特别地,这已经适用于具有巨大数据规模和较少结构化的应用程序,如社交网络。

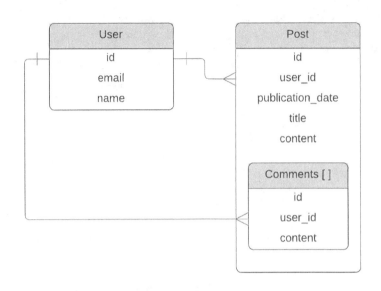

图 6.2　博客应用程序的面向文档的模式示例

6.2.3　选择最佳数据库

正如本节前面提到的,数据库引擎的选择在很大程度上取决于您的应用程序和需求。关系数据库和面向文档数据库之间的详细比较超出了本书的范围,但这里有一些元素供您考虑。

关系数据库非常适合存储实体之间存在大量关系的结构化数据。此外,即使发生错误或硬件故障,它们也会不惜一切代价保持数据的一致性。但是,您必须精确地定义模式,并考虑迁移系统,以便在需要开发时更新架构。

另一方面,面向文档的数据库不需要您定义模式:它们接受任何文档结构。因此,如果您的数据是高度可变的,或者您的项目还不够成熟,那么它会很方便。这样做的缺点是,它们在数据一致性方面远没有那么严格,这可能会导致数据丢失或不一致。

对于中小型应用程序而言,选择并不重要:关系数据库和面向文档的数据库都经过了非常优化,可以在这样的规模上提供出色的性能。

现在,我们将向您展示如何使用 FastAPI 处理这些不同类型的数据库。在 2.6 节中我们曾提到,仔细选择用于执行 I/O 操作的库非常重要。当然,数据库在这种情况下更重要!

虽然在 FastAPI 中使用经典的非异步库是完全可能的,但是您可能会错过框架的一个关键方面,并且可能无法达到它所能提供的最佳性能。这就是为什么在本章中我们只关注异步库的原因。

6.3　使用 SQLAlchemy 与 SQL 数据库通信

首先,我们讨论如何使用 SQLAlchemy 库处理关系数据库。SQLAlchemy 已经存在很多年了,当年您希望使用 SQL 数据库时,它是 Python 中最流行的库。

在这一章中,值得注意的是,我们只考虑库的核心部分,它只提供与 SQL 数据库进行抽象通信的工具。我们不会考虑 ORM 部分,因为在下一节中,我们将关注另一个 ORM——Tortoise。因此,在本节中,我们将非常关注 SQL 语言。

最近,1.4 版中添加了异步支持,但还不稳定,这就是为什么现在我们通过 Encode 将其与数据库库相结合的原因。这是 Starlete 背后的同一个团队,它为 SQLAlchemy 提供了一个异步连接层。图 6.3 提供了一个模式,以便更好地可视化不同库之间的交互。

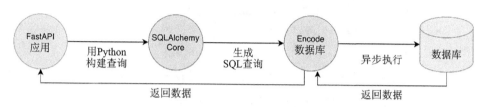

图 6.3　SQLAlchemy Core 和 Encode 数据库之间的交互

第一步是安装此库:

```
$ pip install databases[sqlite]
```

这是安装库、SQLAlchemy 和使用 SQLite 数据库所需的驱动程序。SQLite 是一个非常方便的关系引擎,它将所有数据存储在计算机上的单个文件中,非常适合测试和实验。与 PostgreSQL 或 MySQL 不同,您不需要安装和运行复杂的服务器。

每种类型的 SQL server 都需要自己的驱动程序,该驱动程序提供了与之通信的特定指令。当然,PostgreSQL 和 MySQL 是由数据库提供的,这在构建实际项目时非常有用。您可以查看官方文档中的安装说明,网址如下:

https://www. encode. io/databases/

现在,我们将逐步向您展示如何设置完整的数据库交互。图 6.4 显示了项目的结构。

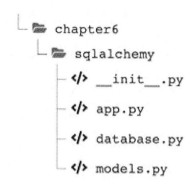

图 6.4　FastAPI 和 SQLAlchemy 项目结构

6.3.1 创建表架构

首先,需要为表定义 SQL 模式:名称、列及其关联的类型和属性。SQLAlchemy 提供了一整套类和函数来帮助您完成此任务。在以下示例中,可以查看 posts 表的定义。

models. py

```
metadata = sqlalchemy.MetaData()


posts = sqlalchemy.Table(
    "posts",
    metadata,
    sqlalchemy.Column("id", sqlalchemy.Integer, primary_key = True, autoincrement = True),
    sqlalchemy.Column("publication_date", sqlalchemy.DateTime(), nullable = False),
    sqlalchemy.Column("title", sqlalchemy.String(length = 255), nullable = False),
    sqlalchemy.Column("content", sqlalchemy.Text(), nullable = False),
)
```

https://github. com/PacktPublishing/Building-Data-Science-Applications-with-FastAPI/blob/main/chapter6/sqlalchemy/ models. py

首先,让我们创建一个对象。它的作用是将数据库模式的所有信息保存在一起。这就是为什么您应该在整个项目中只创建一次,并且始终使用同一个的原因。

接下来,我们将使用该类定义一个表。第一个参数是表的名称,后跟对象。然后,由于类的原因,我们列出了表中应该定义的所有列。第一个参数是列的名称,后跟其类型和一定数量的选项。例如,我们将列定义为具有自动增量的主键,这在 SQL 数据库中特别常见。

请注意,我们不会讨论 SQLAlchemy 提供的所有类型和选项。

只需知道它们与 SQL 数据库通常提供的数据库密切相关。您可以按以下网址查看官方文档中的完整列表。

- 您可以通过以下网址找到类型列表:

  https://docs. sqlalchemy. org/en/13/core/type_basics. html#generc-types

- 您可以通过以下网址找到 Column 参数列表:

  https://docs. sqlalchemy. org/en/13/core/metadata. html#:~:text = sqlal-chemy. schema. Column. __init__

如果查看表定义上方的代码,您将会看到我们还为 post 实体定义了相应的 Pydantic 模型。由于 FastAPI 将使用它们来验证请求负载,因此它们必须与 SQL 定义相匹配,以避免在稍后尝试插入新行时数据库中出现任何错误。

6.3.2　连接到数据库

现在表已经准备好了，我们必须在 FastAPI 应用程序和数据库引擎之间建立连接。首先，我们将实例化几个对象，如以下示例所示：

database. py

```
DATABASE_URL = "sqlite:///chapter6_sqlalchemy.db"
database = Database(DATABASE_URL)
sqlalchemy_engine = sqlalchemy.create_engine(DATABASE_URL)
```

https://github. com/PacktPublishing/Building-Data-Science-Applications-with-FastAPI/blob/main/chapter6/sqlalchemy/database. py

在这里，可以看到我们已经在变量中设置了连接字符串。通常，它由数据库引擎组成，然后是身份验证信息和数据库服务器的主机名。您可以在官方 SQLAlchemy 文档中找到此格式的概述，网址如下：

https://docs. sqlalchemy. org/en/13/core/engines. html#database-urls

对于 SQLite，只需给出存储所有数据的文件路径即可。

然后，我们使用这个 URL 实例化一个实例。这是数据库提供的链接层，允许我们执行异步查询。

我们还定义了 sqlalchemy_engine，它是 SQLAlchemy 提供的标准同步链接对象。你可能会认为这是一个重叠，你是正确的。我们将在后面的示例中阐明为什么需要它。

然后，我们定义一个简单的函数，其作用是简单地返回实例。如以下示例所示：

database. py

```
def get_database() ->Database:
    return database
```

http://github. com/PacktPublishing/Building-Data-Science-Applications-with-FastAPI/blob/main/chapter6/sqlalchemy/ database. py

我们使用此函数作为依赖项，以便在路径操作函数中轻松检索此实例。

使用依赖项检索数据库实例

您可能想知道为什么我们不将数据库实例导入到应用程序中并直接使用它，而是通过依赖项传递它。事实上，这完全是可行的。然而，在尝试实现单元测试时，这将使我们的操作变得非常艰难。事实上，用模拟或测试数据库替换此实例是非常困难的。通过依赖关系，FastAPI 可以很容易地将其与另一个函数交换。我们将在第 9 章中更详细地介绍这一点。

现在,我们需要告诉 FastAPI,在启动应用程序时打开与数据库的连接,在退出时关闭连接。所幸 FastAPI 提供了两个特殊的修饰符,用于在启动和关闭时执行任务,如以下示例所示:

app. py

```python
@app.on_event("startup")
async def startup():
    await database.connect()
    metadata.create_all(sqlalchemy_engine)


@app.on_event("shutdown")
async def shutdown():
    await database.disconnect()
```

https://github. com/PacktPublishing/Building-Data-Science-Applications-with-FastAPI/blob/main/chapter6/sqlalchemy/app. py

使用 on_event decorator 对函数进行修饰,允许我们在 FastAPI 启动或停止时触发一些有用的逻辑。在这种情况下,只需相应地调用数据库的 connect 和 disconnect 方法即可。这将确保数据库连接已打开并准备好处理请求。

此外,还可以看到在元数据对象上调用了 create_all 方法。这是在上一节中定义的元数据对象,也是我们在这里导入的元数据对象。此方法的目标是在数据库中创建表的模式。如果不这样做,我们的数据库则是空的,我们将无法保存或检索数据。此方法的设计用于标准 SQLAlchemy 引擎,这就是我们之前实例化它的原因。它在应用程序中没有其他用途。

然而,创建这样的模式只是为了简化示例。在实际的应用程序中,应该有一个合适的迁移系统,其作用是确保数据库模式同步。我们将在本章后面学习如何为 SQLAlchemy 设置一个合适的迁移系统。

6.3.3　进行插入查询

现在我们准备好提问了！让我们从 INSERT 查询开始,在数据库中创建新行。在以下示例中,您可以查看端点的实现以创建新帖子。

app. py

```python
@app.post("/posts", response_model = PostDB, status_code = status.HTTP_201_CREATED)
async def create_post(
    post: PostCreate, database: Database = Depends(get_database)
) ->PostDB:
    insert_query = posts.insert().values(post.dict())
    post_id = await database.execute(insert_query)
    post_db = await get_post_or_404(post_id, database)
```

```
    return post_db
```

https://github.com/PacktPublishing/Building-Data-Science-Applications-with-FastAPI/blob/main/chapter6/sqlalchemy/app.py

不要对它的外观感到惊讶,它是一个接受遵循 PostCreate 模型的有效负载的 POST 端点。由于 get_ database 的依赖,它还注入了数据库。

有趣的事情始于函数主体:

① 第一行,构建了 INSERT 查询。我们不是手工编写 SQL 查询,而是依赖于 SQLAlchemy 表达式语言,它由链式方法调用组成。幕后,SQLAlchemy 为我们的数据库引擎构建了一个合适的 SQL 查询。这是此类库的优势之一:它为您生成 SQL 查询,如果您更改了数据库引擎,就不必修改源代码了。

② 该查询直接从 posts 对象构建,它是我们前面定义的 Table 实例。通过使用这个对象,SQLAlchemy 直接理解查询与该表有关的疑问,并相应地构建 SQL。

③ 首先调用 insert 方法,然后使用 values 方法。它只接受一个字典,并且该字典将列的名称与其值关联起来,所以只需要在 Pydantic 对象上调用 dict() 即可。这就是为什么我们的模型与数据库模式匹配非常重要的原因。

④ 第二行,是实际执行查询。多亏有了数据库,我们才可以异步执行它。对于插入查询,可以使用 execute 方法,它允许在一个参数中查询。

INSERT 查询将返回新插入行的 id。这是非常重要的,因为我们允许数据库自动增加这个标识符,所以我们不知道新 post 的 id。

实际上,我们需要它之后从数据库中检索这一新行。只有这样做,才可以确保在响应中返回当前对象之前在数据库中有一个准确的表示。为此,我们使用 get_post_or_404 函数,下面将会讨论它。

6.3.4　进行选择查询

现在,将新数据插入数据库,我们必须能够读取它! 通常,API 中有两种读取端点:一种用于列出对象,另一种用于获取单个对象。

从端点开始列出我们的博客文章,您可以在下面的示例中查看它。

app. py

```
@app.get("/posts")
async def list_posts(
    pagination: Tuple[int, int] = Depends(pagination),
    database: Database = Depends(get_database),
) ->List[PostDB]:
    skip, limit = pagination
    select_query = posts.select().offset(skip).limit(limit)
    rows = await database.fetch_all(select_query)

    results = [PostDB(**row) for row in rows]
```

```
return results
```

https://github.com/PacktPublishing/Building-Data-Science-Applications-with-FastAPI/blob/main/chapter6/sqlalchemy/app.py

同样,生成查询需要两步操作:首先,通过 SQLAlchemy 查询语言构建查询;然后,使用数据库异步执行它。在本例中,我们使用 posts 表上的相应方法执行 SELECT 查询。注意我们是如何使用 OFFSET 和 LIMIT 子句来使用分页依赖项提供的变量对文章列表分页的,它和第 5 章中定义的依赖是一样的。

之后,我们使用数据库的 fetch_all 方法执行这个查询。此方法将返回与查询匹配的行的列表。

每一行都以字典的形式返回,该字典关联列名及其值。因此,对于它们中的每一个,我们只需要通过解包字典将它们实例化回 PostDB 模型即可。

RESTAPI 中的另一个典型端点是获取单个对象。在下面的示例中,您可以看到此端点检索单个帖子是如何实现的。

app.py

```python
@app.get("/posts/{id}", response_model = PostDB)
async def get_post(post: PostDB = Depends(get_post_or_404)) ->PostDB:
    return post
```

https://github.com/PacktPublishing/Building-Data-Science-Applications-with-FastAPI/blob/main/chapter6/sqlalchemy/app.py

可以预见,这是一个在 path 参数中接受 id 的 GET 端点。实现的本身是非常轻松的。实际上,由于按照 post 的 id 检索 post 或在 post 不存在时引发 404 错误的逻辑会被重用很多次,所以将其放在依赖项 get_post_or_404 中是有意义的。您可以在下面的示例中查看其实现过程。

app.py

```python
async def get_post_or_404(
    id: int, database: Database = Depends(get_database)
) ->PostDB:
    select_query = posts.select().where(posts.c.id == id)
    raw_post = await database.fetch_one(select_query)

    if raw_post is None:
        raise HTTPException(status_code = status.HTTP_404_NOT_ FOUND)

    return PostDB( ** raw_post)
```

https://github.com/PacktPublishing/Building-Data-Science-Applications-with-FastAPI/blob/main/chapter6/sqlalchemy/app.py

同样,我们从构建 SQL 查询开始。这一次,我们有一个 WHERE 子句,它只检索我们需要的 id 的行。条款本身可能看起来很奇怪。

第一部分是设置我们想要比较的实际列。每个列都可以通过表对象的 c 属性(即 posts.c.id)访问它的名称。

然后,我们使用相等操作符来与实际的 id 变量进行比较。它看起来像一个标准的比较,结果却是一个布尔值,而不是一个 SQL 语句! 不过,SQLAlchemy 开发人员在这里做了一些明智的事情:重载了标准操作符,以便生成 SQL 表达式,而不是比较对象。详见 2.4.2 小节。

然后,简单地调用数据库对象上的 fetch_one。当我们最多只期望一行时,这是一个方便的快捷方式。

可能发生两种情况:

① 如果没有行匹配我们的查询,结果则是 None。本例有可能引发 404 错误。

② 否则以字典的形式获取数据。我们所要做的就是将它实例化回一个 PostDB 模型。

依赖关系类似于函数

在 POST 端点中,我们使用 get_post_or_404 作为常规函数来检索新创建的博客文章。这完全没有问题:依赖项内部没有隐藏或魔法逻辑,所以您可以随意重用它们。特别要记住,必须手动提供每个参数,因为您不在依赖项中注入上下文。

6.3.5 进行更新和删除查询

让我们看一看如何更新和删除数据库中的行。它们的主要区别在于,如何使用 SQLAlchemy 表达式构建查询,而实现的其余部分都一样。

在下面的示例中,让我们来看一看如何更新博客文章。

app.py

```python
@app.patch("/posts/{id}", response_model=PostDB)
async def update_post(
    post_update: PostPartialUpdate,
    post: PostDB = Depends(get_post_or_404),
    database: Database = Depends(get_database),
) ->PostDB:
    update_query = (
        posts.update()
        .where(posts.c.id == post.id)
        .values(post_update.dict(exclude_unset=True))
    )
    post_id = await database.execute(update_query)
```

```
post_db = await get_post_or_404(post_id, database)

return post_db
```

https://github.com/PacktPublishing/Building-Data-Science-Applications-with-FastAPI/blob/main/chapter6/sqlalchemy/app.py

在本例中,我们从 UPDATE 语句开始。在此基础上,我们添加一个 WHERE 子句,只匹配我们想要更新的 post。最后,以字典的形式设置要更新的值。正如我们在第 4 章中解释的那样,因为这里做了部分更新,所以可以看到我们使用了 exclde_ unset 选项,只是为了获取要更新的值。

删除对象并没有太大的不同,如以下示例所示:

app.py

```
@app.delete("/posts/{id}", status_code = status.HTTP_204_NO_CONTENT)
async def delete_post(
    post: PostDB = Depends(get_post_or_404), database: Database = Depends(get_database)
):
    delete_query = posts.delete().where(posts.c.id == post.id)
    await database.execute(delete_query)
```

https://github.com/PacktPublishing/Building-Data-Science-Applications-with-FastAPI/blob/main/chapter6/sqlalchemy/app.py

上例主要由 DELETE 语句和适当的 WHERE 子句组成。

现在您应该知道了如何使用 SQLAlchemy 表达式语言和数据库执行最常见的 SQL 查询。我们建议您阅读 SQLAlchemy 表达式语言教程,以便了解此强大工具的所有功能和更高级的用法。您可以通过以下网址找到官方文档:

https://docs.sqlalchemy.org/en/13/core/tutorial.html

6.3.6 添加关系

正如我们在本章开头提到的,关系数据库都是关于数据及其关系的。通常,您需要创建链接到其他实体的实体。例如,在博客应用程序中,评论链接到与之相关的帖子。在本小节中,我们将研究如何使用 SQLAlchemy 建立这种关系。因为它非常接近 SQL,所以您会发现它并没有什么真正令人惊讶的地方。

首先,需要为注释定义一个表,它有一个指向 posts 表的外键。在下面的示例中可以查看到它的定义。

models.py

```
comments = sqlalchemy.Table(
    "comments",
```

```
    metadata,
    sqlalchemy.Column("id", sqlalchemy.Integer, primary_key = True, autoincrement =
True),
    sqlalchemy.Column(
        "post_id", sqlalchemy.ForeignKey("posts.id",ondelete = "CASCADE"), nullable = False
    ),
    sqlalchemy.Column("publication_date", sqlalchemy.DateTime(), nullable = False),
    sqlalchemy.Column("content", sqlalchemy.Text(),nullable = False),
)
```

https://github.com/PacktPublishing/Building-Data-Science-Applications-with-
FastAPI/blob/main/chapter6/sqlalchemy_relationship/models.py

这里的重点是 post_id 列，它是 ForeignKey 类型的。这是一种特殊类型，它告诉
SQLAlchemy 自动处理列的类型和相关约束。我们只需给出它所引用的表和列名即
可。注意，我们还可以指定 ON DELETE 操作。

我们不会详细讨论 Pydantic 模型的注释，因为它们非常简单。但是，我们想要强
调我们为 posts 创建的一个新模型，即 PostPublic，如以下示例所示：

models.py

```
class PostPublic(PostDB):
    comments: List[CommentDB]
```

https://github.com/PacktPublishing/Building-Data-Science-Applications-with-
FastAPI/blob/main/chapter6/sqlalchemy_relationship/models.py

这里，我们添加了一个 comments 属性，它是一个 CommentDB 列表。实际上，在
REST API 中，在某些情况下，自动检索实体的关联对象是有意义的。这里，在一个请
求中就可以方便地获得文章的评论。我们将在获得单个文章时使用这个模型来序列化
评论文章数据。

下面，我们将实现一个端点来创建新的注释，如以下示例所示：

app.py

```
@app.post("/comments", response_model = CommentDB, status_code = status.HTTP_201_CRE-
ATED)
async def create_comment(
    comment: CommentCreate, database: Database = Depends(get_database)
) ->CommentDB:
    select_post_query = posts.select().where(posts.c.id == comment.post_id)
    post = await database.fetch_one(select_post_query)

    if post is None:
        raise HTTPException(
```

```
        status_code = status.HTTP_400_BAD_REQUEST, detail = f"Post {id} does not exist"

    )

    insert_query = comments.insert().values(comment.dict())
    comment_id = await database.execute(insert_query)

    select_query = comments.select().where(comments.c.id == comment_id)
    raw_comment = cast(Mapping, await database.fetch_one(select_query))

    return CommentDB(** raw_comment)
```

https://github.com/PacktPublishing/Building-Data-Science-Applications-with-FastAPI/blob/main/chapter6/sqlalchemy_relationship/app.py

注意:端点参数和大多数实现都非常接近 createpost 端点。这里唯一的区别是函数逻辑的第一部分,我们在继续创建注释之前检查帖子是否存在。这一点很重要,因为最终用户可以发送任何帖子的 ID,我们可能会尝试为不存在的帖子创建注释,这可能会导致数据库级别的约束错误。这就是为什么我们试图先获得帖子,再显示一个明显的错误,以防止出现这种情况的原因。

前面,我们提到想要同时检索一篇文章及其评论。为此,我们必须进行第二次查询以检索注释,然后将所有数据合并到一个 PostPublic 实例中。我们在 get_post_or_404 依赖项中添加了这个逻辑,如以下示例所示:

app.py
```
async def get_post_or_404(
    id: int, database: Database = Depends(get_database)
) ->PostPublic:
    select_post_query = posts.select().where(posts.c.id == id)
    raw_post = await database.fetch_one(select_post_query)

    if raw_post is None:
        raise HTTPException(status_code = status.HTTP_404_NOT_FOUND)

    select_post_comments_query = comments.select().where(comments.c.post_id == id)
    raw_comments = await database.fetch_all(select_post_comments_query)
    comments_list = [CommentDB(** comment) for comment in raw_comments]

    return PostPublic(** raw_post, comments = comments_list)
```

https://github.com/PacktPublishing/Building-Data-Science-Applications-with-FastAPI/blob/main/chapter6/sqlalchemy_relationship/app.py

在这里,可以看到我们简单地添加了一个带有正确 WHERE 语句的 fetch_all 查询,以收集与文章相关的评论。然后,只需要将它们转换为 CommentDB 列表,并在 PostPublic 初始化期间设置它即可。

> **为什么不进行连接查询?**
>
> 诚然,通过创建一个 JOIN 查询,我们可以在一个查询中而不是两个查询中检索帖子和评论数据。
>
> JOIN 查询的问题是,它们返回的行数与注释的数量一样多,所有的行都与发布数据连接在一起。
>
> 虽然这是可能的,但需要巧妙的逻辑来分隔帖子数据并创建一个评论列表。为了简单起见,我们选择执行两个查询。

本质上,这就是 SQL 与 SQLAlchemy 的关系。可以看到,我们非常接近 SQL,因此需要构建正确的查询,根据需要塑造数据并解决关系。

6.3.7 用 Alembic 建立数据库迁移系统

在开发应用程序时,可能需要更改数据库模式以添加新表、添加新列或修改现有列。当然,如果应用程序已经在生产中,但是不希望擦除所有数据,从头开始重新创建模式:您希望将它们迁移到新模式。目前已经开发了用于此任务的工具,在本小节中,我们将从 SQLAlchemy 的创建者那里学习如何设置 Alembic。下面让我们安装此库:

```
$ pip install alembic
```

完成这些操作后,就可以访问 alembic 命令来管理这个迁移系统了。启动新项目时,要做的第一件事是初始化迁移环境,该环境包括一组文件和目录,Alembic 将在其中存储配置和迁移文件。在项目的根目录下,运行以下命令:

```
$ alembic init alembic
```

这将会在项目的根目录下创建一个名为 alembic 的目录。您可以在示例存储库中查看此命令的结果,如图 6.5 所示。

此文件夹将包含迁移的所有配置以及迁移脚本本身。它应该与代码一起提交,以保留这些文件版本的记录。

此外,请注意,它创建了一个 Alembic.ini 文件,该文件包含了 Alembic 的所有配置选项。我们回顾一下该文件的两个重要选项:script_location 和 sqlalchemy.url。您可以在以下示例中查看第一个参数。

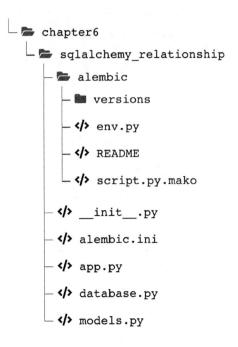

```
└ 📂 chapter6
   └ 📂 sqlalchemy_relationship
      ├ 📂 alembic
      │  ├ 📁 versions
      │  ├ </> env.py
      │  ├ </> README
      │  └ </> script.py.mako
      ├ </> __init__.py
      ├ </> alembic.ini
      ├ </> app.py
      ├ </> database.py
      └ </> models.py
```

图 6.5   Alembic 迁移环境结构

alembic. ini

```
# path to migration scripts
script_location = chapter6/sqlalchemy_relationship/alembic
```

https://github. com/PacktPublishing/Building-Data-Science-Applications-with-FastAPI/blob/main/chapter6/sqlalchemy_relationship/alembic. ini

script_location 选项包含迁移文件的 alembic 目录的路径。在大多数项目中,这只是 alembic,因为它只是项目的根。这里,由于我们的示例存储库中有几个项目,所以必须设置子文件夹路径。

第二个重要的选项是 sqlalchemy. url,您可以在以下示例中查看。

alembic. ini

```
sqlalchemy.url = sqlite:///chapter6_sqlalchemy_relationship.db
```

https://github. com/PacktPublishing/Building-Data-Science-Applications-with-FastAPI/blob/main/chapter6/sqlalchemy_relationship/alembic. ini

可以预见,这是接收迁移查询的数据库的连接字符串。它遵循了我们之前看到的相同惯例。在这里,我们设置了 SQLite 数据库。

接下来,我们关注 env. py 文件。这是一个 Python 脚本,包含由 Alembic 执行的用于初始化迁移引擎和执行迁移的所有逻辑。作为 Python 脚本,我们可以精心定制

Alembic 的执行。目前,除了一件事——导入元数据对象以外,我们保持默认值。您可以在以下示例中查看。

env. py

```
from chapter6.sqlalchemy_relationship.models import metadata


# this is the Alembic Config object, which provides
# access to the values within the .ini file in use.
config = context.config


# Interpret the config file for Python logging.
# This line sets up loggers basically.
fileConfig(config.config_file_name)


# add your model's MetaData object here
# for 'autogenerate' support
# from myapp import mymodel
# target_metadata = mymodel.Base.metadata
target_metadata = metadata
```

https://github.com/PacktPublishing/Building-Data-Science-Applications-with-FastAPI/blob/main/chapter6/sqlalchemy_relationship/alembic/env.py

默认情况下,该文件定义了一个名为 target_metadata 的变量,该变量被设置为 None。这里,我们修改了它,使它引用我们刚刚从模型模块导入的元数据对象。但为什么要这么做呢?请记住,元数据是一个 SQLAlchemy 对象,它包含所有表定义。将它提供给 Alembic,迁移系统就能够查看您的模式自动生成迁移脚本!如此一来,就不必从头开始编写它们了。

对数据库架构进行更改后,可以运行以下命令来生成新的迁移脚本:

```
$ alembic revision --autogenerate -m "Initial migration"
```

这会在版本目录中创建一个新脚本,其中的命令将会反映您的模式更改。您可以在以下示例中查看其外观。

a12742852e8c_initial_migration. py

```
def upgrade():
    # ### commands auto generated by Alembic - please adjust! ###
    op.create_table(
        "posts",
        sa.Column("id", sa.Integer(), autoincrement = True, nullable = False),
```

```
        sa.Column("publication_date", sa.DateTime(),nullable = False),
        sa.Column("title", sa.String(length = 255),nullable = False),
        sa.Column("content", sa.Text(), nullable = False),
        sa.PrimaryKeyConstraint("id"),
    )
    op.create_table(
        "comments",
        sa.Column("id", sa.Integer(), autoincrement = True,nullable = False),
        sa.Column("post_id", sa.Integer(), nullable = False),
        sa.Column("publication_date", sa.DateTime(),nullable = False),
        sa.Column("content", sa.Text(), nullable = False),
        sa.ForeignKeyConstraint(["post_id"], ["posts.id"],ondelete = "CASCADE"),
        sa.PrimaryKeyConstraint("id"),
    )
    # # # # end Alembic commands # # #


def downgrade():
    # # # # commands auto generated by Alembic - please adjust! # # #
    op.drop_table("comments")
    op.drop_table("posts")
    # # # # end Alembic commands # # #
```

https://github.com/PacktPublishing/Building-Data-Science-Applications-with-FastAPI/blob/main/chapter6/sqlalchemy _ relationship/alembic/versions/a12742852e8c _ initial_migration.py

在这里,我们有创建 posts 和 comments 表所需的操作,以及它们的所有列和约束。注意:应当有两个功能,分别是升级和降级。第一个用于应用迁移,第二个用于回滚迁移。这一点非常重要,因为如果在迁移过程中出现错误,或者需要恢复到应用程序的旧版本,那么您就能够在不破坏数据的情况下做到这一点。

> **自动生成不会检测到所有内容**
>
> 请记住,尽管自动生成非常有用,但它并不总是准确的,有时,它无法检测到含糊不清的更改。例如,重命名列,它将会删除旧列并创建另一列。因此,此列的数据将会丢失!这就是为什么要始终仔细检查迁移脚本,并对这样的边缘情况进行必要的更改的原因。

最后,您可以使用以下命令将迁移应用于数据库:

```
$ alembic upgrade head
```

这将运行最新版本之前尚未应用于数据库的所有迁移。有趣的是,在此过程中,Alembic 在您的数据库中创建了一个表,以便能够记住它应用的所有迁移,这就是它检测要运行哪些脚本的方式。

一般来说,在数据库上运行此类命令时,尤其是在生产数据库上,应该非常小心。如果犯了错误,可能会发生非常糟糕的事情,比如丢失宝贵的数据。除此之外,还应该始终在测试环境中测试迁移,并在生产数据库上运行新备份和工作备份。

以上是对 Alembic 及其强大迁移系统的快速介绍。我们强烈建议您阅读它的文档,了解它的所有机制,特别是关于迁移脚本操作的机制,网址如下:

https://alembic.sqlalchemy.org/en/latest/index.html

这就是本章的 SQLAlchemy 部分! 如果您已经习惯了关系数据库和 SQL,那么您不应该对它的使用感到太惊讶;它非常接近 SQL。然而,有时候,稍微远离 SQL 并让库为我们进行查询会更快更方便。这正是 ORM 的用途。

6.4 使用 Tortoise ORM 与 SQL 数据库通信

在处理关系数据库时,您可能希望抽象掉 SQL 概念,只处理编程语言中的适当对象。这是 ORM 工具背后的主要动机。在本节中,我们将研究如何使用 Ortoise ORM,这是一种非常适合 FastAPI 项目的现代异步 ORM。它深受 Django ORM 的启发;所以,如果你曾经使用过 Django ORM,你可能对 ORM 也不会感到陌生。

通常,第一步是使用以下命令安装库:

```
$ pip install tortoise - orm
```

数据库引擎(如 PostgreSQL 或 MySQL)的驱动程序,详见 https://tortoise-orm.readthedocs.io/en/latest/getting_started.html#installation 文档。

我们现在可以开始工作了!

6.4.1 创建数据库模型

第一步是为实体创建 Tortoise 模型。这是一个 Python 类,其属性表示表的列。此类将为您提供执行查询的静态方法,例如检索或创建数据。此外,数据库的实际实体将是此类的实例,使您能够像访问任何其他对象一样访问其数据。在后台,Tortoise 的角色是在这个 Python 对象和数据库中的行之间建立链接。下面来看一看我们博客帖子模型的定义。

models.py

```
class PostTortoise(Model):
```

```
id = fields.IntField(pk = True, generated = True)
publication_date = fields.DatetimeField(null = False)
title = fields.CharField(max_length = 255, null = False)
content = fields.TextField(null = False)

class Meta:
    table = "posts"
```

https://github.com/PacktPublishing/Building-Data-Science-Applications-with-FastAPI/blob/main/chapter6/tortoise/models.py

我们的模型是一个继承自 turtle. models. model 基类的类。

每个字段（或列）都是一个类的实例，对应于字段的类型。每个参数都有自己的参数集，用于优化数据库中的定义。例如，我们的 id 字段是一个自动生成的主键。我们不会浏览每个领域的课程，但您可以在官方 Tortoise 文档中找到完整的列表，网址如下：

https://tortoise-orm.readthedocs.io/en/latest/fields.html

注意：我们还有一个名为 Meta 的子类，它允许我们为表设置一些选项。在这里，table 属性允许我们控制表的名称。

如果您查看表定义上面的代码，您将会看到我们还为 post 实体定义了相应的 Pydantic 模型。FastAPI 将使用它们来执行数据验证和序列化。正如您在下面的例子中看到的，我们添加了一个 Config 子类，并设置了一个名为 orm_mode 的属性。

models. py

```
class PostBase(BaseModel):
    title: str
    content: str
    publication_date: datetime = Field(default_factory = datetime.now)
    class Config:
        orm_mode = True
```

https://github.com/PacktPublishing/Building-Data-Science-Applications-with-FastAPI/blob/main/chapter6/tortoise/models.py

此选项将允许我们将 ORM 对象实例转换为 Pydantic 对象实例。这是必要的，因为 FastAPI 设计用于 Pydantic 模型，而不是 ORM 模型。

在这里，我们讨论了使用 FastAPI 和 ORM 可能最令人困惑的部分：我们必须同时使用 ORM 对象和 Pydantic 模型，并找到来回转换它们的方法。

如果您参考了 Tortoise 文档，您会发现它试图通过提供工具从 Tortoise 模型自动生成 Pydantic 模型来解决这个问题。我们不会在本书中展示这种方法，因为它带有一些陷阱，并且不如纯 Pydantic 模型灵活。然而，只要您对我们在这里展示的概念有信心，我们鼓励您尝试这种方法，看看它是否适合您的需要。

6.4.2 设置 Tortoise 引擎

现在我们已经准备好了模型,我们必须配置 Tortoise 引擎来设置数据库连接字符串和模型的位置。为了做到这一点,Tortoise 为 FastAPI 提供了一个实用函数,可以为您完成所有必需的任务。特别是,它会自动添加事件处理程序,以在启动和关闭时打开和关闭连接;这是我们必须用 SQLAlchemy 手工完成的事情。您可以在下面的示例中看到它的外观。

app. py

```
TORTOISE_ORM = {
    "connections": {"default": "sqlite://chapter6_tortoise.db"},
    "apps": {
        "models": {
            "models": ["chapter6.tortoise.models"],
            "default_connection": "default",
        },
    },
}


register_tortoise(
    app,
    config = TORTOISE_ORM,
    generate_schemas = True,
    add_exception_handlers = True,
)
```

https://github. com/PacktPublishing/Building-Data-Science-Applications-with-FastAPI/blob/main/chapter6/tortoise/app. py

如您所见,我们将主要配置选项放在一个名为 TORTOISE_ ORM 的变量中。让我们回顾一下它的不同领域:

- connections 密钥包含一个将数据库别名与连接字符串相关联的字典,该字典允许访问数据库。它遵循标准惯例,如以下文档中解释的那样:

  https://tortoise-orm. readthedocs. io/en/latest/databases. html? highlight = db_url♯db-url

  在大多数项目中,您可能有一个名为 default 的数据库,但它允许您在需要时设置多个数据库。

- 在 apps 密钥中,您能声明所有您的模块包含您的 Tortoise 模型。apps 下面的第一个键,也就是 models,是您可以引用相关模型的前缀。您可以随意命名它,但如果您将所有模型置于相同的作用域下,那么模型是一个很好的候选对象。这个前缀在定义外键时特别重要。例如,通过这个配置,我们的 PostTortoise 模型可以被命名为 models.PostTortoise。它不是模块的实际路径。

在下面,您必须列出包含模型的所有模块。此外,我们使用前面定义的别名设置相应的数据库连接。

然后,我们调用 register_tortoise 函数,它将负责为 FastAPI 设置 Tortoise。让我们来解释一下它的论点:

- 首先是您的 FastAPI 应用程序实例。
- 然后,我们有了前面定义的配置。
- 之后,将 generate_schemas 设置为 True 将自动在数据库中创建表的模式;否则,我们的数据库将是空的,我们将无法插入任何行。

  虽然这对于测试非常有用,但在实际应用程序中,您应该有一个适当的迁移系统,其作用是确保数据库模式同步。我们将在本章后面研究如何为 Tortois 设置一个适当的迁移系统。
- 最后,add_exception_handlers 选项为 FastAPI 添加了自定义异常处理程序,允许您很好地捕获 Tortoise 错误并返回正确的错误响应。

就这些!始终确保在应用程序文件末尾调用此函数,以确保所有内容都已正确导入。除此之外,Tortoise 为我们处理一切。我们现在准备出发了!

6.4.3　创建对象

让我们从在数据库中插入新对象开始。主要的挑战是将 Tortoise 对象实例转换为 Pydantic 模型。让我们在下面的示例中回顾一下这一点。

app.py

```
@app.post("/posts", response_model = PostDB, status_code = status.HTTP_201_CREATED)
async def create_post(post: PostCreate) ->PostDB:
    post_tortoise = await PostTortoise.create( ** post.dict())

    return PostDB.from_orm(post_tortoise)
```

https://github.com/PacktPublishing/Building-Data-Science-Applications-with-FastAPI/blob/main/chapter6/tortoise/app.py

这里,我们有 POST 端点,它接受我们的 PostCreate 模型。核心逻辑由两个操作组成。

首先,我们在数据库中创建对象。我们直接使用 PostTortoise 类及其静态创建方法。方便的是,它接受一个将字段映射到其值的字典,所以我们只需要在输入对象上调用 dict 即可。当然,这个操作本身是异步的!

结果,我们得到一个 PostTortoise 对象的实例。这就是为什么我们需要执行的第二个操作是将其转换为 Pydantic 模型的原因。为此,我们使用了 from_orm 方法,该方法可用是因为我们启用了 orm_mode。我们得到了一个合适的 PostDB 实例,我们可以直接返回它。

我们可以直接返回 PostOrtoise 对象吗?

从技术上讲,是的,我们可以。在 Tortoise 模型的例子中,它实现了要转换为字典的神奇方法,这是 FastAPI 在无法识别您返回的对象时的最后一个回退。然而,这样做会剥夺我们使用 Pydantic 模型的所有好处,例如字段排除或自动文档。这就是为什么我们在这里建议您始终回到 Pydantic 模型的原因。

在这里,您可以看到实现非常简单。现在,让我们检索这些数据!

6.4.4 获取和过滤对象

通常,REST API 提供两种类型的端点来读取数据:一种用于列出对象,另一种用于获取特定对象。这正是我们接下来要回顾的内容!

在下面的示例中,您可以看到我们如何实现端点以列出对象。

app.py

```
@app.get("/posts")
async def list_posts(pagination: Tuple[int, int] = Depends(pagination)) ->List[PostDB]:
    skip, limit = pagination
    posts = await PostTortoise.all().offset(skip).limit(limit)

    results = [PostDB.from_orm(post) for post in posts]

    return results
```

https://github.com/PacktPublishing/Building-Data-Science-Applications-with-FastAPI/blob/main/chapter6/tortoise/app.py

同样,这是一个分两个步骤的操作:①我们使用查询语言检索 Tortoise 对象。注意,我们使用了 all 方法,它给出了表中的每个对象。②我们还能够通过偏移量和限制应用分页参数。

然后,我们必须将这个 PostTortoise 对象列表转换为一个 PostDB 对象列表。再次感谢 from_orm 和一个列表理解,我们可以非常容易地做到这一点。

在下面的示例中,我们将查看端点以检索单个帖子。

app.py

```
@app.get("/posts/{id}", response_model = PostDB)
async def get_post(post: PostTortoise = Depends(get_post_ or_404)) ->PostDB:
```

```
    return PostDB.from_orm(post)
```

https://github.com/PacktPublishing/Building-Data-Science-Applications-with-FastAPI/blob/main/chapter6/tortoise/app.py

这是一个简单的 GET 端点,它需要 path 参数中的 post 的 ID。实现本身非常简单:我们只需要将 PostTortoise 对象转换为 PostDB。大部分逻辑都在 get_post_or_404 依赖项中,我们将在应用程序中经常重用它。下面的示例展示了它的实现。

app.py

```
async def get_post_or_404(id: int) ->PostTortoise:
    return await PostTortoise.get(id = id)
```

https://github.com/PacktPublishing/Building-Data-Science-Applications-with-FastAPI/blob/main/chapter6/tortoise/app.py

此依赖项的作用是获取 path 参数中的 id,并从数据库中检索与此标识符对应的单个对象。get 方法是一种方便的快捷方式:如果没有找到匹配的记录,它将引发 DoesNotExist 异常;如果有多个匹配记录,它将引发 MultipleObjectsReturned。

您可能想知道我们的异常处理程序在哪里引发一个正确的 404 错误。事实上,它已经在全球范围内存在了!记住,我们使用 add_exception_handlers 选项设置了 Tortoise:在内部,它添加了一个自动捕获 doesnoexist 并构建正确 404 错误的处理程序。所以,我们什么都不用做了!

6.4.5　更新和删除对象

最后,向您展示如何更新和删除现有对象。逻辑总是一样的,只需要调整在 Tortoise 物体上调用的方法即可。

在下面的示例中,您可以查看更新端点的实现。

app.py

```
@app.patch("/posts/{id}", response_model = PostDB)
async def update_post(
    post_update: PostPartialUpdate, post: PostTortoise = Depends(get_post_or_404)
) ->PostDB:
    post.update_from_dict(post_update.dict(exclude_unset = True))

    await post.save()

    return PostDB.from_orm(post)
```

https://github.com/PacktPublishing/Building-Data-Science-Applications-with-FastAPI/blob/main/chapter6/tortoise/app.py

特别要注意的是,我们将直接对我们想要修改的帖子进行操作。这是使用 ORM 时的一个关键方面:实体是可以按照您的意愿修改的对象。当您对数据满意时,可以将其持久化到数据库中。这正是我们在这里所做的:由于 get_post_or_404,我们获得了 post 的一个新的表示,并应用 update_from_dict 实用方法来更改我们想要的字段。然后,我们可以使用 save 将更改持久化到数据库中。当您希望删除一个对象时,也可以应用相同的概念:当您有一个实例时,您可以调用 delete 来从数据库中物理地删除它。您可以在下面的示例中查看该操作。

app.py

```python
@app.delete("/posts/{id}", status_code = status.HTTP_204_NO_CONTENT)
async def delete_post(post: PostTortoise = Depends(get_post_or_404)):
    await post.delete()
```

https://github.com/PacktPublishing/Building-Data-Science-Applications-with-FastAPI/blob/main/chapter6/tortoise/app.py

这几乎是与 Tortoise ORM 打交道的基础。当然,我们只讨论了最基本的查询,但是您可以做更复杂的事情。您可以在官方文档中找到查询语言的全面概述,网址如下:

https://tortoiseorm.readthedocs.io/en/latest/query.html#query-api

6.4.6　添加关系

现在,让我们看看如何处理关系(relationships)。然后,我们将再一次研究如何实现链接到文章的评论。Tortoise 和 ORM 的主要任务之一是通过自动创建所需的 JOIN 查询和实例化子对象来简化处理相关实体的过程。然而,再次强调,我们需要注意一些事情,以确保 Pydantic 的所有工作顺利进行。

我们首先为注释实体创建一个模型,如下例所示:

models.py

```python
class CommentTortoise(Model):
    id = fields.IntField(pk = True, generated = True)
    post = fields.ForeignKeyField(
        "models.PostTortoise", related_name = "comments",null = False
    )
    publication_date = fields.DatetimeField(null = False)
    content = fields.TextField(null = False)
    class Meta:
        table = "comments"
```

https://github.com/PacktPublishing/Building-Data-Science-Applications-with-FastAPI/blob/main/chapter6/tortoise_relationship/models.py

141

　　这里最重要的一点是 post 字段,它被故意定义为外键。第一个参数是对关联模型的引用。注意:我们使用了 models 前缀;这和我们之前在 Tortoise 构型中定义的是一样的。另外,我们设置 related_name。这是 ORM 的一个典型且方便的特性。这样做,我们将能够通过访问它的 comments 属性来获得给定文章的所有评论。因此,查询相关注释的操作完全是隐式的。

　　在下面的示例中,我们看一看注释的基本 Pydantic 模型 CommentBase。

models. py

```
class CommentBase(BaseModel):
    post_id: int
    publication_date: datetime = Field(default_factory = datetime.now)
    content: str

    class Config:
        orm_mode = True
```

https://github. com/PacktPublishing/Building-Data-Science-Applications-with-FastAPI/blob/main/chapter6/tortoise_relationship/models. py

　　在这里,您可以看到我们已经定义了一个 post_id 属性。这个属性将在请求有效负载中用于设置我们想要附加这个新评论的帖子。当您将此属性提供给 Tortoise 时,它会自动理解您正在引用外键字段的标识符,称为 post。

　　在 REST API 中,有时在一个请求中自动检索实体的关联对象是有意义的。这里,我们将确保一个帖子的评论以列表的形式和帖子数据一起返回。为此,我们引入了一个新的 Pydantic 模型——PostPublic。您可以在下面的示例中查看。

models. py

```
class PostPublic(PostDB):
    comments: List[CommentDB]

    @validator("comments", pre = True)
    def fetch_comments(cls, v):
        return list(v)
```

https://github. com/PacktPublishing/Building-Data-Science-Applications-with-FastAPI/blob/main/chapter6/tortoise_relationship/models. py

　　可以预见的是,我们只是添加了一个 comments 属性,它是一个 CommentDB 列表。然而,在这里,您可以看到一些意想不到的东西:此属性的验证器。前面提到,多亏了 Tortoise,我们可以通过简单的 post. comments 来检索帖子的评论。这很方便,但是这个属性不是直接的数据列表:它是一个查询集对象。如果我们什么都不做,那么,当我们试图将 ORM 对象转换为 PostPublic 时,Pydantic 将尝试解析这个查询集并失败。

但是,调用此查询集上的 list 强制它输出数据。这就是这个验证器的目的。注意:我们将它设置为 pre＝True,以确保它在内置的 Pydantic 验证之前被调用。

接下来,我们实现一个端点来创建新的注释,如下例所示:

app. py

```
@app. post("/comments", response_model = CommentDB, status_code = status. HTTP_201_CREATED)
async def create_comment(comment：CommentBase) →CommentDB：
    try:
        await PostTortoise. get(id = comment. post_id)
    except DoesNotExist：
        raise HTTPException(
            status_code = status. HTTP_400_BAD_REQUEST,detail = f"Post {id} does not exist"
        )

    comment_tortoise = await CommentTortoise. create( ＊ ＊ comment. dict())
    return CommentDB. from_orm(comment_tortoise)
```

https：//github. com/PacktPublishing/Building-Data-Science-Applications-with-FastAPI/blob/main/chapter6/tortoise_relationship/app. py

大多数逻辑与 createpost 端点非常相似。主要区别在于,我们首先检查帖子是否存在,然后再继续创建评论。实际上,我们希望避免可能在数据库级别发生的外键约束错误,并向最终用户显示一条清晰而有用的错误消息。

正如前面提到的,我们的目标是在检索每篇文章时输出评论。为此,我们对 get_post_or_404 依赖项做了一个小改动,如下例所示:

app. py

```
async def get_post_or_404(id：int) →PostTortoise：
    try:
        return await PostTortoise. get(id = id). prefetch_related("comments")
    except DoesNotExist：
        raise HTTPException(status_code = status. HTTP_404_NOT_ FOUND)
```

https：//github. com/PacktPublishing/Building-Data-Science-Applications-with-FastAPI/blob/main/chapter6/tortoise_relationship/app. py

此处唯一的区别是,我们在查询中调用了 prefetch_related 方法。通过传入相关实体的名称,它允许您在获取主对象时预先加载它们。默认情况下,Tortoise 是懒惰的,不会进行额外的查询。在这个例子中,这不仅仅是一个优化,而确保我们的代码能够工作才是最重要的。实际上,如果我们的验证器试图在尚未预取的查询集上调用 list,则会引发错误。这是因为 ORM 的异步性质:在正常操作数据之前,必须使用适当的 await 语句异步检索数据。

除此之外，你无须再做什么。这里的关键点是，在尝试处理关系时，务必注意，并确保在将其提交给 Pydantic 之前正确解决它们。

6.4.7 用 Aerich 建立数据库迁移系统

在 6.3.7 小节中，我们已经提到了对数据库迁移系统的需求。当您要对数据库模式进行更改时，您一定希望是以安全和可复制的方式迁移生产中的现有数据。在本小节中，我们将演示如何安装和配置 Aerich，Aerich 是 Tortoise 创建者提供的数据库迁移工具。按常规，我们从安装库开始：

```
$ pip install aerich
```

完成之后，就可以访问 aerich 命令来管理这个迁移系统了。

您需要做的第一件事是在 Tortoise 配置中声明 Aerich 模型。实际上，Aerich 在数据库中存储了一些迁移状态信息。您可以在下面的示例中查看配置的外观。

app. py

```
TORTOISE_ORM = {
    "connections": {"default": "sqlite://chapter6_tortoise_relationship.db"},
    "apps": {
        "models": {
            "models": ["chapter6.tortoise_relationship.models","aerich.models"],
            "default_connection": "default",
        },
    },
}
```

https://github. com/PacktPublishing/Building-Data-Science-Applications-with-FastAPI/blob/main/chapter6/tortoise_relationship/app. py

然后，您可以初始化迁移环境，这是一组文件和目录，Aerich 将在其中存储其配置和迁移文件。该命令如下：

```
$ aerich init - t chapter6.tortoise_relationship.app.TORTOISE_ ORM
```

-t 选项应该引用 TORTOISE_ORM 配置变量的点路径。这就是 Aerich 检索数据库连接信息和模型定义的方法。然后，调用以下命令：

```
$ aerich init-db
```

之后，该项目的 Aerich 迁移环境结构应类似于图 6.6 所示。

迁移文件夹（migrations）将包含所有的迁移脚本。注意：它为配置中定义的每个"应用程序"创建了一个子目录。如您所见，我们有一个第一迁移脚本，它创建所有已经定义的表。它还添加了 aerich.ini 配置文件，该文件实际上设置了配置变量和迁移文件夹的路径。

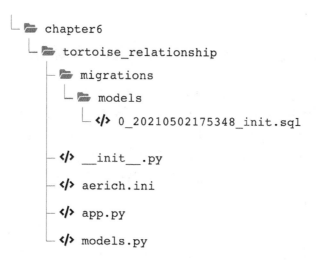

图 6.6　Aerich 迁移环境结构

要将迁移应用于数据库,只需运行以下命令:

```
$ aerich upgrade
```

在项目生命周期中,当需要对表的架构进行更改时,您必须生成新的迁移脚本以反映更改。使用以下命令可以非常轻松地完成此操作:

```
$ aerich migrate -- name added_new_tables
```

—— name 选项允许您为迁移设置一个名称。它将自动生成一个新的迁移文件,以反映您所做的更改。

> **Aerich 迁移脚本不兼容跨数据库**
>
> 与 Alembic 相反,Aerich 不会通过交叉兼容的 Python 脚本抽象迁移操作。相反,它直接生成与您正在使用的引擎兼容的 SQL 文件。由于各种 SQL 实现之间存在显著差异,因此在开发期间您不能使用 SQLite 数据库,也不能使用 PostgreSQL 进行生产,即本地生成的迁移脚本无法在生产服务器上使用。这就是为什么您应该在本地和生产环境中使用相同的数据库引擎。

与任何自动迁移系统一样,应该始终检查生成的脚本,以确保它们正确反映您做的更改,并且在过程中不会丢失数据。在生产环境中运行迁移之前,请始终在测试环境中测试迁移,并进行新的工作备份。

以上就是对 Tortoise ORM 的介绍。如果您以前使用过 ORM,应该早已对它充满信心。使用 FastAPI 要面临的主要挑战是,使其与 Pydantic 模型一起工作,以获得两个环境的优势。现在,我们将离开关系数据库的世界,探索如何使用面向文档的数据库 MongoDB。

6.5 使用 Motor 与 MongoDB 数据库通信

正如本章开头提到的,使用面向文档的数据库(如 MongoDB)与关系数据库有很大不同。首先,不需要预先配置模式:MongoDB 遵循您插入的数据结构。在 FastAPI 的例子中,MongoDB 使我们的活动稍微容易一些,因为我们只需要使用 Pydantic 模型。然而,文档标识符的一些微妙之处也需要考虑。随后我们对此进行回顾。首先,需要安装 Motor,这是一个用于与 MongoDB 异步通信的库,MongoDB 组织正式支持它。您可以运行以下命令:

```
$ pip install motor
```

完成后,我们就可以开始工作了!

6.5.1 创建与 MongoDB ID 兼容的模型

正如本节所说,MongoDB 用于存储文档的标识符存在一些困难。实际上,在默认情况下,MongoDB 会给每个文档分配一个_id 属性,以作为集合中的唯一标识符。这会存在两个问题:

- 在 Pydantic 模型中,如果属性以下画线开头,则该属性被视为私有属性,因此不会用作模型的数据字段。
- _id 被编码为二进制对象,称为 ObjectId,而不是简单的整数或字符串。它通常以字符串的形式表示,例如 608d1ee317c3f035100873dc。Pydantic 或 FastAPI 不支持这种类型的对象。

这就是为什么我们需要一些模板代码来确保那些标识符能够在 Pydantic 和 FastAPI 中工作的原因。首先,在下面的示例中,我们创建了一个 MongoBaseModel 基类,它负责定义 id 字段。

models. py

```
class MongoBaseModel(BaseModel):
    id: PyObjectId = Field(default_factory = PyObjectId, alias = "_id")

    class Config:
        json_encoders = {ObjectId: str}
```

https://github. com/PacktPublishing/Building-Data-Science-Applications-with-FastAPI/blob/main/chapter6/mongodb/models. py

我们需要定义一个 id 字段,其类型为 PyObjectId。这是在前面的代码中定义的自定义类型,不必深究其实现的细节,只需要知道它是一个使 ObjectId 成为 Pydantic 兼容类型的类即可。我们将这个类定义为该字段的默认出厂。有趣的是,这种标识符允许我们在客户端生成它们,这与传统的关系数据库自动递增整数不同,在某些情况下这可能很有用。

最有趣的参数是 alias(别名)。这是一个 Pydantic 选项,允许我们在序列化期间更改字段的名称。在这个例子中,当我们在 MongoBaseModel 实例上调用 dict 方法时,标识符将设置在_id 键上;这是 MongoDB 所期望的名称。第一个问题就解决了。

然后,我们添加 Config 子类并设置 json_encoders 选项。默认情况下,Pydantic 完全不知道我们的 PyObjectId 类型,所以它不能正确地将其序列化为 JSON。这个选项允许我们用一个函数来映射自定义类型,而这个函数将被调用来序列化它们。这里,我们只是把它转换成一个字符串(它能工作是因为 ObjectId 实现了__str__魔法函数)。Pydantic 的第二个问题就解决了。

我们的 Pydantic 基础模型是完整的! 现在我们可以将它用作基类,而不是实际数据模型的 BaseModel。但是请注意,PostPartialUpdate 并没有继承它。实际上,我们不想在这个模型中使用 id 字段,因为一个 PATCH 请求可能会替换文档的 ID,这可能会导致出现异常。

6.5.2 连接到数据库

现在模型已经准备好了,接下来我们可以设置与 MongoDB 服务器的连接。这非常简单,只涉及类实例化,如以下示例所示:

app. py

```
motor_client = AsyncIOMotorClient("mongodb://localhost:27017")
# Connection to the whole server
database = motor_client["chapter6_mongo"]  # Single database
instance

def get_database() ->AsyncIOMotorDatabase:
    return database
```

https://github. com/PacktPublishing/Building-Data-Science-Applications-with-FastAPI/blob/main/chapter6/mongodb/app. py

在这里,您可以看到 AsyncIOMotorClient 只是期望一个到数据库的连接字符串。通常,它由方案、身份验证信息和数据库服务器的主机名组成。您可以在 MongoDB 官方文档中找到这种格式的概述,网址如下:

https://docs. mongodb. com/manual/reference/connection-string/

但是,要小心。与我们到目前为止讨论的库相反,这里实例化的客户机没有绑定到任何数据库,也就是说,它只是到整个服务器的连接。这就是为什么需要第二行来设置我们希望通过其键直接处理的数据库的原因。值得注意的是,MongoDB 不要求您预先创建数据库:如果数据库不存在,它将自动创建数据库。

接下来,我们创建一个简单的函数来返回这个数据库实例。我们将使用此函数作为依赖项,在路径操作函数中检索此实例。在 6.3 节"使用 SQLAlchemy 与 SQL 数据库通信"中,我们解释了这种模式的好处。

就这样! 我们现在可以查询我们的数据库了!

6.5.3　插入文档

首先从演示如何实现端点来创建帖子开始。实质上,只需要插入已转换为字典的 Pydantic 模型即可。

app. py

```
@app.post("/posts", response_model = PostDB, status_code = status.HTTP_201_CREATED)
async def create_post(
    post: PostCreate, database: AsyncIOMotorDatabase = Depends(get_database)
) ->PostDB:
    post_db = PostDB( ** post.dict())
    await database["posts"]. insert_one(post_db.dict(by_alias = True))


    post_db = await get_post_or_404(post_db. id, database)


    return post_db
```

https://github. com/PacktPublishing/Building-Data-Science-Applications-with-FastAPI/blob/main/chapter6/mongodb/app. py

通常,这是一个接受 PostCreate 模型形式的有效负载的 POST 端点。此外,我们使用前面编写的依赖项注入数据库实例。

在路径操作过程中,您可以看到我们是从 PostCreate 数据实例化一个 PostDB 开始。如果 PostDB 中只有需要初始化的字段,那么这通常是一个很好的实践。

然后是查询。要想在 MongoDB 数据库中检索集合,只需通过名称获取它即可,就像使用字典一样。再有,如果它不存在,MongoDB 将负责创建它。正如您所看到的,在模式方面面向文档的数据库比关系数据库量级轻很多! 在这个集合中,我们可以调用 insert_one 方法来插入单个文档。它需要一个字典将字段映射到其值。因此,Pydantic 对象的 dict 方法再次成为了我们的朋友。然而,在这里,还看到了一些新的东西:调用它时需要将 by_alias 参数设置为 True。默认情况下,Pydantic 使用实际字段名序列化对象,而不是别名。然而,我们确实需要在 MongoDB 数据库中命名为_id 的标识符。使用此选项,Pydantic 将使用别名作为字典中的键。

为了确保文档在字典中有一个真实的新的表示,我们通过 get_post_or_404 函数从数据库中检索文档。它的工作原理我们在下一节中研究。

6.5.4　获取文件

当然,从数据库中检索数据是 REST API 工作的一个重要部分。现在,我们将演示如何实现两个经典端点,即列出帖子并获取单个帖子。让我们从第一个开始,在下面的示例中看一看它的实现。

app. py

```
@app.get("/posts")
async def list_posts(
    pagination: Tuple[int, int] = Depends(pagination),
    database: AsyncIOMotorDatabase = Depends(get_database),
) ->List[PostDB]:
    skip, limit = pagination
    query = database["posts"].find({}, skip = skip, limit = limit)

    results = [PostDB( ** raw_post) async for raw_post in query]

    return results
```

https://github. com/PacktPublishing/Building-Data-Science-Applications-with-FastAPI/blob/main/chapter6/mongodb/app. py

最有趣的部分是定义查询的第二行。在获取 posts 集合之后,采用调用 find 方法。第一个参数应该是过滤查询,遵循 MongoDB 语法。因为我们需要每个文档,所以我们将其保留为空。然后,因为有关键字参数,所以允许我们应用分页参数。

MongoDB 以字典列表的形式返回一个结果,它将字段映射到它们的值上。这就是为什么我们添加一个列表解析结构将它们转化为 PostDB 实例的原因,其目的是FastAPI 能够正确地序列化它们。

您可能注意到一些事情相当令人惊讶,那就是与通常的做法相反,我们没有直接等待查询,而是将 async 关键字添加到列表推导式中。是的,在这种情况下,Motor 返回一个异步生成器。这是经典生成器的异步版本。它以相同的方式工作,除了在迭代时必须添加 async 关键字外。

接下来,让我们看一看用端点来检索一个帖子。下面的示例显示了它的实现。

app. py

```
@app.get("/posts/{id}", response_model = PostDB)
async def get_post(post: PostDB = Depends(get_post_or_404)) ->PostDB:
    return post
```

https://github. com/PacktPublishing/Building-Data-Science-Applications-with-FastAPI/blob/main/chapter6/mongodb/app. py

如您所见，这是一个简单的 GET 端点，它接受 id post 作为路径参数。大多数逻辑实现都在可重用的 get_post_or_404 依赖项中。您可以在下面的示例中看到它的用法。

app.py

```python
async def get_post_or_404(
    id: ObjectId = Depends(get_object_id),
    database: AsyncIOMotorDatabase = Depends(get_database),
) ->PostDB:
    raw_post = await database["posts"].find_one({"_id": id})

    if raw_post is None:
        raise HTTPException(status_code = status.HTTP_404_NOT_ FOUND)

    return PostDB( ** raw_post)
```

https://github.com/PacktPublishing/Building-Data-Science-Applications-with-FastAPI/blob/main/chapter6/mongodb/app.py

其逻辑与我们在列表端点中看到的非常相似。但是这一次，我们调用 find_one 方法并进行查询以匹配 post 标识符：键是我们想要过滤的文档属性的名称，值是我们正在寻找的。

该方法以字典的形式返回文档，如果不存在则返回 None。在本例中，我们抛出一个适当的 404 错误。

最后，我们在返回之前将其转换回 PostDB 模型。

您可能已经注意到，我们通过依赖项 get_object_id 获取 ID。实际上，FastAPI 将从 path 参数返回一个字符串。如果我们试图用字符串形式的 ID 进行查询，MongoDB 将不匹配实际的二进制 ID。这就是为什么我们使用另一个依赖项，它可以表示为字符串的标识符（例如 608d1ee317c3f035100873dc）转化为合适的 ObjectId。

顺便说一下，这里有一个能展示嵌套依赖关系的非常好的例子：端点使用 get_post_or_404 依赖关系，该依赖关系本身从 get_object_id 获取一个值。您可以在下面的示例中查看该依赖项的实现。

app.py

```python
async def get_object_id(id: str) ->ObjectId:
    try:
        return ObjectId(id)
    except (errors.InvalidId, TypeError):
        raise HTTPException(status_code = status.HTTP_404_NOT_ FOUND)
```

https://github.com/PacktPublishing/Building-Data-Science-Applications-with-FastAPI/blob/main/chapter6/mongodb/app.py

这里,我们只是从路径参数中检索 ID 字符串,并尝试将其实例化回一个 ObjectId。如果它不是一个有效值,则捕获相应的错误并将其视为 404 错误。

这样,我们就解决了 MongoDB 标识符格式带来的所有问题。下一小节我们讨论如何更新和删除文档。

6.5.5 更新和删除文档

首先,检查端点以更新和删除文档。逻辑仍然是一样的,只涉及从请求负载构建适当的查询。

让我们从 PATCH 端点开始,您可以在下面的示例中查看它。

app. py

```
@app.patch("/posts/{id}", response_model = PostDB)
async def update_post(
    post_update: PostPartialUpdate,
    post: PostDB = Depends(get_post_or_404),
    database: AsyncIOMotorDatabase = Depends(get_database),
) ->PostDB:
    await database["posts"].update_one(
        {"_id": post.id}, {"$ set": post_update.dict(exclude_unset = True)}
    )

    post_db = await get_post_or_404(post.id, database)

    return post_db
```

https://github.com/PacktPublishing/Building-Data-Science-Applications-with-FastAPI/blob/main/chapter6/mongodb/app.py

此时您可以看到,我们使用 update_one 方法来更新一个文档。第一个参数是过滤查询,第二个参数是应用于文档的实际操作。同样,它遵循 MongoDB 语法:$ set 操作允许仅通过传递更新字典来修改我们想要更改的字段。

DELETE 端点甚至更简单:它只是一个查询,正如您在下面的示例中看到的。

app. py

```
@app.delete("/posts/{id}", status_code = status.HTTP_204_NO_CONTENT)
async def delete_post(
    post: PostDB = Depends(get_post_or_404),
    database: AsyncIOMotorDatabase = Depends(get_database),
):
    await database["posts"].delete_one({"_id": post.id})
```

https://github.com/PacktPublishing/Building-Data-Science-Applications-with-

FastAPI/blob/main/chapter6/mongodb/app.py

delete_one 方法期望过滤查询作为第一个参数。

就是这样！当然，在这里，我们只演示了最简单的查询，但是 MongoDB 有一种非常强大的查询语言，可以让您完成更复杂的事情。如果您不习惯，我们建议您阅读官方文档中的精彩介绍，网址如下：

https://docs.mongodb.com/manual/crud

6.5.6 嵌套文档

在本章的开头，我们提到了基于文档的数据库，与关系数据库相反，它旨在将与实体相关的所有数据存储在单个文档中。在当前的示例中，如果我们希望将评论与帖子一起存储，只需添加一个包含每个评论信息的列表即可。

在本小节中，我们将实现此功能。您应该可以看到，MongoDB 的功能使它变得非常简单和直接。

首先，在 PostDB 模型中添加一个新的 comments 属性。您可以在下面的示例中查看它。

models.py

```
class PostDB(PostBase):
    comments: List[CommentDB] = Field(default_factory = list)
```

https://github.com/PacktPublishing/Building-Data-Science-Applications-with-FastAPI/blob/main/chapter6/mongodb_relationship/models.py

这个字段只是一个 CommentDB 的列表。我们不会详谈模型的细节，因为它们非常简单。注意：这里使用了 list 函数作为该属性的默认出厂。当我们创建一个没有设置任何注释的 PostDB 时，表示默认实例化了一个空列表。

现在我们有了模型，就可以实现用一个端点来创建一个新的注释。您可以在下面的示例中查看它。

app.py

```
@app.post("/posts/{id}/comments", response_model = PostDB, status_code = status.HTTP_
201_CREATED)

async def create_comment(
    comment: CommentCreate,
    post: PostDB = Depends(get_post_or_404),
    database: AsyncIOMotorDatabase = Depends(get_database),
) ->PostDB:
    await database["posts"].update_one(
        {"_id": post.id}, {"$push": {"comments": comment.dict()}})
```

```
    )

    post_db = await get_post_or_404(post.id, database)

    return post_db
```

https://github.com/PacktPublishing/Building-Data-Science-Applications-with-FastAPI/blob/main/chapter6/mongodb_relationship/app.py

这一个与我们目前看到的略有不同。事实上,在这里,我们选择将注释嵌套在一篇文章的路径下,而不是将注释作为具有自己路径的"一类"资源(例如关系数据库)。其背后的原因是,这些评论被设计成嵌套在帖子下面,所以把它们看作是可以独立工作的单个实体是没有意义的。

因为在 path 参数中有 post ID,所以您可以重用 get_post_or_404 依赖项来检索post。

然后,触发 update_one 查询;这一次,使用 $ push 操作。这是一个有用的操作符,用于向 list 属性添加元素。从列表中删除元素的操作符也可用。您可以从官方文档中找到每个更新操作符的描述,网址如下:

https://docs.mongodb.com/manual/reference/operator/update/

就是这样! 事实上,我们甚至都不需要修改剩下的代码。因为注释包含在整个文档中,所以当在数据库中查询文章时,我们总是会检索它们。此外,PostDB 模型现在需要一个 comments 属性,所以 Pydantic 将自动处理它们的序列化。

关于 MongoDB 的这一部分到此结束。您已经看到,它与 FastAPI 应用程序的集成非常快,这主要是因为它的模式非常灵活。

6.6　总　结

祝贺您! 在掌握使用 FastAPI 构建 RESTAPI 方面,您已经达到了另一个重要的里程碑。如您所知,数据库是每个系统的重要组成部分;借助强大的查询语言,您可以以结构化的方式保存数据,并精确可靠地检索数据。您现在可以利用它们在 FastAPI 中的强大功能了,无论它们是关系数据库还是面向文档的数据库。此外,您还了解了使用和不使用 ORM 管理关系数据库之间的区别,以及使用此类数据库时良好迁移系统的重要性。

现在可能会发生一些事情,比如用户可以向您的系统发送和检索数据。当然,这是一个需要面对的新的挑战。需要做的是,对这些数据进行保护,使其保持私有和安全。这正是我们将在下一章要讨论的内容:如何对用户进行身份验证并设置 FastAPI 以获得最大的安全性。

第 7 章　FastAPI 中的管理认证与安全性

大多数情况下,没有人希望网络上的其他人访问自己的 API,甚至没有限制地编辑和读取。这也是为什么需要使用私有 token 来保护自己的程序免受访问,或者使用合适的身份验证系统来管理每个用户的权限的原因。在本章中,将会讲解 FastAPI 如何调用安全数值依赖函数来帮助用户按照直接集成到自动文档中的不同标准检索凭据。另外,还要构建一个基本的用户注册和身份验证系统来保护自己的 API 端点。

最后讲解如何应对在浏览器中从 Web 应用程序调用 API 时必须面临的安全挑战,特别是 CORS 和 CSRF 攻击。

在本章中,我们将介绍以下主题:

- FastAPI 中的安全依赖关系;
- 检索用户并生成访问令牌;
- 为经过身份验证的用户保护 API 端点;
- 使用访问令牌保护端点;
- 配置 CORS 并防止 CSRF 攻击。

7.1　技术要求

您需要一个 Python 虚拟环境,类似于在第 1 章所设置的环境。

您可以在专用 GitHub 存储库中找到本章的所有代码示例,网址如下:

https://github.com/PacktPublishing/Building-DataScience-Applications-with-FastAPI/tree/main/chapter

7.2　FastAPI 中的安全依赖关系

现在,有许多标准用来保护 REST API,甚至是更普通的 HTTP 端点,以下是其中常见的一部分:

- **HTTP 基础验证**:在这个方案中,用户凭证(通常是一个标识符,比如电子邮件的地址和密码)被放入一个 HTTP 头部中。该值由 Basic 关键字组成,后面紧跟着用 Base64 方式编码的用户凭证。这是一个很容易实现的方案,但因为密码出现在了每个请求中,所以不是非常安全。

- Cookie：它是一种有效的在客户端（通常在 Web 浏览器上）存储静态数据的方法，每次发送到服务器的请求中都会包含 Cookie。通常，Cookie 包含一个会话令牌，该令牌可以被服务器验证并链接到一个特定的用户。
- Authorization 头中的令牌：该头部可能是 REST API 环境中最常被使用的头，它通过在 HTTP 协议的 Authorization 头中传递一个令牌。令牌的前缀通常是方法的关键词，例如 Bearer。在服务器端，可以验证此令牌并将其链接到特定用户。

每种标准都有其优缺点，并且适用于特定的案例。

如您所知，FastAPI 主要是关于数值依赖注入和在运行时自动检测和调用的可调用项。身份验证方法也不例外：FastAPI 提供了大多数现成的安全数值依赖。

首先，让我们学习如何在任意的头中检索访问令牌。为此，我们可以使用依赖关系，如以下示例所示：

chapter7_api_key_header. py

```
from fastapi import Depends, FastAPI, HTTPException, status
from fastapi.params import Depends
from fastapi.security import APIKeyHeader

API_TOKEN = "SECRET_API_TOKEN"

app = FastAPI()
api_key_header = APIKeyHeader(name = "Token")

@app.get("/protected route")
async def protected_route(token: str = Depends(api_key_ header)):

    if token != API_TOKEN:
        raise HTTPException(status_code = status.HTTP_403_ FORBIDDEN)
        return {"hello": "world"}
```

https://github. com/PacktPublishing/Building-Data-Science-Applications-with-FastAPI/blob/main/chapter7/chapter7_api_key_header. py

在这个简单的示例中，在授权调用端点之前，我们硬编码了一个令牌，并检查头中传递的令牌是否等于该令牌。为此，我们使用了安全数值依赖，该数值依赖旨在从标头中检索值。它是一个可以用参数实例化的类数值依赖。它还能接受名称参数，该参数将是要查找的头名称。

然后，在端点中，我们注入此数值依赖以获取令牌的值。如果它等于我们的令牌常量，那么就继续端点逻辑；否则，将引发 403 错误。

我们的例子来自 5.4 节，与本例没有太大区别。我们只是从任意的头中检索一个值并进行相等性检查。那么，为什么要为一个专用的数值依赖大费周折呢？原因有两个：

① 它包含了检查头是否存在并检索其值的逻辑。当程序到达端点时，能够确定已检索到令牌值；否则，将引发 403 错误。

② 也是最重要的，它由 OpenAPI 模式检测并包含在其交互文档中。这意味着端点（包括此数值依赖）将显示一个锁图标，表明它是受保护的端点。此外，您还可以访问一个界面来输入您的令牌，如屏幕截图 7.1 所示。然后，令牌将自动包含在您从文档发出的请求中。

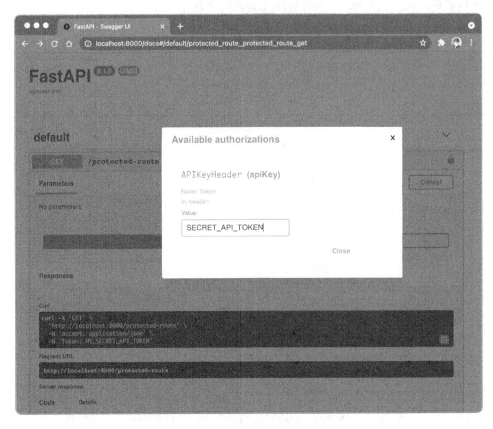

图 7.1　交互式文档中的令牌授权

当然，您可以将检查令牌值的逻辑封装在其自身的数值依赖中，以便在端点之间重复使用它，如以下示例所示：

chapter7_api_key_header_dependency. py

```
async def api_token(token：str = Depends(APIKeyHeader(name = "Token")))：
    if token ！= API_TOKEN：
        raise HTTPException(status_code = status. HTTP_403_ FORBIDDEN)


@app.get("/protected - route", dependencies = [Depends(api_token)])
```

```
async def protected_route():
    return {"hello": "world"}
```

https://github.com/PacktPublishing/Building-Data-Science-Applications-with-FastAPI/blob/main/chapter7/chapter7_api_key_header_dependency.py

请记住,这些类型的数值依赖非常适用于路由器或全局数值依赖,以保护整个路由集,正如我们在第 5 章看到的那样。

这是一个向 API 添加授权的非常基本的示例。在这个例子中,没有任何的用户管理,只检查令牌是否对应于常量值。虽然它对面向个人的微型服务很有用,并且不会被终端用户调用,但是不要因此就认为这就是一个非常安全的方法了。首先,要始终确保使用 HTTPS 为 API 提供服务,从而保证令牌不会暴露在 HTTP 头中。

然后,即使它是一个面向个人的微型服务,也不要把它公开到互联网上,并且确保只有您可信的服务器可以调用它。由于您不需要用户向该服务器发出请求,因此它比可能被盗的简单令牌密钥安全得多。

当然,大多数情况下,我们都希望用户使用真实的个人访问令牌进行身份验证,以便他们能够访问自己的数据。您可能已经体验过实现下面这种典型服务模式的服务了:

首先,必须在此服务器上注册一个用户,通常需要提供电子邮件地址和密码。

接下来,可以使用所提供的电子邮件地址和密码登录服务器。该服务器将检查电子邮件地址是否存在以及密码是否有效。

作为交换,该服务器会为您提供会话令牌,您可以在后续请求中使用该令牌进行身份验证。之后您就不必在每次请求时都提供电子邮件地址和密码——这不仅繁琐,而且会很危险。通常,此类会话令牌会有使用期限,即必须在一段时间后再次登录,这种限制可以降低会话令牌被盗时产生的安全风险。

在下一节中,您将学习如何去实现这样的一个系统。

7.3 在数据库中安全地存储用户及其密码

在数据库中存储用户实体与存储任何其他实体没有什么不同,您可以按照与第 6 章类似的方式实现这一点。特别需要小心的是密码存储,您不能在数据库中以纯文本形式存储密码。为什么呢? 如果有人恶意设法进入您的数据库,他们可能因此获得您数据库中所有用户的密码。因为许多人习惯性使用同一密码,他们在其他应用程序和网站上的账户安全也将会遭受严重威胁。

为了避免这样的灾难,可以对密码应用加密哈希函数。这些函数可以将密码字符串转换为哈希值。它们都被精心设计,几乎不可能从转换后的哈希值返回原始数据值。因此,即使您的数据库被破坏,密码仍然是安全的。

当用户尝试登录时,只需计算他们输入的密码的哈希值,并将其与数据库中的哈希值进行比较。如果它们匹配,则意味着输入的是正确的密码。

下面让我们学习如何使用 FastAPI 和 Ortoise ORM 实现这样一个系统。

7.3.1　创建模型和表

我们必须做的第一件事是创建 Pydantic 模型,如以下示例所示:

models. py

```python
class UserBase(BaseModel):
    email: EmailStr

    class Config:
        orm_mode = True

class UserCreate(UserBase):
    password: str

class User(UserBase):
    id: int

class UserDB(User):
    hashed_password: str
```

https://github. com/PacktPublishing/Building-Data-Science-Applications-with-FastAPI/tree/main/chapter7/authentication/models. py

为了简化上例,我们在用户模型中只考虑电子邮箱地址和密码。正如您所看到的,UserCreate 和 UserDB 之间有一个重要的区别:UserCreate 接收的是我们将在注册期间进行哈希函数转换的纯文本密码,而 UserDB 只在数据库中保留经哈希函数运算后的密码。

现在,我们可以定义相应的 Tortoise 模型,如以下示例所示:

models. py

```python
class UserTortoise(Model):
    id = fields.IntField(pk = True, generated = True)
    email = fields.CharField(index = True, unique = True,
                             null = False, max_length = 255)
    hashed_password = fields.CharField(null = False, max_length = 255)

    class Meta:
        table = "users"
```

https://github.com/PacktPublishing/Building-Data-Science-Applications-with-FastAPI/tree/main/chapter7/authentication/models.py

请注意,我们对电子邮件列添加了唯一性约束,以确保数据库中不会有重复的电子邮件。

7.3.2 哈希密码

在查看注册端点之前,我们需要实现一些重要且实用的程序函数来对密码进行哈希处理。好消息是,现有的函数库已经为这项任务提供了最安全、最高效的算法。这里,我们使用 passlib。您可以使用可选中的 bcrypt 数值依赖来安装它。编写时,bcrypt 加密是最安全的哈希函数算法之一。

```
$ pip install 'passlib[bcrypt]'
```

接下来,我们要实例化这些 passlib 类,并打包它们中的一些函数以简小工作量。

password.py

```
from passlib.context import CryptContext

pwd_context = CryptContext(schemes = ["bcrypt"],deprecated = "auto")

def get_password_hash(password: str) ->str:
    return pwd_context.hash(password)
```

https://github.com/PacktPublishing/Building-Data-Science-Applications-with-FastAPI/tree/main/chapter7/authentication/password.py

CryptContext 是一个非常有用的类,因为它允许我们使用不同的哈希算法。如果有一天出现了一个比 bcrypt 强哈希算法更好的算法,那么可以把它添加到我们允许的方案中。新密码将使用新算法进行哈希函数处理,但现存的密码仍然能够被识别(并且可选择升级到新算法)。

7.3.3 实施注册路线

现在,我们有了创建正确注册路径的所有元素。它与我们之前看到的代码非常相似。务必记得做一件事,就是在将密码插入数据库之前对其进行哈希运算。让我们看一看实现这个功能所用到的代码:

app.py

```
@app.post("/register", status_code = status.HTTP_201_CREATED)
async def register(user: UserCreate) ->User:
    hashed_password = get_password_hash(user.password)
```

```
try:
    user_tortoise = await UserTortoise.create(
        ** user.dict(), hashed_password = hashed_password
)
except IntegrityError:
    raise HTTPException(
        status_code = status.HTTP_400_BAD_REQUEST,detail = "Email already exists"
)

return User.from_orm(user_tortoise)
```

https://github.com/PacktPublishing/Building-Data-Science-Applications-with-FastAPI/blob/main/chapter7/authentication/app.py

如您所见,这得益于 Tortoise 模型,我们在将用户信息录入数据库之前调用了 get_password_hash 来输入密码。注意:我们可能会遇到 IntegrityError(语法错误)的异常情况,这种异常情况的出现,说明我们正在试图向服务器录入一个已经存在的电子邮箱。

另外,请注意,我们应该将 User 模型返回给用户,而不是 UserDB 模型。这样做可以确保 hashed_password(即哈希函数处理后的密码)不是输出内容的一部分。即使是哈希化后的密码,通常也是不建议将其泄露到 API 响应中的。

我们现在有了一个合适的 User 模型,并且用户可以使用 API 创建一个新账户。下一步是允许用户登录并给予他们一个访问令牌。

7.4 检索用户并生成访问令牌

用户成功注册后,下一步就是登录:用户发送凭据,然后接收用来访问 API 的身份验证令牌。在本节中,我们将完成允许此操作的端点的搭建。该操作的基本流程是:首先从请求负载中获取到凭据,用其中给定的电子邮箱信息来检索对应的用户,并验证其密码。如果用户存在并且密码有效,将会生成一个访问令牌并在响应用户请求的过程中返回令牌给用户。

7.4.1 实现数据库访问令牌(access token)

首先,需要考虑一下这个访问令牌的性质。它应该具有唯一标识,以及恶意第三方无法伪造的用户的数据字符串。在本例中,我们采用一种简单、可靠的方法生成一个随机字符串,并将其存储在数据库中的一个专用表中,外键引用用户。

这样,当经过身份验证的请求到达时,只需检查它是否存在于数据库中并查找相应的用户即可。这种方法的优点是,令牌是集中式的,如果受到损害,很容易失效,因此我们只需要从数据库中删除它们。

第一步是为这个新实体实现 Pydantic 和 Tortoise 模型。让我们先看一看 Pydantic 模型：

models. py

```
class AccessToken(BaseModel):
    user_id: int
    access_token: str = Field(default_factory = generate_token)
    expiration_date: datetime = Field(default_factory = get_expiration_date)

    class Config:
        orm_mode = True
```

https://github. com/PacktPublishing/Building-Data-Science-Applications-with-FastAPI/blob/main/chapter7/authentication/models. py

我们有三个字段：

- user_id:这个字段能够让我们识别与此令牌对应的用户。
- access_token:这个字段能够在请求中传递以对其进行身份验证的字符串。注意,我们将 generate_token 函数定义为出厂默认值;generate_token 是 password. py 文件中一个简单的函数,它能生成一个随机的安全密码短语。在后台中,它依赖于标准 secrets 模块。
- expiration_date:访问令牌不再有效的日期和时间。让访问令牌过期以降低被盗的风险,这确实是一个好主意。get_expiration_date 出厂设置默认为 24 小时有效。

下面让我们看一看 Tortoise 模型。

models. py

```
class AccessTokenTortoise(Model):
    access_token = fields.CharField(pk = True, max_length = 255)
    user = fields.ForeignKeyField("models.UserTortoise", null = False)
    expiration_date = fields.DatetimeField(null = False)

    class Meta:
        table = "access_tokens"
```

https://github. com/PacktPublishing/Building-Data-Science-Applications-with-FastAPI/blob/main/chapter7/authentication/models. py

上述模型实现非常直接。注意:这里我们选择直接使用 access_token 作为主键标。

7.4.2 实现登录端点

现在,让我们考虑一下登录端点。它的目标是获取请求负载中的凭据,检索相应的用户,检查密码,并生成新的访问令牌。除了用于处理请求的模型这件事以外,它的实现非常简单。通过下面的示例,您可以了解到其中的原因。

app.py

```python
@app.post("/token")
async def create_token(
    form_data: OAuth2PasswordRequestForm = Depends(OAuth2PasswordRequestForm),
):
    email = form_data.username
    password = form_data.password
    user = await authenticate(email, password)

    if not user:
        raise HTTPException(status_code = status.HTTP_401_UNAUTHORIZED)

    token = await create_access_token(user)

    return {"access_token": token.access_token,"token_type": "bearer"}
```

https://github.com/PacktPublishing/Building-Data-Science-Applications-with-FastAPI/blob/main/chapter7/authentication/app.py

如您所见,由于 OAuth2PasswordRequestFormd 模块,我们得以检索请求数据。该模块由 FastAPI 中的安全模块提供。它需要多个以表单模式编码而不是以 JSON 模式编码的字段,尤其是 username 和 password。

我们为什么使用这个类呢?使用这个类的主要好处是,它完全集成到 OpenAPI 模式中。这意味着交互式文档能够自动检测它,并在 Authorize 按钮后面显示正确的身份验证表单,如图 7.2 所示。

这还不是全部,它还能够自动检索返回的访问令牌,并在后续请求中设置合适的授权用头部。身份验证的过程将被交互式文档透明化地处理。

该类遵循 OAuth2 协议,表明您还拥有客户机 ID 和密码字段。这里我们不学习如何实现完整的 OAuth2 协议,但请注意,FastAPI 提供了正确实现该协议所需的所有工具。对于我们的项目,我们将只使用用户名和密码。请注意,根据协议,无论我们是否使用电子邮件地址来标示用户,字段名都是 username。但这无关紧要,我们只需要在检索时记住它即可。

路径操作函数的其余部分非常简单。首先,我们尝试用该电子邮件和密码检索用户。如果没有找到相应的用户,将引发 401 错误;如果检索成功,将会在返回前生成一个新的访问令牌。请注意,响应结构还包括令牌类型属性,通过它我们能使交互式文档自动设置授权头部。

在下面的示例中,我们将展示 authenticate 和 create_access_token 函数的实现。

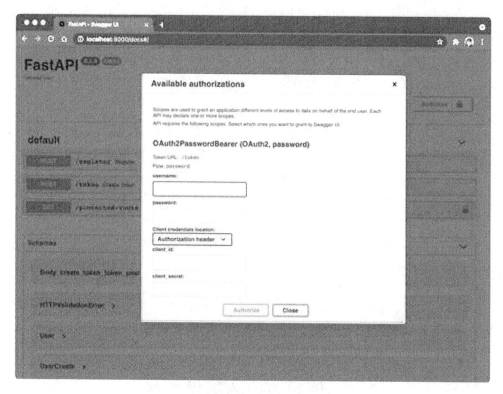

图 7.2　交互式文档中的 OAuth2 授权

由于它们较为容易理解，我们就不再展开介绍了。

authentication. py

```
async def authenticate(email: str, password: str) ->Optional[UserDB]:
    try:
        user = await UserTortoise.get(email = email)
    except DoesNotExist:
        return None

    if not verify_password(password, user.hashed_password):
        return None

    return UserDB.from_orm(user)


async def create_access_token(user: UserDB) ->AccessToken:
    access_token = AccessToken(user_id = user.id)
    access_token_tortoise = await AccessTokenTortoise.create( ** access_token.dict())

    return AccessToken.from_orm(access_token_tortoise)
```

https://github.com/PacktPublishing/Building-Data-Science-Applications-with-FastAPI/blob/main/chapter7/authentication/authentication.py

注意：我们定义了一个名为 verify_passwotd 的函数来检查密码的有效性。在后台中，这个功能通过比较密码的哈希值函数 passlib 来实现。

哈希密码升级

为了保持这个示例简单，我们选择了一个简单的密码比较过程实现。这一阶段通常我们会选择哈希密码升级。假设引入一种全新的更健壮的哈希算法，我们可以借此使用这种新算法对密码进行哈希化处理，并将其存储在数据库中。passlib 库中包括一个用于通过一次操作来验证和升级哈希值的函数。您可以在以下文档中了解更多信息：

https://passlib.readthedocs.io/en/stable/narr/context-tutorial.html#integrating-hash-migration

---

我们几乎实现了我们的目标！用户现在可以登录并获得新的访问令牌。现在需要做的就是，实现一个数值依赖来检索身份验证的头部并验证这个令牌。

7.5　使用访问令牌保护端点

之前，介绍了如何实现一个简单的数值依赖来保护具有头部的端点。在这里，我们还将从请求头部中检索一个令牌，接着，必须检查数据库，看看它是否有效。生效时我们能够返回相应的用户信息。让我们看一看依赖是什么样子的。

app.py

```python
async def get_current_user(
    token: str = Depends(OAuth2PasswordBearer(tokenUrl = "/token")),
) ->UserTortoise:
    try:
        access_token: AccessTokenTortoise = await AccessTokenTortoise.get(
            access_token = token, expiration_date__gte = timezone.now()
        ).prefetch_related("user")
        return cast(UserTortoise,access_token.user)
    except DoesNotExist:
        raise HTTPException(status_code = status.HTTP_401_UNAUTHORIZED)
```

https://github.com/PacktPublishing/Building-Data-Science-Applications-with-FastAPI/blob/main/chapter7/authentication/app.py

首先要注意的是，我们使用了来自 FastAPI 的 OAuth2PasswordBearer 依赖。它与我们在上一节中看到的内容密切相关。它不仅检查了 Authorization 头部中的访问令牌，而且还通知 OpenAPI 模式获取新令牌的端点是/token。这就是使用 tokenUrl 实参的目的。自动文档通过这种方式，在我们看到表单前调用了登录表单中的访问令牌端点。

然后，我们使用 Tortoise 执行了数据库查询功能。我们应用了两个子句：一个用于匹配我们所获得的令牌，另一个用于确保令牌还未过期。__gte 被应用于修饰符的过滤：它允许我们在比较值时指定要应用的比较运算符。此处是"大于或等于"。您可以在官方文档中找到记载了所有可用过滤组件的表格，网址如下：

https://tortoise-orm. readthedocs. io/en/latest/query. html#filtering

请注意，我们还预取了相关用户，以便直接返回它。但是，如果在数据库中找不到相应的存储信息，将会引发 401 错误。

现在，我们的整个认证系统就完成了。我们可以通过添加这种数值依赖来保护端点，甚至可以访问用户数据，以便根据当前用户定制响应。这一点在下例中展示。

app. py

```
@app. get("/protected - route", response_model = User)
async def protected_route(user: UserDB = Depends(get_current_user)):
    return User. from_orm(user)
```

https://github. com/PacktPublishing/Building-Data-Science-Applications-with-FastAPI/blob/main/chapter7/authentication/app. py

现在，您已经学会了如何从头开始实现整个注册和身份验证系统。我们特意将内容简单处理以突出重点，然后以这些为基础进行扩充。

这里展示的模式很适合 REST API，它允许被其他客户端从外部调用。但是，您可能希望从常用的软件，如浏览器调用 API。如果是这种情况的话，还需要注意一些安全事项。

7.6　配置 CORS 并防止 CSRF 攻击

如今，许多软件都是通过 HTML、CSS 和 JavaScript 来设计和构建界面并在浏览器中使用。一般来说，Web 服务器负责处理浏览器请求并返回准备显示的 HTML 响应。这是 Django 等框架的常见模式。

最近几年来，这种模式发生了变化。随着 Angular、React 和 Vue 等 JavaScript 框架的出现，我们倾向于在前端（由 JavaScript 提供支持的高度交互式用户界面）和后端之间有一个明确的分离。因此，后端现在只负责数据存储、检索和执行业务逻辑。而这些恰恰是 REST API 非常擅长的任务。通过 JavaScript 代码，用户交互界面可以生成对 API 的请求,处理这个请求得到的结果以便将结果可视化。

但是,仍然必须进行身份验证:我们希望用户能够登录前端应用程序,并能够向 API 发送经过了身份验证的请求。正如到目前为止所看到的,虽然 Authorization 头部可以工作,但在浏览器中有一种更好的方法来处理身份验证,即 Cookie。

Cookie 旨在将用户信息存储在浏览器内存中,并伴随用户向服务器发出的每个请求自动发送。Cookie 一直在被维护和改进,而且浏览器也集成了许多机制,使得 Cookie 更加安全可靠。

然而,这也带来了一些安全挑战。网站已经是黑客最常见的攻击目标之一,并且近些年来已经出现了许多对网站的攻击。

其中最典型的是跨站点请求伪造(CSRF)。常见的方式是一个其他网站的攻击者会试图欺骗当前已通过应用程序身份验证的用户在服务器上执行请求。由于浏览器倾向于在每次请求时发送 Cookie,而不会对通过身份验证后发送的 Cookie 进行验证,所以服务器无法判断请求是否是伪造的。由于用户在无意中发起了恶意请求,所以此类攻击的目的不是窃取数据,而是执行更改应用程序状态的操作,例如更改电子邮件地址或进行汇款。

显然,我们应该为这些攻击做些准备,并采取措施来预防它们。

7.6.1 在 FastAPI 中进行配置 CORS

当您有一个明确分开的前端应用程序和一个 REST API 后端时,它们通常不是由同一子域提供服务的。例如,前端可以通过 www. myapplication. com 获得,而 REST API 可以由 API. myapplication. com 获得。正如我们在前边所说,我们希望通过 JavaScript 代码由前端应用程序向该 API 发出请求。

但是,浏览器不允许跨源 HTTP 请求,这意味着域 A 不能向域 B 发出请求。这遵循的是同源策略。通常这是一件好事,它是防止 CSRF 攻击的第一道屏障。

为了展示这个过程,我们可以运行一个简单的示例。在示例存储库的 chapter7/ cors 文件夹中包含一个名为 app_without_cors. py 的 FastAPI 应用程序和一个名为 index. html 的简单 HTML 文件,其中包含一些用于执行 HTTP 请求的 JavaScript 代码。

首先,让我们使用常用的 uvicorn 命令运行 FastAPI 应用程序:

```
$ uvicorn chapter7.cors.app_without_cors:app
```

默认情况下,将在端口 8000 上启动 FastAPI 应用程序。在另一个终端上,我们将使用内置的 Python HTTP 服务器提供 HTML 文件。虽然这是一个简单的服务器,但它非常适合快速服务静态文件。我们可以通过以下命令在端口 9000 上启动它:

```
$ python - m http.server-directory chapter7/cors 9000
```

> **启动多个终端**
>
> 在 Linux 和 macOS 上,您能够通过创建新窗口或选项卡简单地启动新终端。在 Windows 和 WSL 上,如果您使用的是 Windows 终端应用程序,您还可以有更多可选项,网址如下:
>
> https://www.microsoft.com/en-us/p/windows-terminal/9n0dx2 0hk701? activetab =pivot:overviewtab
>
> 又或者,您可以单击"开始"菜单中的 Ubuntu 快捷方式来启动另一个终端。

现在有两台正在运行的服务器,一台在 localhost:8000 上运行,另一台在 local-host:9000 上运行。严格意义上说,它们在不同的端口,故它们的源也不同。因此,设置一个尝试跨源的 HTTP 请求是一个很好的解决方案。

在浏览器中,转到 http://localhost:9000,您将会看到在 index.html 中实现的简单应用程序,如图 7.3 所示。

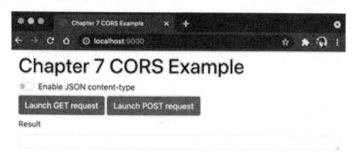

图 7.3　用于尝试 CORS 准则的简单应用程序

当前网页有两个按钮,可以在端口 8000 上发送 GET 和 POST 请求到我们的 FastAPI 应用程序。如果单击其中任一个,错误区域将显示:Failed to fetch。如果查看"开发工具"部分中的浏览器控制台,将会接收到请求发送失败的消息,因为没有应用 CORS 原则,其具体情况如图 7.4 所示。而这恰恰是我们想要展示的——默认情况下,浏览器会阻止跨源的 HTTP 请求。

图 7.4　浏览器控制台中的 CORS 错误

但是,如果查看运行 FastAPI 应用程序的终端,您将看到图 7.5 所示的输出信息。显然,GET 和 POST 请求都已被接收并处理:我们甚至接收到了一个显示"200

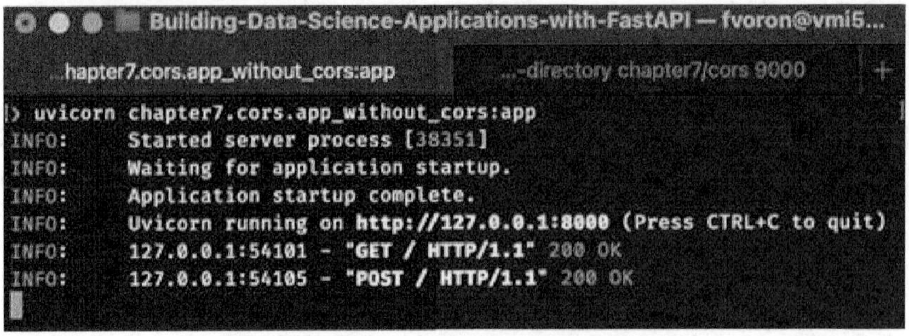

图 7.5　执行简单请求时的 Uvicorn 输出

OK"状态的返回值。那么,这意味着什么? 在这种情况下,浏览器会将请求发送到服务器。如果缺少 CORS 原则,将会禁止服务器读取响应,而请求仍在执行中。

这种情况会发生在浏览器将请求认成"简单请求"。简单来说,"简单请求"就是使用了 GET、POST 或者 HEAD 这些方法的请求,或者不设置自定义头部或异常内容类型的请求。转到以下关于 CORS 的 MDN 页面,您可以了解到更多有关"简单请求"及其条件的信息,网址如下:

https://developer. mozilla. org/en-US/docs/Web/HTTP/CORS ♯ simple _ requests

这种阻止只会发生在跨源请求过程中。这就意味着,对于"简单请求",同源原则并不能保护我们免受 CSRF 攻击。

您可能已经注意到了,我们的简单 Web 应用程序有一个启用 JSON 内容类型的切换。请启用它并再次执行 GET 和 POST 请求。在 FastAPI 终端上,您应该看到图 7.6 所示的输出。

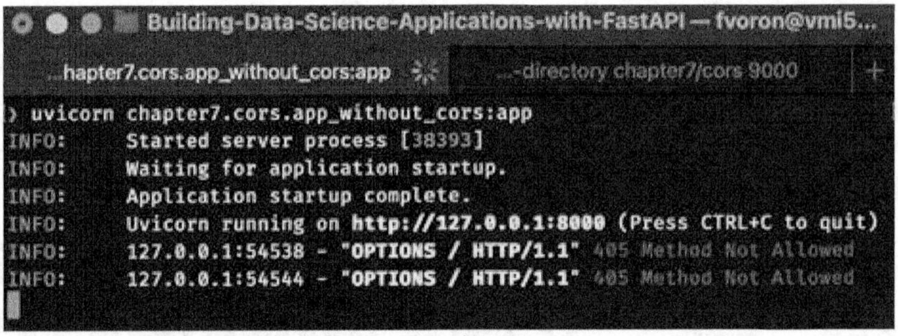

图 7.6　当接收预检请求时 Uvicorn 的输出

如您所见,服务器使用 OPTIONS 方法收到了两个奇怪的请求。这就是我们在 CORS 原则中所称的预检请求。在浏览器执行并非"简单请求"的实际请求之前,会由浏览器发送这些预检请求。这里是由于我们给请求添加了一个带有 application/json 值的 Content-Type 头部,这个头部会使浏览器避免将我们的请求视为"简单请求"。

通过执行预检请求,浏览器希望服务器能提供有关跨源 HTTP 请求中允许和不允许执行的操作的信息。因为在代码中还没有实现相关的任何内容,所以服务器还无法对这个预检请求进行响应。因此,浏览器停在了这里,不再继续执行真实的请求的内容。

这就是 CORS 的基础内容:服务器用一组 HTTP 头部来回应预检请求,这些头部向浏览器提供与是否允许发出请求有关的信息。从这个意义上说,CORS 并没有让您的应用程序更安全;相反,它放宽了一些规则以便前端应用程序可以向位于其他域上的后端发出请求。这就是为什么我们要正确配置它们,正确配置它们会减少您面临危险攻击的情况。

幸运的是,使用 FastAPI 实现这一点相当容易。我们需要做的就是导入并添加 Starlette 提供的 CORSMiddleware 类。我们将在下面的示例中进行展示。

app_with_cors.py

```
app.add_middleware(
    CORSMiddleware,
    allow_origins = ["http://localhost:9000"],
    allow_credentials = True,
    allow_methods = [" * "],
    allow_headers = [" * "],
    max_age = - 1,    # Only for the sake of the example.
# Remove this in your own project.
)
```

https://github.com/PacktPublishing/Building-Data-Science-Applications-with-FastAPI/blob/main/chapter7/cors/app_with_cors.py

middleware 是一种特殊的类的分类:它将全局逻辑添加到 ASGI 应用程序中,该应用程序在 path 操作函数处理请求之前以及之后执行操作,用来改变响应。FastAPI 提供了 add_middleware 方法将这种类连接到您的应用程序中。

CORSMiddleware 将捕获浏览器发送的预检请求,并返回相应的响应以及与您的配置相对应的 CORS 头。您可以看到有选项允许您根据您的需要微调 CORS 策略。

最重要的可能是 allow_origins,它允许向 API 发出请求的源列表。由于 HTML 应用程序是由 http://localhost:9000 提供服务的,所以源列表就是我们在 allow_origins 这个实参中所存储的内容。如果浏览器试图从其他来源发出请求,那么它由于未得到 CORS 头的授权而停止。

另一个有趣的实参是 allow_credentials。默认情况下,浏览器不会为跨源 HTTP 请求发送 Cookie。如果希望向 API 发出经过身份验证的请求,那么需要通过这一行为实现(即为跨源 HTTP 请求发送 Cookie)。

我们还可以微调请求被允许发送的方法和被请求发送的头部。您可以在 Starlette 官方文档中找到 middleware 的完整参数列表,网址如下:

https://www.starlette.io/middleware#corsmiddleware

让我们快速地讨论一下 max_age 参数。此参数允许您控制 CORS 响应的缓存持续时间。强制在执行实际请求之前执行预检请求很耗费性能。为了提高性能,浏览器可以缓存响应,这样就不必每次都这样做。在这里,我们禁用值为－1 的缓存以确保您在本例中能看到浏览器的行为。在您的项目文件中,可以删除此参数,以便具有适当的缓存值。

现在,让我们看一看 Web 应用程序在和 CORS 确认程序一起运行时的表现。停止运行先前的 FastAPI 应用程序,并使用常用命令运行此应用程序:

```
$ uvicorn chapter7.cors.app_with_cors:app
```

现在,如果尝试执行来自 HTML 应用程序的请求,应该会看到每种情况下的一个工作响应,无论其是否具有 JSON 内容类型。如果查看 FastAPI 终端,会看到类似于图 7.7 所示的输出信息。

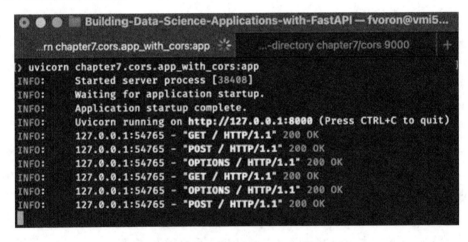

图 7.7　带 CORS 头的 Uvicorn 输出

前两个请求是"简单请求",根据浏览器规则,它们不需要预检请求。然后,可以看到在启用 JSON 内容类型的情况下执行的请求。在执行 GET 和 POST 请求之前,预检请求先被执行。

得益于此配置,您现在可以在前端应用程序和位于其他源上的后端之间进行跨源 HTTP 请求。同样地,实际上这并不能提高应用程序的安全性,但它允许您在保持安全性的同时将其应用于一些特定的工作场景中。

即使这些原则可以作为针对 CSRF 的第一层防御措施,也不能完全降低风险。事实上,"简单请求"仍然是一个问题,也就是说,POST 请求是允许的,即使响应无法读取,它实际上也是在服务器上执行的。

接下来要学习如何实现一种模式,能够安全地免受 CSRF 的攻击,即 double-submit cookie。

7.6.2　实现 double-submit Cookie 以防止 CSRF 攻击

正如前面提到的,当依赖 Cookie 存储用户信息凭据时,我们会受到 CSRF 的攻击,因为浏览器会自动将 Cookie 发送到您的服务器。对于浏览器认为是"简单请求"的情况尤其如此,因为在执行这些请求之前并不强制履行 CORS 原则。还有其他涉及传统 HTML 表单提交甚至 src 图像标记属性的攻击向量。

出于以上这些原因,我们需要另一个安全层来减小这一风险。同样,只有当您打算从浏览器应用程序使用 API 并使用 Cookie 进行身份验证时,才有必要这样做。

为了帮助您理解这一点,我们构建了一个新的示例应用程序,它使用 Cookie 存储用户访问令牌。这与本章开头所述类似。我们只是修改了它,以便它在 Cookie 中而不是在头部中查找访问令牌。

要使此示例正常工作,必须安装 starlette-csrf 库。我们将在本节后面解释它的作用。现在,只需运行以下命令:

```
$ pipinstall starlette-csrf
```

在下面的示例中,您可以看到使用访问令牌值设置 Cookie 的登录端点。

app. py

```
@app. post("/login")
async def login(response: Response, email: str = Form(...),
password: str = Form(...)):
    user = await authenticate(email, password)

    if not user:
        raise HTTPException(status_code = status.HTTP_401_UNAUTHORIZED)

    token = await create_access_token(user)

    response. set_cookie(
        TOKEN_COOKIE_NAME,
        token. access_token,
        max_age = token. max_age(),
        secure = True,
        httponly = True,
        samesite = "lax"
    )
```

https://github. com/PacktPublishing/Building-Data-Science-Applications-with-FastAPI/blob/main/chapter7/csrf/app. py

请注意,我们对生成的 Cookie 使用了 Secure 和 HttpOnly 标志。这确保了它只能通过 HTTPS 链接发送,并且不能分别由 JavaScript 读取其值。虽然这还不足以防止各种攻击,但对于敏感信息来说,这是至关重要的。

此外,我们还给 lax 设置了 flag 变量 SameSite。这是一个新的 flag 变量,它允许我们控制在跨源中发送 Cookie 的方式。lax 是大多数浏览器中的默认值,它允许将 Cookie 发送到 Cookie 域的子域,但禁止将其发送到其他站点。从某种意义上说,它被设计为针对 CSRF 的内置和标准的保护。然而,目前仍然需要其他 CSRF 缓解技术,比如我们将在这里实现的技术。事实上,与 flag 变量 SameSite 不兼容的旧浏览器仍然容易受到攻击。

现在,在检查经过身份验证的用户时,我们只需要从请求中发送的 Cookie 中检索令牌即可。FastAPI 再次提供了一个名为 APIKeyCookie 的安全数值依赖来帮助实现这一点。您可以在下面的示例中看到它。

app. py

```python
async def get_current_user(
    token: str = Depends(APIKeyCookie(name = TOKEN_COOKIE_NAME)),
) ->UserTortoise:
    try:
        access_token: AccessTokenTortoise = await AccessTokenTortoise.get(
            access_token = token, expiration_date__gte = timezone.now()
        ).prefetch_related("user")
        return cast(UserTortoise, access_token.user)
    except DoesNotExist:
        raise HTTPException(status_code = status.HTTP_401_UNAUTHORIZED)
```

https://github. com/PacktPublishing/Building-Data-Science-Applications-with-FastAPI/blob/main/chapter7/csrf/app. py

这样基本上就完成了需求,代码的其余部分保持不变。接下来,让我们实现一个端点,它允许我们更新经过身份验证的用户的电子邮件地址。您可以在下面的示例中看到这一点。

app. py

```python
@app.post("/me", response_model = User)
async def update_me(
    user_update: UserUpdate, user: UserTortoise = Depends(get_current_user)
):
    user.update_from_dict(user_update.dict(exclude_unset = True))
    await user.save()

    return User.from_orm(user)
```

https://github. com/PacktPublishing/Building-Data-Science-Applications-with-

FastAPI/blob/main/chapter7/csrf/app.py

上述实现方法并不令人惊讶,它遵循了我们迄今为止所了解到的内容,但是,它会让我们面临 CSRF 威胁。如您所见,它使用了 POST 方法。如果我们在浏览器中向这个端点发出请求,而没有任何特殊的头部,它会把它看作是一个"简单请求"并执行它。因此,攻击者可以更改当前经过身份验证的用户的电子邮件,这是一个重大威胁。

这正是为什么我们需要对 CSRF 进行保护的原因。在 REST API 背景中,最直接有效的技术是双重提交 Cookie 模式。以下是它的工作原理:

① 用户使用了被认为安全的方法发出了第一个请求。通常,这是一个 GET 请求。

② 作为响应,它接收一个包含秘密随机值的 Cookie,即 CSRF 令牌。

③ 当发出不安全的请求时,例如 POST 请求时,用户将读取 Cookie 中的 CSRF 令牌,并将完全相同的值放入头部中。由于浏览器还发送内存中的 Cookie,因此请求将同时包含 Cookie 和头中的令牌。这就是为什么它被称为双重提交的原因。

④ 在处理请求之前,服务器会将头部中提供的 CSRF 令牌与 Cookie 中存在的令牌进行比较。如果它们匹配,则处理请求;否则,将会报错。

这样做是安全的,原因如下:

① 第三方网站上的攻击者无法读取他们不拥有的域的 Cookie,因此,它们无法检索 CSRF 令牌值。

② 添加自定义头部使其不符合被认定为"简单请求"的条件,因此,浏览器必须在发送请求之前发送预检请求,以强制执行 CORS 原则。

这是一种被广泛使用的模式,可以很好地防止此类风险。这就是为什么本节一开始就安装 starlette-csrf 的原因,即它可以提供一个中间件来实现这个模式。

我们可以像使用任何其他中间件一样使用它,如以下示例所示:

app.py

```
app.add_middleware(
    CSRFMiddleware,
    secret = CSRF_TOKEN_SECRET,
    sensitive_cookies = {TOKEN_COOKIE_NAME},
    cookie_domain = "localhost",
)
```

https://github.com/PacktPublishing/Building-Data-Science-Applications-with-FastAPI/blob/main/chapter7/csrf/app.py

这里需要强调几个重点。首先,要有一个加密信息,它应该是一个用于签署 CSRF 令牌的强密码短语。其次,要有 sensitive_cookies,这是一组用来触发 CSRF 保护的 Cookie 的名称。如果不存在 Cookie 或提供的 Cookie 不重要,则可以绕过 CSRF 检查。如果您有其他不依赖 Cookie 的有效的身份验证方法,例如授权头部这类不易受到 CSRF 的攻击的方法,那也是极为有用的。最后,设置 Cookie 域,即使位于不同的子域上,也能检索包含 CSRF 令牌的 Cookie,这在发送跨源请求的情况下是十分有必要的。

这些就是所有需要准备的必要的保护措施。为了简化获取新 CSRF 令牌的过程,我们实现了一个名为/csrf 的最小 GET 端点。它唯一的作用就是提供一种设置 CSRF 令牌 Cookie 的简单方法,方便我们在加载前端应用程序时直接调用它。

接下来,让我们尝试用一下它。正如上一节中所述,在两个不同的端口上运行 FastAPI 应用程序和简单 HTML 应用程序。为此,只需运行以下命令:

```
$ uvicorn chapter7.csrf.app:app
```

这将会在端口 8000 上运行 FastAPI 应用程序。若运行以下命令:

```
$ python - m http.server -- directory chapter7/csrf 9000
```

则前端应用程序已运行在 http://localhost:9000 上。在浏览器中打开它,界面如图 7.8 所示。

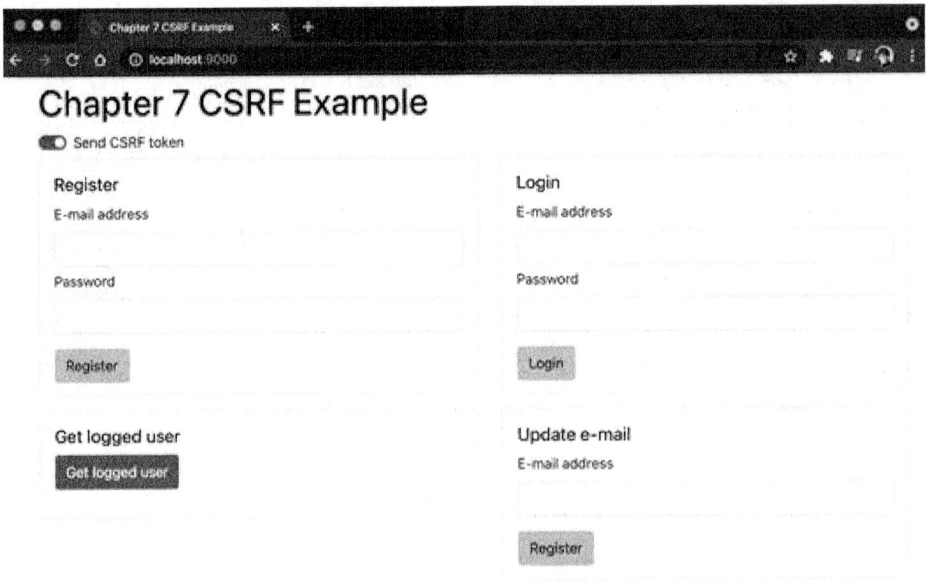

图 7.8　试用 CSRF 保护 API 的简单应用程序

在这里,我们添加了与 API 端点交互的表单:注册、登录、获取经过身份验证的用户并更新它们。如果您尝试进行这些操作,运行应该会很顺畅。如果查看在"开发工具"部分的"网络"选项卡中发送的请求,则会看到 CSRF 令牌已存在于 Cookie 和名为 x-csrftoken 的头部中。

在顶部,有一个切换按钮,用来防止应用程序在头中发送 CSRF 令牌。如果禁用它,则所有的操作都会报错。

很好!现在我们能够免受 CSRF 的攻击了。这其中大部分的工作都是通过中间件来完成的,但是了解了它们是如何工作的以及它们是如何保护您的应用程序的,也是非常有趣的过程。但请记住,它有一个缺点:会破坏交互式文档。实际上,它并不是为了从 Cookie 中检索 CSRF 令牌并将其放入每个请求头中。除非想以另一种方式进行身份验证（例如通过头部中的令牌），否则无法在文档中直接调用端点。

7.7　总　结

以上就是本章中的所有内容，其中包括 FastAPI 中的身份验证和有关安全性。可以看出，基于 FastAPI 提供的工具来实现基本身份验证系统非常简单，除了展示的这种实现它的方法以外，其实还有很多其他优秀的编程模式来实现这一功能。但是，在处理此问题时，请始终牢记要确保安全性，并确保您的应用程序和用户数据不会受到攻击。特别是在设计浏览器应用程序中使用 REST API 时，要留意 CSRF 攻击。OWASP Cheat Sheet Series 是了解 Web 应用程序中所有安全风险的一个很好的来源，网址如下：

https://cheatsheetseries.owasp.org

至此，与 FastAPI 应用程序开发相关的主题就介绍完了。在下一章中，我们将学习如何使用与 FastAPI 集成的最新技术——WebSocket，该技术能实现在客户端和服务器之间进行实时双向通信。

第8章 在 FastAPI 中为双向交互通信定义 WebSocket

超文本传输协议(HTTP)是一种向服务器发送或从服务器接收数据的简单而强大的技术。众所周知,请求和响应的原则是该协议的核心,也就是说,在开发应用程序编程接口(API)时,我们的目标是处理传入的请求并为客户端构建响应。

因此,为了从服务器获取数据,客户机必须首先启动一个请求。然而,在某些情况下,这样可能不太方便。想象有这样一个典型的聊天应用程序:当用户收到新消息时,希望服务器立即通知他们。如果仅使用 HTTP,则必须每秒发出请求以检查是否有新消息到达,这将是对资源的巨大浪费。这就是为什么出现了一个新的协议(WebSocket)的原因。该协议的目标是在客户端和服务器之间打开一个通信通道,以便它们能够在两个方向上实时交换数据。

在本章中,我们将介绍以下主题:

- 使用 WebSocket 进行双向通信的原理;
- 使用 FastAPI 创建 WebSocket;
- 处理多个 WebSocket 连接和广播消息。

8.1 技术要求

您需要一个 Python 虚拟环境,正如我们在第 1 章所设置的环境。

对于 8.4 节,您需要在本地计算机上运行 Redis 服务器。最简单的方法是将其作为 Docker 容器运行。如果您以前从未使用过 Docker,我们建议您阅读官方文档中的入门教程,网址如下:

https://docs.docker.com/get-started/

阅读后,使用以下简单命令可以运行 Redis 服务器:

```
$ docker run - d -- name fastapi - redis - p 6379:6379 redis
```

这将使其在本地计算机的 6379 端口上可用。

您可以在专用的 GitHub 存储库中找到本章的所有代码示例,网址如下:

https://github.com/PacktPublishing/Building-Data-Science-Applications-with-FastAPI/tree/main/chapter8

8.2　了解使用 WebSocket 进行双向通信的原理

您可能已经注意到，WebSocket 这个名称直接引用了 Unix 系统中套接字的传统概念。虽然技术上不相关，但它们实现了相同的目标：在两个应用程序之间打开通信通道。正如在简介中所说，HTTP 只在请求-响应原则下工作，这使得在客户端和服务器之间进行实时通信的应用程序的实现变得困难且效率低下。

WebSocket 试图通过打开全双工通信通道来解决这个问题，这意味着消息可以双向发送，也可以同时发送。一旦通道打开，服务器就可以向客户端发送消息，而无须等待客户端的请求。

即使 HTTP 和 WebSocket 是不同的协议，WebSocket 也被设计为与 HTTP 一起工作。实际上，当打开 WebSocket 时，首先使用 HTTP 请求启动连接，然后升级到 WebSocket 通道。这使得它与传统的 80 和 443 端口完全兼容，非常方便，因为我们可以轻松地在现有 Web 服务器上添加此功能，而无需额外的进程。

另一个相似之处，WebSocket 还与 HTTP 共享：统一资源标识符（URI）。与 HTTP 一样，WebSocket 是通过经典 URI 识别的，带有主机、路径和查询参数。此外，我们还有两种方案：用于不安全连接的 ws（WebSocket）和用于安全套接字层/传输层安全（SSL/TLS）加密连接的 wss（WebSocket-Secure）。

最后，这个协议现在在浏览器中得到了很好的支持，打开与服务器的连接只需要几行 JavaScript 即可，在本章中将会看到。

但是，处理这种双向通信通道与处理传统 HTTP 请求有很大不同。由于这是实时发生的，而且是双向的，所以必须以不同于以往的方式思考问题。在 FastAPI 中，WebSocket 实现的异步特性将极大地帮助我们找到解决方法。

8.3　使用 FastAPI 创建 WebSocket

多亏了 Starlette，FastAPI 内置了对 WebSocket 的支持。我们将会看到，定义 WebSocket 端点既快捷又简单，可以在几分钟内开始。但是，当我们试图向端点逻辑添加更多功能时，事情会变得更加复杂。让我们从一个 WebSocket 开始，它等待消息并简单地回显它们。

在下面的示例中，将会看到这样一个简单案例的实现。

app.py

```
from fastapi import FastAPI, WebSocket
from starlette.websockets import WebSocketDisconnect
```

```
app = FastAPI()

@app.websocket("/ws")
async def websocket_endpoint(websocket: WebSocket):
    await websocket.accept()
    try:
        while True:
            data = await websocket.receive_text()
            await websocket.send_text(f"Message text was: {data}")
    except WebSocketDisconnect:
        await websocket.close()
```

https://github.com/PacktPublishing/Building-Data-Science-Applications-with-FastAPI/blob/main/chapter8/echo/app.py

代码本身是可以理解的,但我们的关注点是与传统 HTTP 端点不同的重要部分。

首先,可以看到,FastAPI 提供了一个特殊的 WebSocke 装饰器来创建 WebSocket 端点。对于常规端点,它将其可用的路径作为参数。但是,在此上下文中没有意义的其他参数(如状态代码或响应模型)不可用。

然后,在路径操作函数中,我们可以注入一个 WebSocke 对象,它将为我们提供使用 WebSocket 的所有方法,就像我们看到的。

我们在实现中调用的第一个方法是 accept。应该首先调用此方法,因为它会告诉客户端我们同意打开隧道。

然后,您会看到我们开始了一个无限循环。这是 HTTP 端点的主要区别:因为我们打开了一个通信通道,它将保持打开状态,直到客户端或服务器决定关闭它。当通道打开时,它们可以根据需要交换任意多的消息,因此无限循环在这里保持它打开并重复逻辑,直到通道关闭。

在循环内部,我们对 receive_text 方法进行第一次调用。正如您所料,这将以纯文本格式返回客户机发送的数据。重要的是要明白,在从客户端接收数据之前,此方法将一直阻塞。在该事件发生之前,我们不会继续进行其余的逻辑。

在这里我们看到了异步输入/输出的重要性,正如在第 2 章中介绍的那样。通过创建一个无限循环等待传入数据,我们可以用传统的阻塞范式阻塞整个服务器进程。在这里,多亏了事件循环,流程才能够在等待此请求时回答其他客户机发出的其他请求。

当收到数据时,该方法返回文本数据,然后继续下一行。在这里,由于采用 send_text 方法,我们只需将消息发送回客户机即可。完成后,返回到循环的开始,等待下一条消息。

您可能注意到,整个循环被包装在一个 try..except 语句中。这是处理客户端断开连接所必需的。事实上,我们的服务器大部分时间都会被阻塞在 receive_text 线路上,等待客户端数据。如果客户端决定断开连接,通道将关闭,调用 receive_text 将失败,并出现错误 WebSocketDisconnect 异常。这就是为什么捕获它以打破循环并在服务器端正确调用 disconnect 非常重要的原因。

让我们试试看！多亏了 Uvicorn 服务器，您可以像往常一样运行 FastAPI 应用程序。命令如下：

```
$ uvicorn chapter8.echo.app:app
```

我们的客户端是一个简单的超文本标记语言（HTML）页面，其中包含一些 JavaScript 代码以便与 WebSocket 交互。演示后，我们将快速浏览此代码。要运行它，我们只需使用内置 Python 服务器，命令如下：

```
$ python - m http.server -- directory chapter8/echo 9000
```

之后在本地机器的端口 9000 上提供 HTML 页面。如果打开 http://localhost：9000 地址，将会看到如图 8.1 所示的简单界面。

> **启动多个终端**
>
> 在 Linux 和 macOS 上，您应该能够通过创建新窗口或选项卡简单地启动新终端。关于 Windows 和 **Windows Subsystem for Linux**（WSL），如果使用 Windows 终端应用程序，也可以有多个选项卡（登录网址 https://www.microsoft.com/en-us/p/windows-terminal/9n0dx20hk701? activetab＝pivot:ove rviewtab 可以获取更多信息）；否则，再次单击"开始"菜单中的 Ubuntu 快捷方式也可启动另一个终端。

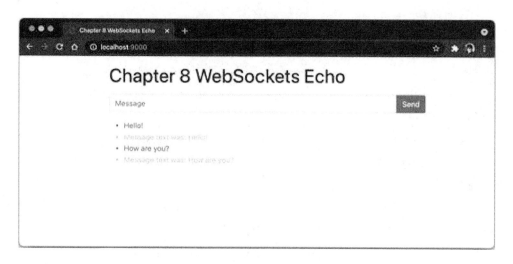

图 8.1 尝试 WebSocket 的简单应用程序

界面上有一个简单的输入框，可以通过 WebSocket 向服务器发送消息。这些消息在其下方以绿色显示。服务器会回显您的消息，这些消息随后会以黄色显示。

打开浏览器"开发人员工具"中的"网络"选项卡，可以查看引擎盖下发生的事情。重新加载页面以强制 WebSocket 重新连接，然后，看到一行 WebSocket 连接。如果单击它，将出现一个 Messages 选项卡，您可以在其中看到通过 WebSocket 的所有消息。

在下面的示例中,您将看到用于打开 WebSocket 连接以及发送和接收消息的 JavaScript 代码。

script. js

```
const socket = new WebSocket('ws://localhost:8000/ws');

// Connection opened
socket.addEventListener('open', function (event) {

    // Send message on form submission
    document.getElementById('form').addEventListener('submit',(event) = > {
    event.preventDefault();
    const message = document.getElementById('message').value;

    addMessage(message, 'client');

    socket.send(message);
    event.target.reset();
    });
});

// Listen for messages
socket.addEventListener('message', function (event) {
    addMessage(event.data, 'server');
});
```

https://github. com/PacktPublishing/Building-Data-Science-Applications-with-FastAPI/blob/main/chapter8/echo/script. js

如您所见,浏览器提供了一个非常简单的 API 来与 WebSocket 交互。

您只需使用端点的统一资源定位器(Uniform Resource Locator,URL)实例化一个新对象,并连接一些事件侦听器:当连接已准备就绪时,从服务器接收数据会显示消息。还有,send 方法可以向服务器发送数据。更多详细信息您可以在 MDN(Mozilla 开发者网络)WebSocket API 文档中查看,网址如下:

https://Developer. Mozilla. org/en-US/docs/Web/API/WebSockets_API

8.3.1　处理并发性

在上一个示例中,假设客户端总是先发送消息:我们等待它的消息,然后再发回。再进行一次,表示客户在对话中拥有主动权。

但是,通常情况下,服务器可以在不主动的情况下将数据发送到客户端。在聊天应用程序中,另一个用户通常可以发送一条或多条我们希望立即转发给第一个用户的消息。在这种情况下,前面示例中 receive_text 阻塞调用便是一个问题:当我们等待时,服务器可能会有消息转发给客户端。

为了解决这个问题,须依靠模块中更先进的工具。实际上,它提供的 asyncio 函数可以同时调度多个协同路由,并等待其中一个完成。在我们的上下文中,可以用一个协程来等待客户端消息,另一个协程在消息到达时向它发送数据。第一个被实现的循环获胜,再重新开始另一个循环迭代。

为了更清楚地说明这一点,我们构建另一个示例,其中服务器将再次回显客户机的消息。除此之外,它还会定期将当前时间发送给客户端。您可以在下面的示例中看到实现。

app. py

```python
async def echo_message(websocket: WebSocket):
    data = await websocket.receive_text()
    await websocket.send_text(f"Message text was: {data}")


async def send_time(websocket: WebSocket):
    await asyncio.sleep(10)
    await websocket.send_text(f"It is: {datetime.utcnow(). isoformat()}")


@app.websocket("/ws")
async def websocket_endpoint(websocket: WebSocket):
    await websocket.accept()
    try:
        while True:
            echo_message_task = asyncio.create_task(echo_message(websocket))
            send_time_task = asyncio.create_task(send_time(websocket))
            done, pending = await asyncio.wait(
                {echo_message_task, send_time_task},
                return_when = asyncio.FIRST_COMPLETED,
            )
            for task in pending:
                task.cancel()
            for task in done:
                task.result()
    except WebSocketDisconnect:
        await websocket.close()
```

https://github. com/PacktPublishing/Building-Data-Science-Applications-with-FastAPI/blob/main/chapter8/concurrency/app. py

如您所见,上例定义了两个协同路由:第一个是 echo_message,用于等待来自客户端的文本消息并将其发回;第二个是 send_time,在将当前时间发送到客户端之前等待

10 s。它们都期望参数中有一个 WebSocket 实例。

最有趣的部分是无限循环：正如您所看到的，有两个函数，由 asyncio 完成 create_task 函数包装。这会将协同路由转换为 Task 对象。在后台，主要任务是事件循环如何管理协同路由的执行。更简单地说，它让我们完全控制协同程序的执行，检索其结果，甚至取消它。

这些 task 对象是使用 asyncio.wait 所必需的。此函数对于并发运行任务特别有用。它期望在第一个参数中运行一组任务。默认情况下，此函数将一直阻止，直到所有给定任务完成。然而，由于 return_when 参数，我们可以控制它：在示例中，我们希望它阻塞，直到其中一个任务完成，这与 FIRST_COMPLETED 值对应。其效果如下：服务器将同时启动协同路由。一个将阻止等待客户端消息，而另一个将阻止等待 10 s。如果客户端在 10 s 之前发送消息，它会将消息发回并结束；否则，send_time 协程将发送当前时间并结束。

此时，asyncio.wait 返回两个集合：一个是 done，包含一组已完成的任务；而另一个是 pending，包含一组尚未完成的任务。

现在，我们想回到循环的开端，重新开始，但是，我们需要首先取消所有尚未完成的任务；否则，它们会在每次迭代时堆积起来。因此，在 pending 集合上的迭代将取消这些任务。

最后，我们还对 done 任务进行迭代，并对其调用 result 方法。此方法返回协同程序的结果，但也会再次引发内部异常。这对于再次处理客户端断开连接特别有用：在等待客户端数据时，如果通道关闭，则会引发异常。因此，我们的 try..except 语句可以捕获它，以正确关闭 WebSocket。

如果您像前面一样尝试此示例，您会看到服务器定时向您发送当前时间，也能够回显您发送的消息。

send_time 示例向您展示了如何实现一个进程，以便在服务器上发生事件时向客户端发送数据：数据库中有新数据可用，外部进程完成了长时间的计算，等等。下一节将介绍如何正确处理多个客户端向服务器发送消息的情况，然后服务器将消息广播给所有客户端。

这就是使用 asyncio 工具处理并发性的基本方法。到目前为止，每个人都能够不受任何限制地连接到这些 WebSocket 端点。当然，与传统 HTTP 端点一样，需要在打开连接之前对用户进行身份验证。

8.3.2 使用依赖项

与常规端点一样，您可以在 WebSocket 端点中使用依赖项。

但是，由于设计中考虑到了 HTTP，因此也带来了一些缺点。

首先，不能使用安全依赖项，正如第 7 章中所述。实际上，在幕后，它们中的大多数都是通过注入 Request 对象来工作的，而对象只适用于 HTTP 请求（我们看到 WebSocket 被注入到 WebSocket 对象中）。试图在 WebSocket 上下文中注入这些依赖项将会导致错误。

类似地,基本依赖项(例如 Query, Header, Cookie)也有其特殊之处。事实上,FastAPI 完全能够在 WebSocket 上下文中解决这些问题。但是,如果它们是必需的,那么 FastAPI 将会在它们丢失时引发 422 错误。与 HTTP 验证错误相反,HTTP 验证错误被全局处理以呈现正确的错误,在编写本文时,没有与此 WebSocket 等价的处理程序。这是由于 Starlette、底层服务器层的局限,可能在未来的版本中解决。您可以按照 GitHub pull 请求关注此主题的工作,网址如下:

https://github.com/encode/starlette/pull/527

同时,建议将所有 WebSocket 依赖项设置为可选,并自行处理缺少的值。

这些将在下一个示例中体现。在本例中,我们将注入以下两个依赖项:

- username 查询参数,用于在连接时问候用户。
- token Cookie,用于与静态值进行比较,以保持示例的简单性。当然,合适的策略是进行适当的用户查找,正如在第 7 章中实现的那样。如果此 Cookie 丢失或不具有所需的值,我们将立即关闭 WebSocket,并显示错误代码。

让我们看一看在下面的示例中的实现。

dependencies. py

```
@app.websocket("/ws")
async def websocket_endpoint(
    websocket: WebSocket,
    username: str = "Anonymous",
    token: Optional[str] = Cookie(None),
):
    if token != API_TOKEN:
        await websocket.close(code = status.WS_1008_POLICY_VIOLATION)
        return

    await websocket.accept()
    await websocket.send_text(f"Hello, {username}!")
    try:
        while True:
            data = await websocket.receive_text()
            await websocket.send_text(f"Message text was:{data}")
    except WebSocketDisconnect:
        await websocket.close()
```

https://github.com/PacktPublishing/Building-Data-Science-Applications-FastAPI/blob/main/chapter8/dependencies/app.py

正如您所看到的,注入依赖项与标准 HTTP 端点没有什么不同。注意:如前面所说,须提供默认值或使其成为可选值。

然后,使用虚拟身份验证逻辑。如果失败,立即用状态码关闭套接字。WebSocket 有自己的一组状态代码。您可以在 MDN 文档页面上查看这些内容的完整列表,网址如下:

https://developer. mozilla. org/fr/docs/Web/API/CloseEvent

发生错误时最常见的是 1008。

如果通过,就可以启动经典的 echo 服务器。请注意,在逻辑中可以使用用户名值。在这里,我们发送第一条消息来问候连接中的用户。如果想在 HTML 应用程序中尝试此操作,则首先看到此消息,如图 8.2 所示。

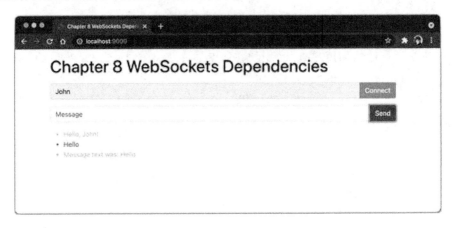

图 8.2 连接上的问候语

使用浏览器 WebSocket API,可以将查询参数传递到 URL,浏览器会自动转发 Cookie。但是,无法传递自定义标。这意味着,如果依赖头进行身份验证,则必须使用 Cookie 添加头,或者在 WebSocket 逻辑本身中实现身份验证消息机制。但是,如果不打算在浏览器中使用 WebSocket,仍然可以依赖头,因为大多数 WebSocket 客户端都支持头。

现在,您对如何将 WebSocket 添加到 FastAPI 应用程序应该有了比较好的理解。正如我们所说,当几个用户实时参与时,它们通常是有用的,我们需要向所有用户广播消息。下一节将介绍如何可靠地实现此模式。

8.4 处理多个 WebSocket 连接和广播消息

正如本章开始所说,WebSocket 的典型用例是实现跨多个客户端的实时通信(real-time communication),例如聊天应用程序。在此配置中,多个客户端与服务器之间有一个开放的 WebSocket 通道。因此,服务器的角色是管理所有客户端连接并向所有客户端广播消息（broadcast message）：当用户发送消息（send message）时，服务器必须将消息发送到其 WebSocket 中的所有其他客户端。图 8.3 展示了这一原则的模式。

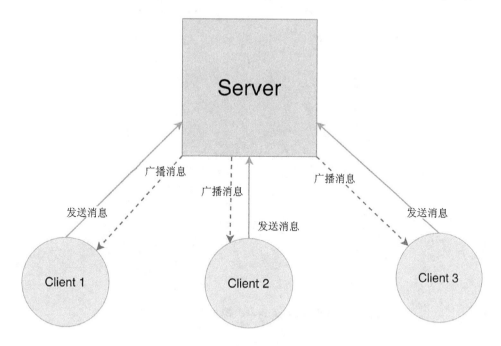

图 8.3　通过 WebSocket 连接到服务器的多个客户端

第一种方法可以简单地保留所有 WebSocket 连接的列表，并通过它们进行迭代以广播消息。这能够起到一定作用，但在生产环境中就会出现问题。实际上，大多数情况下，服务器进程在部署时可以运行多个工作进程。这意味着，我们可以有多个进程，而不是只有一个进程为请求提供服务，这样我们就可以同时响应更多的请求。我们还可以考虑在分布多个数据中心的多台服务器上进行部署。

因此，没有任何东西可以保证打开 WebSocket 的两个客户端由同一个进程提供服务。这种简单方法在此配置中会失败：因为连接保存在进程内存中，所以接收消息的进程无法将消息广播至另一个进程服务的客户端。图 8.4 对此问题进行了示意。

为了解决这个问题，我们通常依赖于消息代理（Message Broker）。消息代理是一种软件，其作用是接收第一个节目发布的消息，并将其广播至订阅该节目的节目。通常，这种发布-订阅（pub-sub）模式在不同的通道中被组织，以便消息按照主题或用法进行清晰的组织。一些著名的 Message Broker 软件包括 Apache Kafka、RabbitMQ，以及分别来自 Amazon Web Services（AWS），Google Cloud Platform（GCP），Microsoft Azure 的 Amazon MQ，Cloud Pub/ Sub 和 Service Bus。

因此，Message Broker 在体系结构中是独一无二的，几个服务器进程将连接到它，以发布或订阅消息。该体系结构在图 8.5 中进行了示意。

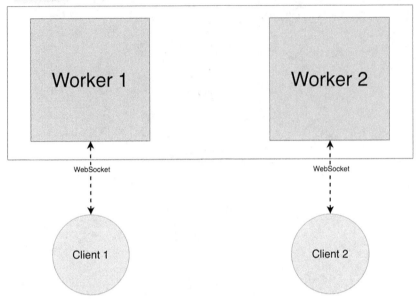

图 8.4　不带 Message Broker 的多个服务器工作程序

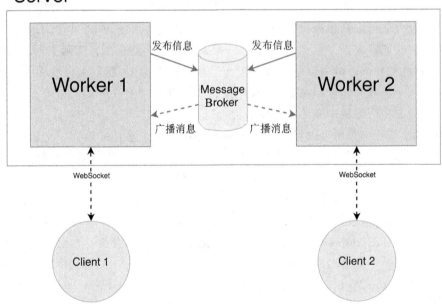

图 8.5　带 Message Broker 的多个服务器工作程序

本章让我们了解如何使用来自 Encode（Starlette 的创建者）和 Redis 的 broadcaster 库设置一个简单的系统，这两个库可充当 Message Broker。

> **关于 Redis 的一句话**
>
> 作为其核心,Redis 是一个旨在实现最高性能的数据存储。它广泛用于存储我们希望快速访问的临时数据,如缓存或分布式锁。它还支持基本的发布/订阅范例,所以它是一个很好的候选项,可以用作消息代理。在它的官方网站 https://redis.io 上您可以了解到更多关于这项技术的信息。

首先,让我们使用以下命令来安装库:

```
$ pip install "broadcaster[redis]"
```

该库可以消除使用 Redis 发布和订阅的所有复杂性。

让我们看看其实现的细节。在下面的示例中,将会看到 broadcaster 对象的实例化:

app. py

```
broadcast = Broadcast("redis://localhost:6379")
CHANNEL = "CHAT"
```

https://github.com/PacktPublishing/Building-Data-Science-Applications-with-FastAPI/blob/main/chapter8/broadcast/app.py

如您所见,它只需要一个指向 Redis 服务器的 URL。注意,其中定义了一个 CHANNEL 常量,这是发布和订阅消息的频道名称。出于对示例的考虑,我们在这里选择了一个静态值,例如您可以在实际应用程序中使用动态频道名称来支持多个聊天室。

然后,我们定义了两个函数:一个用于订阅新消息并将其发送到客户端,另一个用于发布 WebSocket 中接收到的消息。在下面的示例中您可以看到这些函数。

app. py

```
class MessageEvent(BaseModel):
    username: str
    message: str


async def receive_message(websocket: WebSocket, username: str):
    async with broadcast.subscribe(channel = CHANNEL) as subscriber:
        async for event in subscriber:
            message_event = MessageEvent.parse_raw(event. message)
            # Discard user's own messages
            if message_event.username != username:
                await websocket.send_json(message_event.dict())
async def send_message(websocket: WebSocket, username: str):
```

```
        data = await websocket.receive_text()
    event = MessageEvent(username = username, message = data)
        await broadcast.publish(channel = CHANNEL, message = event.json())
```

https://github.com/PacktPublishing/Building-Data-Science-Applications-with-FastAPI/blob/main/chapter8/broadcast/app.py

首先,请注意,其中定义了一个 Pydantic 模型——MessageEvent,以帮助我们构造消息中包含的数据。我们使用一个同时包含消息和用户名的对象,而不是像所做的那样只传递原始字符串。

第一个函数 receive_message,用于订阅广播频道并等待调用的消息。消息的数据包含序列化 JavaScript Object Notation (JSON),我们将其反序列化以实例化 MessageEvent 对象。注意,如果使用 Pydantic 模型的 parse_raw 方法,则可以在一次操作中将 JSON 字符串解析为一个对象。

然后,检查消息用户名是否与当前用户名不同。事实上,由于所有用户都订阅了该频道,他们也会收到自己发送的消息。这就是为什么我们根据用户名丢弃它们,是为了避免这种情况。当然,在实际的应用程序中,您可能希望依赖 user identifier (UID)),而不是简单的用户名。

最后,多亏了 send_json 方法,我们可以通过 WebSocket 发送消息,该方法负责自动序列化字典。

第二个函数 send_message,是向代理发布消息。非常简单,它在套接字中等待新数据,将其构造为 MessageEvent 对象,然后发布它。

以上就是 broadcaster 的部分,然后我们就有了 WebSocket 实现本身。这与前面几节中介绍的非常相似。在下面的示例中您可以看到它。

app.py

```python
@app.websocket("/ws")
async def websocket_endpoint(websocket: WebSocket, username: str = "Anonymous"):
    await websocket.accept()
    try:
        while True:
            receive_message_task = asyncio.create_task(
                receive_message(websocket, username)
            )
            send_message_task = asyncio.create_task(
                send_message(websocket, username)
            )
            done, pending = await asyncio.wait(
                {receive_message_task, send_message_task},
                return_when = asyncio.FIRST_COMPLETED,
            )
```

```
        for task in pending:
            task.cancel()
        for task in done:
            task.result()
except WebSocketDisconnect:
    await websocket.close()
```

https://github.com/PacktPublishing/Building-Data-Science-Applications-with-FastAPI/blob/main/chapter8/broadcast/app.py

请注意,这个 username 是从查询参数中检索到的。

最后,需要告诉 FastAPI,在代理启动应用程序时打开与代理的连接,在退出时关闭与代理的连接,如以下摘录所示:

app.py

```
@app.on_event("startup")
async def startup():
    await broadcast.connect()


@app.on_event("shutdown")
async def shutdown():
    await broadcast.disconnect()
```

https://github.com/PacktPublishing/Building-Data-Science-Applications-with-FastAPI/blob/main/chapter8/broadcast/app.py

on_event 修饰符允许我们在 FastAPI 启动或停止时触发一些有用的逻辑。

现在让我们试试这个应用程序!首先,运行 Uvicorn 服务器。请确保 Redis 容器在启动之前正在运行,正如 8.1 节中所解释的那样。命令如下:

```
$ uvicorn chapter8.broadcast.app:app
```

我们还在示例中提供了一个简单的 HTML 客户端。要运行它,只需使用内置 Python 服务器即可,命令如下:

```
$ python -m http.server --directory chapter8/broadcast 9000
```

您现在可以通过 http://localhost:9000 访问它。如果在浏览器中的两个不同窗口中打开两次,则可以看到广播是否正常工作。在第一个窗口中输入用户名,然后单击 Connect 按钮。在第二个窗口中使用不同的用户名执行相同操作。现在,您可以发送消息并看到它们被广播到其他客户端,如图 8.6 所示。

这是一个关于如何实现包含消息代理的广播系统的快速概述。当然,我们在这里只介绍了基础知识,而使用这些强大的技术其实可以完成更复杂的任务。我们再次看到,FastAPI 让我们能够访问功能强大的建筑砖,而无须将我们锁定在特定的技术或模

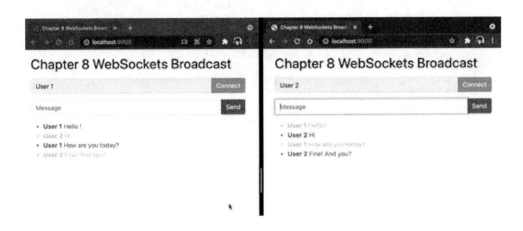

图 8.6　多个 WebSocket 客户端广播消息

式中：这很容易包含新的库来扩展我们的可能性。

8.5　总　结

在本章中，学习了如何使用最新的 Web 技术之一——WebSocket。现在，可以在客户端和服务器之间打开双向通信通道，从而实现具有实时约束的应用程序。正如您所看到的，FastAPI 使添加这样的端点变得非常容易。不过，WebSocket 逻辑内部的思维方式与传统 HTTP 端点有很大不同：管理无限循环和一次处理多个任务都是全新的挑战。所幸框架的异步特性让我们在这方面的工作更轻松，并帮助我们编写易于理解的并发代码。

最后，还简要介绍了在处理多个客户端之间共享消息时需要解决的问题。可以看到，对于跨多个服务器进程，消息代理软件（如 Apache Kafka 或 RabbitMQ）使该用例可靠是必要的。

现在 FastAPI 的所有功能已经熟悉了。到目前为止，展示的都是一些非常简单的例子，重点则是放在一个特定的点上。然而，在现实世界中，可能开发的都是能够做很多事情并且随着时间的推移变得更大的大型应用程序。为了使它们可靠、可维护并保持高质量的代码，有必要对它们进行测试，以确保它们的行为符合预期，并且在添加新内容时不会引入错误。

在下一章中，将会看到如何为 FastAPI 设置有效的测试环境。

第9章 使用 pytest 和 HTTPX 异步测试 API

在软件开发中,开发人员的大部分工作都用来编写测试。例如,试图通过运行应用程序、发出一些请求的方式来手动测试应用程序,然后随意地认为"一切正常"。然而,这种方法是有缺陷的,即使在过程中没有破坏任何东西,也不能保证程序在任何情况下都能正常工作。

这就是为什么出现了一些关于软件测试的规程,例如单元测试、集成测试、E2E 测试、验收测试等的原因。这些技术旨在从微观层面验证软件的功能,在微观层面上测试单个功能(单元测试),在宏观层面上测试向用户提供价值的全局功能(验收测试)。在本章中,我们将重点讨论第一个层次——单元测试。

单元测试是一种简短的程序,旨在验证代码是否在任何情况下都按其应有的方式运行。您可能认为编写测试非常耗时,而且它们也不会增加软件的价值,但从长远来看,这可以节省时间:首先,测试可以在几秒钟内自动运行,确保所有软件正常工作,而无须手动检查每个功能。其次,当引入新特性或重构代码时,需要确保不会将 bug 引入软件的现有部分。总之,测试和程序本身同样重要,它们有助于您交付可靠、高质量的软件。

在本章中,将要学习的是如何为 FastAPI 应用程序编写 HTTP 端点和 WebSocket 的测试。为此需要学习如何配置 pytest(一个非常有名的 Python 测试框架)和 HTTPX(一个用于 Python 的异步 HTTP 客户机)。

在本章中,我们将介绍以下主题:
- 使用 pytest 进行单元测试;
- 使用 HTTPX 为 FastAPI 设置测试工具;
- 为 REST API 端点编写测试;
- 为 WebSocket 端点编写测试。

9.1 技术要求

在本章中,您需要一个 Python 虚拟环境,如我们在第 1 章所设置的环境。

对于数据库部分的测试,您需要在本地计算机上运行 MongoDB 服务器。最简单的方法是将其作为 Docker 容器运行。如果您以前从未学习过 Docker,我们建议您阅读官方文档中的入门教程,网址如下:

https://docs.docker.com/get-started

过后,您将能够使用以下简单命令运行 MongoDB 服务器:

```
$ docker run -d --name fastapi-mongo -p 27017:27017 mongo:4.4
```

之后,MongoDB 服务器实例将在 27017 端口的本地计算机上可用。

在专用的 GitHub 存储库中您可以找到本章的所有代码示例,网址如下:

https://github.com/PacktPublishing/Building-Data-Science-Applications-with-FastAPI/tree/main/chapter9

9.2 使用 pytest 进行单元测试

正如在导言中提到的,为了交付高质量的软件,编写单元测试是软件开发中的一项基本任务。为了提高工作效率和效益,有很多库提供了专用于测试的工具和快捷方式。在 Python 标准库中,存在一个用于单元测试的模块,称为 unittest。尽管它在 Python 代码库中非常常见,但许多 Python 开发人员倾向于选择 pytest,它为高级用例提供了更轻量级的语法和强大的工具。

在下面的示例中,我们将使用 unittest 和 pytest 为名为 add 的函数编写一个单元测试,这样就可以看到它们在基本用例中的比较情况。首先,我们安装 pytest:

```
$ pip install pytest
```

接下来,让我们看一看简单的 add 函数,它只执行一个加法。

chapter9_introduction.py

```
def add(a: int, b: int) ->int:
    return a + b
```

https://github.com/PacktPublishing/Building-Data-Science-Applications-with-FastAPI/blob/main/chapter9/chapter9_introduction.py

让我们用 unittest 执行一个测试,检查 2+3 是否确实等于 5。

chapter9_introduction_unittest.py

```
import unittest

from chapter9.chapter9_introduction import add

class TestChapter9Introduction(unittest.TestCase):
    def test_add(self):
        self.assertEqual(add(2, 3), 5)
```

https://github.com/PacktPublishing/Building-Data-Science-Applications-with-FastAPI/blob/main/chapter9/chapter9_introduction_unittest.py

如您所见,unittest 希望我们定义一个继承自 TestCase 的类。每个测试都有自己的方法。要断言两个值相等,我们必须使用 assertEqual 方法。

要运行此测试,我们可以从命令行调用 unittest 模块,并通过虚线路径将其传递到我们的测试模块上。

```
$ python - m unittest chapter9.chapter9_introduction_unittest

.
------------------------------------------------------
Ran 1 test in 0.000s

OK
```

在输出中,每个成功的测试都用一个点表示。如果一个或多个测试不成功,则会获得每个测试的详细错误报告,突出显示失败的断言(assertion)。您可以通过在测试中更改断言来尝试。

接下来,让我们用 pytest 编写相同的测试。

chapter9_introduction_unittest.py

```
from chapter9.chapter9_introduction import add

def test_add():
    assert add(2, 3) == 5
```

https://github.com/PacktPublishing/Building-Data-Science-Applications-with-FastAPI/blob/main/chapter9/chapter9_introduction_unittest.py

正如您所看到的,它简短得多! 事实上,使用 pytest,不必定义类:一个简单的函数就足够了。使其工作的唯一限制是函数名必须以 test_开头。这样,pytest 可以自动找到测试函数。其次,它依赖于内置的 assert 语句,而不是特定的方法,使得编写能够更自然。

要运行此测试,只需要调用 pytest 可执行文件即可,其路径指向我们的测试文件。

```
$ pytest chapter9/chapter9_introduction_pytest.py
================== test session starts ==================
platform darwin -- Python 3.7.10, pytest - 6.2.4, py - 1.10.0,
pluggy - 0.13.1
rootdir: /Users/fvoron/Google Drive/Livre FastAPI/BuildingData - Science - Applications-
with-FastAPI, configfile: setup.cfg
plugins: asyncio - 0.15.1, cov - 2.12.0, mock - 3.6.1, repeat - 0.9.1
collected 1 item
```

```
chapter9/chapter9_introduction_pytest.py .          [100%]
```

```
================== 1 passed in 0.01s ==================
```

同样,每个成功的测试将通过输出一个点来表示。当然,如果更改测试使其失败,则会得到失败断言的详细错误。

值得注意的是,如果在没有任何参数的情况下运行,它将自动搜索文件夹中的所有测试文件,直到找到一个以 test_开头的文件。

在这里,我们对 unittest 和 pytest 进行了一个小的比较。在本章的其余部分中,我们将继续使用 pytest,这可以使您在编写测试时获得更高效的体验。

在本节开始时,我们说 PyTest 提供了强大的工具来帮助我们编写测试。在关注 FastAPI 测试之前,我们将回顾其中的两个:parameterize 和 fixture。

9.2.1 使用参数生成测试

在前面的函数示例中,我们只测试了一个加法测试,即 2+3。大多数情况下,我们希望检查更多的案例,以确保函数在任何情况下都能正常工作。第一种方法是向测试中添加更多断言(assertions),如下例所示:

```
def test_add():
    assert add(2, 3) == 5
    assert add(0, 0) == 0
    assert add(100, 0) == 100
    assert add(1, 1) == 2
```

在工作时,这种方法有两个缺点:①在只更改某些参数的情况下多次编写相同的断言可能有点麻烦。在本例中,这并不太严重,但在测试时可能要复杂得多,这一点将会在 FastAPI 中看到。②我们只进行了一次测试:第一个失败的断言将停止测试,而后面的断言将不会执行。因此,只有先修复失败的断言并再次运行测试,我们才能知道结果。

要完成此特定任务,pytest 可以提供 Parameterize 标记。在 pytest 中,标记是一种特殊的装饰器,用于方便地将元数据传递给测试;然后根据测试使用的标记,实现特殊的行为。

在这里,parametrize 允许我们传递多组变量,这些变量将作为参数传递给测试函数。在运行时,每个集合将生成一个新的独立测试。为了更好地理解这一点,让我们看一看如何使用此标记为函数生成几个测试。

chapter9_introduction_pytest_parametrize.py

```
import pytest

from chapter9.chapter9_introduction import add
```

```
@pytest.mark.parametrize("a,b,result", [(2, 3, 5), (0, 0, 0), (100, 0, 100), (1, 1, 2)])
def test_add(a, b, result):
    assert add(a, b) == result
```

https://github.com/PacktPublishing/Building-Data-Science-Applications-with-FastAPI/blob/main/chapter9/chapter9_ introduction_pytest_parametrize.py

在这里,您可以看到,我们只是用 parametrize 来修饰测试函数。基本用法如下:第一个参数是一个字符串,每个参数的名称用逗号分隔;第二个参数是元组列表,每个元组按顺序包含参数值。

我们的测试函数以实参的形式接收这些参数,每个参数的命名方式与之前指定的方式相同。因此,您可以在测试逻辑中随意使用它们。正如您所看到的,这里最大的好处是我们只需要声明一次。除此之外,我们可以非常快地添加一个测试用例:只需向parametrize 标记添加另一个元组。

下面让我们使用以下命令运行此测试以查看发生了什么。

```
$ pytest chapter9/chapter9_introduction_pytest_parametrize.py
==================== test session starts ====================
platform darwin -- Python 3.7.10, pytest - 6.2.4, py - 1.10.0, pluggy - 0.13.1
rootdir: /Users/fvoron/Google Drive/Livre FastAPI/Building - Data - Science - Applica-
tions-with-FastAPI, configfile: setup.cfg
plugins: asyncio - 0.15.1, cov - 2.12.0, mock - 3.6.1, repeat - 0.9.1
collected 4 items

chapter9/chapter9_introduction_pytest_parametrize.py .... [100%]

==================== 4 passed in 0.01s ====================
```

如您所见,pytest 执行了 4 个测试而不是 1 个! 这意味着它生成了 4 个独立的测试,以及它们自己的参数集。如果其中的几个测试失败了,我们将被告知,输出会告诉我们是哪组参数导致了错误。

总之,当给定一组不同的参数时,parametrize 是测试不同结果的一种非常方便的方法。

在编写单元测试时,经常需要在测试中多次使用变量和对象,例如在应用程序实例中,使用一些伪数据等。为了避免在测试中重复同样的事情,pytest 提出了一个有趣的特性——fixture。

9.2.2　通过创建 fixture 重用测试逻辑

在测试大型应用程序时,测试往往变得非常重复:许多测试在实际断言之前将共享相同的样板代码。我们考虑使用 Pydantic 模型来代表一个人及其邮政地址:

chapter9_introduction_fixtures. py

```
from datetime import date
from enum import Enum
from typing import List

from pydantic import BaseModel

class Gender(str, Enum):
    MALE = "MALE"
    FEMALE = "FEMALE"
    NON_BINARY = "NON_BINARY"

class Address(BaseModel):
    street_address: str
    postal_code: str
    city: str
    country: str

class Person(BaseModel):
    first_name: str
    last_name: str
    gender: Gender
    birthdate: date
    interests: List[str]
    address: Address
```

https://github. com/PacktPublishing/Building-Data-Science-Applications-with-FastAPI/blob/main/chapter9/chapter9_ introduction_fixtures. py

这个例子看起来是不是很熟悉? 它取自第 4 章。现在, 我们想用这些模型的一些实例编写测试。显然, 在每个测试中实例化它们并用虚假数据填充它们, 会有点烦人。

所幸 fixture 允许我们一次性编写它们。下例显示了如何使用它们。

chapter9_introduction_fixtures_test. py

```
import pytest

from chapter9.chapter9_introduction_fixtures import Address, Gender, Person

@pytest.fixture
def address():
    return Address(
        street_address = "12 Squirell Street",
        postal_code = "424242",
        city = "Woodtown",
```

```
        country = "US",
    )


@pytest.fixture
def person(address):
    return Person(
        first_name = "John",
        last_name = "Doe",
        gender = Gender.MALE,
        birthdate = "1991 - 01 - 01",
        interests = ["travel", "sports"],
        address = address,
    )


def test_address_country(address):
    assert address.country == "US"


def test_person_first_name(person):
    assert person.first_name == "John"


def test_person_address_city(person):
    assert person.address.city == "Woodtown"
```

https://github.com/PacktPublishing/Building-Data-Science-Applications-with-FastAPI/blob/main/chapter9/chapter9_ introduction_fixtures_test.py

　　pytest 再次让它变得非常简单：fixture 是用 fixture 装饰器装饰的简单函数。在内部，您可以编写任何逻辑并返回测试中需要的数据；在地址中，您可以用假数据实例化一个地址对象并返回它。

　　现在，我们该如何使用这个 fixture 呢？如果查看 test_address_country 测试，您会看到一些神奇的事情发生：通过在测试函数上设置一个参数，pytest 自动检测它是否对应于地址 fixture，执行它，并传递它的返回值。在测试内部，我们已经准备好了 Address 对象。pytest 调用此方法请求一个 fixture。

　　您可能注意到，我们还定义了另外一个 fixture person。同样，我们采用虚拟数据实例化 Person 模型。然而，有趣的是，我们实际上请求地址 fixture 在内部使用它！这就是这个系统如此强大的原因：fixture 可以依赖于其他 fixture，其他 fixture 也可以依赖于其他 fixture，等等。在某种程度上，它与依赖注入非常相似，正如第 5 章中讨论的那样。

　　至此，对 pytest 的快速介绍就结束了。当然，还有很多话要说，但这些足以让你开始了。如果想进一步探讨此主题，可以阅读 pytest 官方文档（https://docs. pytest. org/en/latest/），其中包括大量示例，展示如何从所有功能中获益。

接下来,让我们的关注点回到 FastAPI 上,首先设置用于测试应用程序的工具。

9.3   使用 HTTPX 为 FastAPI 设置测试工具

如果查看 FastAPI 文档中关于测试的内容,您会发现,它推荐使用 Starlette 提供的 TestClient。在这本书中,我们将向您展示 HTTP 客户机的另一种方法——HTTPX。

为什么? 默认值是以一种完全同步的方式实现的,这意味着您可以编写测试,而不用担心异步和等待。这听起来不错,但我们发现,它在实践中会导致出现一些问题:因为 FastAPI 应用程序设计为异步工作,所以可能会有许多异步服务工作,例如在第 6 章中介绍的数据库驱动程序。因此,在测试中,您可能需要对这些异步服务执行一些操作,例如使用虚拟数据填充数据库,这会使您的测试变得异步。融合这两种方法通常会导致难以调试的奇怪错误。

幸运的是,HTTPX 是由 Starlette 的同一团队创建的 HTTP 客户机,它允许我们拥有一个纯异步 HTTP 客户机,能够向我们的 FastAPI 应用程序发出请求。要使此方法起作用,我们需要三个库:

- HTTPX,执行 HTTP 请求的客户端;
- asgi-lifepsan,一个用于以编程方式管理 FastAPI 应用程序的启动和关闭事件的库;
- pytest-asyncio,一个允许我们编写异步测试的扩展库。

可以使用以下命令安装这些库:

```
$ pip install httpx asgi-lifespan pytest-asyncio
```

太棒了! 接下来,我们可以编写一些 fixture,以便我们轻松地为 FastAPI 应用程序获取 HTTP 测试客户机。这样,在编写测试时,只需请求 fixture 我们就可以立即发出请求。

在下面的示例中,我们正在考虑测试一个简单的 FastAPI 应用程序。

chapter9_app. py

```
from fastapi import FastAPI

app = FastAPI()

@app.get("/")
async def hello_world():
    return {"hello": "world"}

@app.on_event("startup")
async def startup():
```

```
    print("Startup")

@app.on_event("shutdown")
async def shutdown():
    print("Shutdown")
```

https://github.com/PacktPublishing/Building-Data-Science-Applications-with-FastAPI/blob/main/chapter9/chapter9_app.py

在一个单独的测试文件中,我们将会实现两个 fixture。

第一个是 event_loop,可确保我们始终使用相同的事件循环实例。它是在执行异步测试之前自动请求的。虽然没有严格的要求,但经验告诉我们,它可以让我们避免在启动多个事件循环时发生错误。您可以在下面的示例中看到它的实现。

chapter9_app_test.py

```
@pytest.fixture(scope = "session")
def event_loop():
    loop = asyncio.get_event_loop()
    yield loop
    loop.close()
```

https://github.com/PacktPublishing/Building-Data-Science-Applications-with-FastAPI/blob/main/chapter9/chapter9_app_ test.py

在这里可以看到,我们确实在生成当前事件循环之前获得了它。正如在第 2 章中讨论的,使用生成器可以“暂停”函数的执行,并返回到调用者的执行。这样,当调用者完成时,我们可以执行清理操作,例如关闭循环。pytest 非常“聪明”,可以在 fixture 中正确地处理这个问题,因此这是设置测试数据、使用测试数据和之后销毁测试数据的一种常见的模式。

当然,这个函数使用 fixture 装饰器进行装饰,使其成为 pytest 的 fixture。您可能已经注意到,我们添加了一个名为 scope 的参数,其值为 session。此参数控制应在哪个级别实例化 fixture。默认情况下,它会在每个测试函数开始时重新创建。session 值是最高级的,这意味着 fixture 只能在整个测试运行开始时创建一次,这与事件循环有关。在官方文档中有更多关于这个更高级功能的信息,网址如下:

https://docs.pytest.org/en/latest/how-to/fixtures.html#scope-sharing-fix-tures-acrossclasses-modules-packages-or-session

接下来,我们将实现 text_client fixture,它将为我们的 FastAPI 应用程序创建一个 HTTPX 实例。我们还必须记住用 asgi-lifespan 触发应用事件。您可以在下面的示例中看到它的样子。

chapter9_app_test.py

```
@pytest.fixture(scope = "session")
def event_loop():
    loop = asyncio.get_event_loop()
    yield loop
    loop.close()
```

https://github.com/PacktPublishing/Building-Data-Science-Applications-with-FastAPI/blob/main/chapter9/chapter9_app_ test.py

只需要三行。请注意,app 变量是我们的 FastAPI 应用程序实例,它是从 appchapter9.chapter9_app 模块中导入的。

到目前为止,还没有机会讨论 with 语法。在 Python 中,这就是所谓的上下文管理器。简单地说,对于那些在使用时需要执行设置逻辑,不使用时需要执行拆卸逻辑的对象,它是一种简单方便的语法。当您进入 with 块时,该对象自动执行设置逻辑;当您退出 with 块时,它将执行其拆卸逻辑。在 Python 文档中可以阅读更多关于上下文管理器的内容,网址如下:

https://docs.python.org/3/reference/datamodel.html # with-statement-context-managers

因为在例子中使用了 LifespanManager 和 httpx.AsyncClient 作为上下文管理器工作,所以我们只需要嵌套它们的块。LifespanManager 确保启动和关闭事件被执行,而 httpx.AsyncClient 确保 HTTP 会话准备就绪。

注意,这里我们再次使用了 yield 生成器。这很重要,因为即使我们没有更多的代码,我们也必须给上下文管理器退出的机会:在 yield 语句之后,我们隐式退出 with 块。

就这样!我们现在已经准备好了为 REST API 端点编写测试的所有装置。

这将是我们在下一节要做的。

在项目中组织测试和全局 fixture

在较大的项目中,您可能会有多个测试文件来组织测试。通常,这些文件放在项目根目录下的文件夹中。如果测试文件的前缀为 test_,则 pytest 将自动查找这些文件。图 9.1 显示了这方面的示例。

除此之外,您还需要在本节中定义 fixture,用于所有测试。pytest 允许您在名为 conftest.py 的文件中编写全局 fixture,而不是在所有测试文件中一再重复它们。将其放入测试文件夹后,它将自动导入,允许您使用在其中定义的所有 fixture。您可以在以下官方文档中阅读更多相关内容:

https://docs.pytest.org/en/latest/reference/fixtures.html # conftest-py-sharingfixtures-across-multiple-files

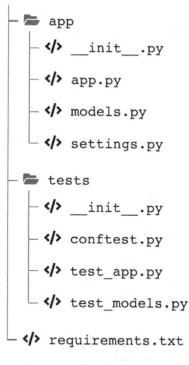

图 9.1   包含测试的项目结构

9.4   为 REST API 端点编写测试

为测试 FastAPI 应用程序所需的工具均已准备好，所有这些测试归结为执行 HTTP 请求并检查响应，以查看它是否符合我们的预期。

下面让我们从测试 hello_world 路径操作函数开始。您可以在下面的示例中看到它。

chapter9_app_test. py

```python
@pytest. mark. asyncio
async def test_hello_world(test_client: httpx. AsyncClient):
    response = await test_client.get("/")

    assert response. status_code == status. HTTP_200_OK

    json = response.json()
    assert json == {"hello": "world"}
```

https://github. com/PacktPublishing/Building-Data-Science-Applications-with-

201

FastAPI/blob/main/chapter9/chapter9_app_test.py

　　首先,请注意,测试函数被定义为 async。正如前面提到的,要使它与 pytest 一起工作,我们必须安装 pytest-asyncio。这个扩展提供了 asyncio 标记:每个异步测试都应该用这个标记来装饰以使其正常工作。

　　接下来,我们请求前面定义的 test_client fixture。它为我们提供了一个 HTTPX 客户端实例,准备向 FastAPI 应用程序发出请求。注意,我们手动输入了该 fixture。虽然不是严格要求,但如果使用像 Visual Studio Code 这样的 IDE,对您帮助极大,它会使用类型提示为您提供方便的自动补全特性。

　　然后,在测试体中执行请求。这里,它是一个对/path 的简单 GET 请求。它返回一个 HTTPX 响应对象(与 FastAPI 的响应类不同),该对象包含 HTTP 响应的所有数据:状态码、头部和主体。

　　最后,我们根据这些数据做出断言。如您所见,我们验证了状态码确实是 200。我们还检查了主体的内容,主体是一个简单的 JSON 对象。请注意,响应对象有一个名为 json 的方便方法,用于自动解析 json 内的内容。

　　太棒了! 我们编写了第一个 FastAPI 测试! 当然,您可能会遇到更复杂的测试,通常是针对 POST 端点的测试。

9.4.1　为 POST 端点编写测试

　　测试 POST 端点与我们前面看到的没有太大的不同。不同之处在于,我们可能会有更多的案例来检查数据验证是否有效。在下面的示例中,我们实现了一个 POST 端点,它接受主体中的 Person 模型。

chapter9_app_post.py

```
class Person(BaseModel):
    first_name: str
    last_name: str
    age: int


@app.post("/persons", status_code = status.HTTP_201_CREATED)
async def create_person(person: Person):
    return person
```

https://github.com/PacktPublishing/Building-Data-Science-Applications-with-FastAPI/blob/main/chapter9/chapter9_app_post.py

　　一个有趣的测试,如果请求负载中缺少某些字段,则会引发某些错误。在下面的示例中,我们编写了两个测试:一个使用无效负载,另一个使用有效负载。

chapter9_app_post_test.py

```
@pytest.mark.asyncio
```

```
class TestCreatePerson:
    async def test_invalid(self, test_client: httpx.AsyncClient):
        payload = {"first_name": "John", "last_name": "Doe"}
        response = await test_client.post("/persons", json = payload)

        assert response.status_code == status.HTTP_422_UNPROCESSABLE_ENTITY

    async def test_valid(self, test_client: httpx.AsyncClient):
        payload = {"first_name": "John", "last_name": "Doe","age": 30}
        response = await test_client.post("/persons", json = payload)

        assert response.status_code == status.HTTP_201_CREATED
        json = response.json()
        assert json == payload
```

https://github.com/PacktPublishing/Building-Data-Science-Applications-with-FastAPI/blob/main/chapter9/chapter9_app_ post_test.py

您可能注意到,有两个测试封装在一个类中。虽然在 pytest 中这不是必需的,但它可以帮助您组织测试,例如重新组合与单个端点有关的测试。注意,在本例中,我们只需用 asyncio 标记装饰类;它将自动应用于单个测试。另外,确保在每个测试中添加 self 参数:因为当前是在一个类中,所以它们成为了方法。

这些测试与我们的第一个示例没有太大区别。如您所见,HTTPX 客户机让使用 JSON 负载执行 POST 请求变得非常容易:只需向 json 参数传递一个字典即可。

当然,HTTPX 可以帮助您使用头部、查询参数等构建各种类型的 HTTP 请求。有关其用法的更多信息,可以查看官方文档,网址如下:

https://www.python-httpx.org/quickstart/

9.4.2　使用数据库进行测试

应用程序可能有一个数据库连接是用来读取和存储数据的。在其上下文中每次运行时需要使用一个新的测试数据库,以获得一组干净且可预测的数据来编写测试。

为此,我们将会使用两个方法。第一个方法是 dependency_overrides,它是 FastAPI 的一个特性,可以在运行时替换一些依赖项。例如,我们可以将返回数据库实例的依赖关系替换为另一个返回测试数据库实例的依赖关系。第二个方法是 fixture,可以帮助我们在运行测试之前在测试数据库中创建假数据。

为了展示一个工作示例,我们考虑与 6.5 节构建相同的示例。在这个示例中我们构建了 REST 端点来管理博客文章。可能您还记得,我们有一个返回数据库实例的依赖项。作为提醒,我们将在此处再次展示。

app. py

```
motor_client = AsyncIOMotorClient("mongodb://localhost:27017")
database = motor_client["chapter6_mongo"]

def get_database() ->AsyncIOMotorDatabase:
    return database
```

https://github. com/PacktPublishing/Building-Data-Science-Applications-with-FastAPI/blob/main/chapter6/mongodb/app. py

然后,路径操作函数和其他依赖项将使用此依赖项检索数据库实例。

对于测试,我们将创建一个指向另一个数据库的 AsyncIOMotorDatabase 的新实例;然后,直接在测试文件中创建一个新的依赖项,它将返回这个实例。在下例中可以看到这一点。

chapter9＿db＿test. py

```
motor_client = AsyncIOMotorClient("mongodb://localhost:27017")
database_test = motor_client["chapter9_db_test"]

def get_test_database():
    return database_test
```

https://github. com/PacktPublishing/Building-Data-Science-Applications-with-FastAPI/blob/main/chapter9/chapter9＿db＿test. py

接下来,在 test_client fixture 中,我们使用当前的 get_test_database 依赖项覆盖默认的 get_database 依赖项。下面的示例展示了如何做到这一点。

chapter9＿db＿test. py

```
@pytest. fixture
async def test_client():
    app. dependency_overrides[get_database] = get_test_database
    async with LifespanManager(app):
        async with httpx. AsyncClient(app = app, base_url = "http://app. io") as test_cli-
ent:
            yield test_client
```

https://github. com/PacktPublishing/Building-Data-Science-Applications-with-FastAPI/blob/main/chapter9/chapter9＿db＿ test. py

FastAPI 提供了一个名为 dependency_overrides 的属性,它是一个字典,用于将原始依赖函数映射为替代函数。在这里,我们直接使用 get_database 函数作为键,固定装置的其余部分不必改变。现在,无论何时将 get_database 依赖注入到应用程序代码中,

FastAPI 都会自动地将其替换为 get_test_database。因此,我们的端点现在将与测试数据库实例一起工作。

为了测试某些行为,例如检索一篇文章,在我们的测试数据库有一些基础数据的情况下,通常是很方便的。为了实现这一点,我们将创建一个新的 fixture,该 fixture 将实例化虚拟 Post DB 对象并将它们插入测试数据库。您可以在下面的示例中看到这一点。

chapter9_db_test. py

```python
@pytest. fixture(autouse = True, scope = "module")
async def initial_posts():
    initial_posts = [
        PostDB(title = "Post 1", content = "Content 1"),
        PostDB(title = "Post 2", content = "Content 2"),
        PostDB(title = "Post 3", content = "Content 3"),
    ]
    await database_test["posts"]. insert_many(
        [post. dict(by_alias = True) for post in initial_posts]
    )

    yield initial_posts

    await motor_client. drop_database("chapter9_db_test")
```

https://github. com/PacktPublishing/Building-Data-Science-Applications-with-FastAPI/blob/main/chapter9/chapter9_db_ test. py

在这里,您可以看到我们只需要向 MongoDB 数据库发出一个 insert_many 请求来创建 posts。

注意:我们使用了 fixture 装饰器的自动参数和范围参数。前者告诉 pytest 自动调用这个 fixture,即使在任何测试中都没有请求调用它。在本例中,它很方便,因为我们总是确保数据已经在数据库中创建,而不会有在测试中忘记请求它的风险。后者——范围参数,如前所述,允许我们在每个测试开始时不运行这个 fixture。有了模块值,fixture 只会在这个特定测试文件的开始创建一次对象。它帮助我们保持测试的速度,因为在本例中,在每次测试之前重新创建 post 没有意义。

再一次,我们交出了这些 post,而不是退回。此模式允许我们在测试运行后删除测试数据库。通过这样做,我们可以确保在运行测试时总是从一个新的数据库开始。

我们完成了! 我们现在可以编写测试,同时确切地知道数据库中有什么。在下面的示例中,您可以看到用于验证检索单个 post 的端点行为的测试。

chapter9_db_test. py

```python
@pytest. mark. asyncio
```

```
class TestGetPost:
    async def test_not_existing(self, test_client: httpx.AsyncClient):
        response = await test_client.get("/posts/abc")

        assert response.status_code == status.HTTP_404_NOT_FOUND

    async def test_existing(
        self, test_client: httpx.AsyncClient, initial_posts: List[PostDB]
    ):
        response = await test_client.get(f"/posts/{initial_posts[0].id}")

        assert response.status_code == status.HTTP_200_OK

        json = response.json()
        assert json["_id"] == str(initial_posts[0].id)
```

https://github.com/PacktPublishing/Building-Data-Science-Applications-with-FastAPI/blob/main/chapter9/chapter9_db_ test. py

注意:我们在第二个测试中请求 initial_posts fixture 来检索数据库中真正存在的 post 的标识符。

当然,我们也可以通过创建数据并检查端点是否正确地将数据插入数据库来测试端点。在下面的示例中您可以看到这一点。

chapter9_db_test. py

```
@pytest.mark.asyncio
class TestCreatePost:
    async def test_invalid_payload(self, test_client: httpx.AsyncClient):
        payload = {"title": "New post"}
        response = await test_client.post("/posts", json = payload)

        assert response.status_code == status.HTTP_422_UNPROCESSABLE_ENTITY

    async def test_valid_payload(self, test_client: httpx.AsyncClient):
        payload = {"title": "New post", "content": "New postcontent"}
        response = await test_client.post("/posts", json = payload)

        assert response.status_code == status.HTTP_201_CREATED

        json = response.json()
        post_id = ObjectId(json["_id"])
        post_db = await database_test["posts"].find_one({"_id":post_id})
        assert post_db is not None
```

https://github.com/PacktPublishing/Building-Data-Science-Applications-with-FastAPI/blob/main/chapter9/chapter9_db_ test.py

在第二个测试中,我们使用 database_test 实例执行一个请求,并检查是否正确插入了对象。这显示了使用异步测试的好处,即我们可以在测试中使用相同的库和工具。这就是关于 dependency_overrides 您需要知道的全部内容。

当您需要为涉及外部服务(如外部 API)的逻辑编写测试时,此功能也非常有用。您可以用另一个伪造请求的依赖项来替换它们,而不是在测试期间向这些外部服务发出真正的请求(这可能会导致出现问题或产生成本)。为了理解这一点,我们构建了另一个示例应用程序,其中包含一个用于从外部 API 检索数据的端点。

chapter9_app_external_api.py

```python
from typing import Any, Dict

import httpx
from fastapi import FastAPI, Depends

app = FastAPI()

class ExternalAPI:
    def __init__(self) ->None:
        self.client = httpx.AsyncClient(
            base_url = "https://dummy.restapiexample.com/api/v1/"
        )

    async def __call__(self) ->Dict[str, Any]:
        async with self.client as client:
            response = await client.get("employees")
            return response.json()

external_api = ExternalAPI()

@app.get("/employees")
async def external_employees(employees: Dict[str, Any] =
Depends(external_api)):
    return employees
```

https://github.com/PacktPublishing/Building-Data-Science-Applications-with-FastAPI/blob/main/chapter9/chapter9_app_external_api.py

为了调用外部 API,我们构建了一个类依赖关系,正如我们在 5.4 节中所看到的。我们使用 HTTPX 作为 HTTP 客户机向外部 API 发出请求并检索数据。这个外部 API 是一个包含虚假数据的虚拟 API,对于这样的实验非常有用,网址如下:

https://dummy.restapiexample.com/

/employees 端点简单地注入这个依赖项并直接返回外部 API 提供的数据。

当然,为了测试这个端点,我们不希望向外部 API 发出真正的请求:这可能需要时间,而且可能受到速率限制。此外,您可能想要测试不容易在真实 API 中重现的行为,例如错误。

多亏了 dependency_overrides,我们可以很容易地用另一个返回静态数据的依赖类替换 ExternalAPI 依赖类。在下面的示例中,您可以看到我们是如何实现这样一个测试的。

chapter9_app_external_api_test. py

```python
class MockExternalAPI:
    mock_data = {
        "data": [
            {
                "employee_age": 61,
                "employee_name": "Tiger Nixon",
                "employee_salary": 320800,
                "id": 1,
                "profile_image": "",
            }
        ],
        "status": "success",
        "message": "Success",
    }

    async def __call__(self) ->Dict[str, Any]:
        return MockExternalAPI.mock_data


@pytest.fixture(scope = "session")
def event_loop():
    Writing tests for REST API endpoints 285
    loop = asyncio.get_event_loop()
    yield loop
    loop.close()


@pytest.fixture
```

```
async def test_client():
    app.dependency_overrides[external_api] = MockExternalAPI()
    async with LifespanManager(app):
        async with httpx.AsyncClient(app = app, base_url = "http://
app.io") as test_client:
            yield test_client


@pytest.mark.asyncio
async def test_get_employees(test_client: httpx.AsyncClient):
    response = await test_client.get("/employees")

    assert response.status_code == status.HTTP_200_OK
    json = response.json()

    assert json == MockExternalAPI.mock_data
     return response.json()
```

https://github.com/PacktPublishing/Building-Data-Science-Applications-with-FastAPI/blob/main/chapter9/chapter9_app_ external_api_test.py

在这里,您可以看到我们编写了一个名为 MockExternalAPI 的简单类,它可以返回硬编码数据。我们所要做的就是用它覆盖原始依赖:在测试期间,外部 API 不会被调用;我们只需处理静态数据。

根据到目前为止看到的指导原则,您现在就可以在 FastAPI 应用程序中为任何 HTTP 端点编写测试了。但是,还有另一种端点的行为不同,它就是 WebSocket。下一节我们将会看到,单元测试 WebSocket 与我们为 REST 端点描述的内容也有很大不同。

9.5 为 WebSocket 端点编写测试

在第 8 章中我们解释了 WebSocket 的工作原理,以及如何在 FastAPI 中实现这些端点。您可能已经想到了,为 WebSockets 端点编写单元测试与到目前为止我们看到的非常不同。

不幸的是,我们不能重用 HTTPX,因为在写本文的时候,这个客户端还不能与 WebSockets 通信。目前,我们最好的办法是使用 Starlette 提供的默认值 TestClient。

为了显示这一点,我们需要考虑以下 WebSoCK 示例:

chapter9_websocket.py

```
from fastapi import FastAPI, WebSocket
from starlette.websockets import WebSocketDisconnect
```

```
app = FastAPI()


@app.websocket("/ws")
async def websocket_endpoint(websocket: WebSocket):
    await websocket.accept()
    try:
        while True:
            data = await websocket.receive_text()
            await websocket.send_text(f"Message text was:{data}")
    except WebSocketDisconnect:
        await websocket.close()
```

https://github.com/PacktPublishing/Building-Data-Science-Applications-with-FastAPI/blob/main/chapter9/chapter9_ websocket.py

您可能已经在第 8 章中看到过 echo 这个例子。为了测试这个端点，我们需要创建一个新的 fixture，它将为这个应用程序实例化一个测试客户机。您可以在下面的示例中回顾一下它的实现。

chapter9_websocket_test.py

```
import asyncio

import pytest
from fastapi.testclient import TestClient

from chapter9.chapter9_websocket import app

@pytest.fixture(scope = "session")
def event_loop():
    loop = asyncio.get_event_loop()
    yield loop
    loop.close()


@pytest.fixture
def websocket_client():
    with TestClient(app) as websocket_client:
        yield websocket_client
```

https://github.com/PacktPublishing/Building-Data-Science-Applications-with-FastAPI/blob/main/chapter9/chapter9_ websocket_test.py

您已看到，我们再次谨慎定义 event_loop fixture，正如我们在 9.3 节中所解释的那样。

然后,我们实现了 websocket_client fixture。该类的行为类似于上下文管理器,并简单地希望 FastAPI 应用程序测试参数。因为我们打开了一个上下文管理器,所以再次生成了该值,以确保在测试之后执行退出逻辑。请注意,不必手动处理生命周期事件,这可能与前面几节的做法相反,也就是说,TestClient 已被设计为自行触发它们。

下面让我们使用 fixture 为 WebSocket 编写一个测试。

chapter9_websocket_test. py

```
@pytest.mark.asyncio
async def test_websocket_echo(websocket_client: TestClient):
    with websocket_client.websocket_connect("/ws") aswebsocket:
        websocket.send_text("Hello")

        message = websocket.receive_text()
        assert message == "Message text was: Hello"
```

https://github.com/PacktPublishing/Building-Data-Science-Applications-with-FastAPI/blob/main/chapter9/chapter9_ websocket_test. py

首先要注意的是,即使 TestClient 是同步工作的,我们仍然使用关联的 asyncio 标记将测试定义为异步测试。同样,如果您需要在测试期间调用异步服务并限制事件循环可能遇到的问题,那么这一点就非常有用。

如您所见,测试客户端公开了一个 websocket_connect 方法,用来打开一个到 WebSocket 端点的连接。它还可以作为上下文管理器,为您提供变量。它也是一个对象,公开了几种发送或接收数据的方法。这些方法中的每一个都会被阻止,直到发送或接收到消息为止。

在这里,为了测试"echo"服务器,我们通过 send_text 方法发送了一条消息。然后,我们检索带有 receive_text 的消息,并断言它与我们所期望的能够相对应。除此之外,还存在用于直接发送和接收 JSON 数据的等效方法:send_ json 和 receive_ json。

这就是 WebSocket 测试的特殊之处:必须考虑发送和接收消息的顺序,并以编程方式实现它们,以测试 WebSocket 的行为。

到目前为止我们看到的关于测试的所有内容都是适用的,特别是,当您需要使用测试数据库时,dependency_overrides 更是适用的。

9.6　总　结

祝贺!至此,您已经做好构建经过良好测试的高质量 FastAPI 应用程序准备了。在本章中,您学习了如何使用 pytest,这是一个强大而高效的 Python 测试框架。多亏了 pytest fixture,您了解了如何为 FastAPI 应用程序创建可异步工作的可重用测试客户机。使用该客户机,您学习了如何发出 HTTP 请求以断言 REST API 的行为。最后,我们回顾了如何测试 WebSocket 端点,这是一种完全不同的思维方式。

现在,您可以构建一个可靠、高效的 FastAPI 应用程序,是时候将它推广到全世界了! 在下一章中,在学习几种部署方法之前,我们将回顾构建一个世界性的 FastAPI 应用程序所需要的的最佳实践和模式。

第 10 章　部署 FastAPI 项目

构建一个好的应用程序是必要的,如果客户能够享受其中,那就更好了。在本章中,您将了解部署 FastAPI 应用程序以及它在网络上使用的相关技术和最佳实践。首先,您将学习如何通过使用环境变量来设置所需的配置选项,以及如何借助 pip 正确地管理依赖项来组织项目,以便为部署程序做好准备。之后,您将看到三种部署应用程序的方法:使用无服务器云平台、使用 Docker 容器和使用传统 Linux 服务器。

在本章中,我们将介绍以下主题:
- 设置和使用环境变量;
- 管理 Python 依赖项;
- 在无服务器平台上部署 FastAPI 应用程序;
- 使用 Docker 部署 FastAPI 应用程序;
- 在传统服务器上部署 FastAPI 应用程序。

10.1　技术要求

在本章中,您需要一个 Python 虚拟环境,类似于在第 1 章所设置的环境。

您可以在专用的 GitHub 存储库中找到本章的所有代码示例,网址如下:

https://github.com/PacktPublishing/Building-Data-Science-Applications-with-FastAPI/tree/main/chapter10

10.2　设置和使用环境变量

在深入研究不同的部署技术之前,我们需要构建应用程序,以实现可靠、快速和安全的部署。这个过程中的一个关键问题是处理配置变量:一个数据库 URL、一个外部 API 令牌、一个调试标志等。在处理这些变量时,有必要动态地处理它们,而不是在源代码中硬编码它们。为什么?

首先,这些变量在本地环境和生产环境中可能会有所不同。通常,数据库 URL 在开发时会指向计算机上的本地数据库,但在生产中会指向适当的生产数据库。如果您想拥有其他环境,如暂存或预生产环境,则更是如此。此外,如果我们需要更改其中一个值,我们必须更改代码,提交它,然后再次部署它。因此,我们需要一种方便的机制来设置这些值。

其次,在代码中编写这些值是不安全的。数据库连接字符串或 API 标记等值非常敏感。如果它们出现在您的代码中,它们可能会被提交到您的存储库中:任何有权访问您的存储库的人都可以读取它们,这会导致明显的安全问题。

为了解决这个问题,我们通常使用环境变量。环境变量不是设置在程序本身的值,而是设置在整个系统上的值。大多数编程语言都具有从系统中读取这些变量所需的函数。您可以在 Unix 命令行中非常轻松地尝试此操作:

```
$ export MY_ENVIRONMENT_VARIABLE = "Hello" # 在系统中设置一个临时变量
$ python
>>> import os
>>> os.getenv("MY_ENVIRONMENT_VARIABLE")   # 在 Python 中得到它
'Hello'
```

在 Python 源代码中,我们可以从系统中动态获取值。在部署期间,我们只需确保在服务器上设置了正确的环境变量。通过这种方式,我们很容易更改值,而无需重新部署代码,并且在共享同样源代码的前提下,通过不同的配置实现应用的不同部署。但是,请记住,如果不注意,在环境变量中设置的敏感值仍然可能溢出,例如在日志文件或错误栈跟踪中。

为了完成这项任务,我们需要使用 Pydantic 的一个功能——设置管理。这允许我们像对待任何其他数据模型一样构造和使用配置变量。它甚至负责从环境变量中自动检索值!

在本章的其余部分,我们将使用一个应用程序,您可以在示例存储库 chapter10/project 中找到它。这是一个简单的 FastAPI 应用程序,它使用 Tortoise ORM,类似于 6.5 节中介绍的应用程序。

> **运行项目目录中的命令**
>
> 如果克隆了示例存储库,请确保运行的命令来自本章的 project 存储库。在命令行中,只需输入 cd chapter10/project 即可。

要构造设置模型,只需创建一个继承 pydantic. BaseSettings 的类。下面示例显示了具有调试标志、环境名称和数据库 URL 的配置类。

settings. py

```
from pydantic import BaseSettings

class Settings(BaseSettings):
    debug: bool = False
    environment: str
    database_url: str
```

https://github.com/PacktPublishing/Building-Data-Science-Applications-with-FastAPI/blob/main/chapter10/project/app/settings.py

如您所见,创建此类与创建标准 Pydantic 模型非常相似。我们甚至可以定义默认值,就像我们在 debug 处所做的那样。此模型的优点在于,它的工作原理与任何其他 Pydantic 模型一样:它会自动解析在环境变量中找到的值,如果您的环境中缺少一个值,则会引发错误。如此一来,您可以确保在应用程序启动时不会直接忘记任何值。要使用它,我们只需创建此类的实例,代码如下:

app.py

```
from app.settings import Settings

settings = Settings()
app = FastAPI()
```

https://github.com/PacktPublishing/Building-Data-Science-Applications-with-FastAPI/blob/main/chapter10/project/app/app.py

之后,当您需要其中一个变量时就可以使用它。在这个应用程序中,我们添加了一个启动事件处理程序,当 debug＝True 时,输出所有的设置。除此之外,由于 settings 对象已经设置了 Tortoise 数据库 URL,因此无须再设置。这一点您可以在下面的示例中看到:

app.py

```
@app.on_event("startup")
async def startup():
    if settings.debug:
        print(settings)


TORTOISE_ORM = {
    "connections": {"default": settings.database_url},
    "apps": {
        "models": {
            "models": ["chapter10.project.models"],
            "default_connection": "default",
        },
    },
}


register_tortoise(
    app,
    config = TORTOISE_ORM,
    generate_schemas = True,
```

```
    add_exception_handlers = True,
)
```

https://github.com/PacktPublishing/Building-Data-Science-Applications-with-FastAPI/blob/main/chapter10/project/app/app.py

settings 可以像 Python 代码中的任何其他对象一样被使用。如果运行此应用程序,可能会得到以下输出:

```
$ uvicorn app.app:app
pydantic.error_wrappers.ValidationError: 2 validation errors for Settings
environment
    field required (type = value_error.missing)
database_url
    field required (type = value_error.missing)
```

如前所述,如果您的环境中缺少一个值,那么 Pydantic 将会引发错误,应用程序无法启动。让我们设置这些变量,然后重新试一下:

```
$ export DEBUG = "true" ENVIRONMENT = "development" DATABASE_
URL = "sqlite://chapter10_project.db"
$ uvicorn app.app:app
INFO:  Started server process [1572]
INFO:  Waiting for application startup.
debug = True environment = 'development' database_url = 'sqlite://chapter10_project.db'
INFO:  Application startup complete.
INFO:  uvicorn.error:Application startup complete.
INFO:  Uvicorn running on http://127.0.0.1:8000 (Press CTRL + C to quit)
INFO:  uvicorn.error:Uvicorn running on http://127.0.0.1:8000(Press CTRL + C to quit)
```

应用程序启动了! 您甚至可以看到,启动事件处理程序打印了我们的设置值。请注意,在检索环境变量时,Pydantic 不区分大小写(默认情况下)。按照惯例,在系统中,环境变量通常都是大写的。

使用.env 文件

在本地开发中,手动设置环境变量有点烦琐,尤其是当您在计算机上同时处理多个项目时。为了解决这个问题,Pydantic 允许您从一个.env 文件中读取值。此文件包含一个环境变量及其关联值的简单列表。在开发过程中,使用该文件通常更容易编辑和操作。

为了实现这一点,我们需要一个新的库 python-dotenv,它的任务是解析这些.env 文件。您使用以下命令就可以像往常一样安装它:

```
$ pip install python - dotenv
```

接下来,您可以编辑 Settings 类,如以下示例所示:

```
class Settings(BaseSettings):
    debug: bool = False
    environment: str
    database_url: str


class Config:
    env_file = ".env"
```

您只需添加一个 Config 类并将 env_file 属性设置为.env 文件的路径即可。

最后,您可以在项目的根目录下创建自己的.env 文件,内容如下:

```
DEBUG = true
ENVIRONMENT = development
DATABASE_URL = sqlite://chapter10_project.db
```

就这样! 现在就可以从.env 文件中读取 settings 了。如果文件丢失,则 Settings 将按惯常从环境变量中读取它们。当然,这只是为了开发时的方便:事实上,不应该提交此文件,您应该依赖在生产中正确设置的环境变量。为了确保您不会意外提交此文件,通常建议您将其添加到.gitignore 文件中。

创建隐藏文件,如.env 文件

在 Unix 系统中,以点(例如.env)开头的文件被视为隐藏文件。如果您试图从操作系统的文件资源管理器创建它们,它可能会向您显示警告,甚至阻止您这样做。因此,从 IDE(例如 Visual Studio 代码)或使用命令行(例如使用命令touch.env)创建它们通常更方便。

太棒了! 现在,我们的应用程序支持动态配置变量,这可以很容易地在我们的部署平台上设置和更改这些变量。另一个需要注意的重要事项是依赖关系,虽然已经安装了很多依赖关系,但必须确保在部署期间它们安装正确!

10.3 管理 Python 依赖项

在本书中,我们通过 pip 安装了用于向应用程序添加一些有用功能的库——FastAPI,当然,还有 SQLAlchemy、Tortoise ORM、Pytest 等。在将项目部署到新环境(如生产服务器)时,我们必须确保安装了所有这些依赖项,以使应用程序正常工作。如果您的同事也需要参与项目,那么他们需要知道那些必须在机器上安装的依赖项。

所幸 pip 提供了一个解决方案,这样一来我们便不用将所有这些都记在脑海里。实际上,大多数 Python 项目都定义了一个 requirements.txt 文件,其中有一个包含所有 Python 依赖项的列表。它通常存在于项目的根目录中。pip 有一个特殊选项用于读取此文件并安装所有需要的依赖项。

如果您已经有了一个工作环境,比如本书开始就使用的环境,那么这时通常建议您运行以下命令:

```
$ pip freeze
aerich == 0.5.3
aiofiles == 0.7.0
aiosqlite == 0.16.1
alembic == 1.6.3
appdirs == 1.4.4
asgi-lifespan == 1.0.1
asgiref == 3.3.4
async-asgi-testclient == 1.4.6
asyncio-redis == 0.16.0
...
```

pip freeze 的结果是一个列表,当前安装在您的环境中的每个 Python 包及其相应版本都在此列表中。此列表可直接在文件 requirements. txt 中使用。

这种方法的问题在于它详细列出了每个包,包括您安装的库的子依赖项。换句话说,在这个列表中,有许多不直接使用的软件包,但是安装的软件包需要这些软件包。如果出于某种原因,您决定不再使用库,可以删除它,但很难猜测它安装了哪些子依赖项。从长远来看,您的 requirements. txt 文件将变得越来越大,而许多依赖项在您的项目中是无用的。为了解决这个问题,建议手动维护 requirements. txt 文件。但若想使用这种方法,就必须列出使用的所有库及其各自的版本。在安装过程中,pip 负责安装子依赖项,但它们永远不会出现在 requirements. txt 中。这样的话,当您删除一个依赖项时,您可以确保没有保留任何无用的包。

在下面的示例中,您可以在本章我们正在处理的项目中看到 requirements. txt 文件。

requirements. txt

```
fastapi == 0.65.2
tortoise-orm[asyncpg] == 0.17.4
uvicorn[standard] == 0.14.0
gunicorn == 20.1.0
```

https://github. com/PacktPublishing/Building-Data-Science-Applications-with-FastAPI/blob/main/chapter10/project/requirements. txt

正如您所看到的,列表实际要短得多! 现在,每当我们安装一个新的依赖项时,我们必须将它手动添加到 requirements. txt 中。

> **关于备用软件包管理器的一句话,如 Poetry、Pipenv 和 Conda**
>
> 在探索 Python 社区时,您可能会听说其他包管理器,如 Poetry、Pipenv 和 Conda。创建这些管理器是为了解决由 pip 引起的一些问题,特别是关于子依赖项管理的问题。虽然它们是非常好的工具,但许多云平台希望使用传统的 requirements.txt 文件来指定依赖项,而不是那些更现代的工具。因此,它们可能不是 FastAPI 应用程序的最佳选择。

requirements.txt 文件应与源代码一起提交。当需要在新计算机或服务器上安装依赖项时,只需运行以下命令:

```
$ pip install - r requirements.txt
```

当然,在执行此操作时,请确保您使用的是正确的虚拟环境,正如我们在第 1 章中所述。

您可能已经注意到了 requirements.txt 中的 gunicorn 依赖项。让我们看一看它是什么,以及为什么需要它。

添加 Gunicorn 作为部署的服务器进程

在第 2 章中,我们简要介绍了 WSGI 和 ASGI 协议。它们定义了用 Python 构建 web 服务器的规范和数据结构。传统的 Python Web 框架,如 Django 和 Flask,依赖于 WSGI 协议。ASGI 最近出现,被称为 WSGI 的"精神继承者",它为开发异步运行的 Web 服务器提供了协议。该协议是 FastAPI 和 Starlette 的核心。

正如我们在第 3 章中提到的,使用 Uvicorn 来运行 FastAPI 应用程序:它的作用是接受 HTTP 请求,根据 ASGI 协议进行转换,并将它们传递给 FastAPI 应用程序,后者返回符合 ASGI 的响应对象。然后,Uvicorn 可以从此对象形成适当的 HTTP 响应。

在 WSGI 世界中,使用最广泛的服务器是 Gunicorn。它在 Django 或 Flask 应用程序的上下文中具有相同的角色。那我们为什么要谈论它呢? Gunicorn 有许多改进和功能,使其在生产中比 Uvicorn 更坚固可靠。然而,Gunicorn 设计用于 WSGI 应用程序。那么,我们能做些什么呢?

实际上,我们可以两者都使用:Gunicorn 用作一个稳定的流程管理器,服务于我们的生产服务器。但是,我们将会指定一个由 Uvicorn 提供的特殊 worker 类,它允许我们运行 ASGI 应用程序,如 FastAPI。这是以下官方 Uvicorn 文档中建议的部署方式:

https://www.uvicorn.org/deployment/#using-a-process-manager

因此,我们使用以下命令(记住,将其添加到 requirements.txt 文件中)将 Gunicorn 安装到依赖项中:

```
$ pip install gunicorn
```

如果您愿意,可以通过以下命令尝试使用 Gunicorn 运行我们的 FastAPI 项目:

```
$ gunicorn - w 4 - k uvicorn.workers.UvicornWorker app.app:app
```

它的用法与 Uvicorn 非常相似,区别在于,我们告诉它去使用一个 Uvicorn worker。此外,使其与 ASGI 应用程序一起工作是必要的。另外,请注意-w 选项。它允许我们为服务器设置要启动的 worker 数量。在这里,我们将启动应用程序的四个实例。然后,Gunicorn 负责在每个 worker 之间对传入请求进行负载平衡。这就是 Gunicorn 更加稳定的原因:如果出于任何原因,您的应用程序使用同步操作阻止事件循环,那么其他 worker 将能够在发生这种情况时处理其他请求。

现在,我们已经准备好部署我们的 FastAPI 应用程序了! 在下一节中,您将学习如何在无服务器平台上部署。

10.4 在无服务器平台上部署 FastAPI 应用程序

近年来,无服务器平台得到了广泛的应用,并已成为部署 Web 应用程序的一种常见的方式。这些平台完全隐藏了设置和管理一个服务器的复杂性,为您提供了在几分钟内自动构建和部署应用程序的工具。Google App Engine、Heroku 和 Azure App Service 是最受欢迎的。尽管这些无服务器平台各有特点,但它们的工作原理都是一样的。这就是为什么在本节中我们简要介绍应该遵循的常见步骤。

通常,无服务器平台希望您以 GitHub 存储库的形式提供源代码,您可以将其直接推送到服务器上,或者由服务器自动从 GitHub 中提取源代码。在这里,我们假设您有一个 GitHub 存储库,其源代码的结构如图 10.1 所示。

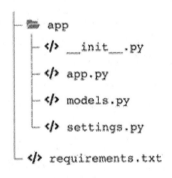

图 10.1 无服务器部署的项目结构

① 在您选择的云平台上创建账户。创建账户必须在开始工作之前完成。需要注意的是,大多数的云平台在刚开始使用时都会提供免费积分,以方便用户可以免费试用它们的服务。

② 安装必要的命令行工具。大多数的云提供商都提供完整的 CLI 来管理其服务。通常,这是部署应用程序所必需的。下面是最流行的云提供商的相关文档页面网址。

- Google Cloud：

  https://cloud. google. com/sdk/gcloud

- Microsoft Azure：

  https://docs. microsoft. com/en-us/cli/azure/install-azure-cli

- Heroku：

  https://devcenter. heroku. com/articles/heroku-cli

③ 设置应用程序配置。根据平台的不同，可以选择使用 CLI 或 Web interface 来创建配置文件。下面是最流行的云提供商的相关文档页面网址。

- Google APP Engine(配置文件)：

  https://cloud. google. com/appengine/docs/standard/python3/configuring-your-app-with-app-yaml

- Azure App Service(Web interface 和 CLI)：

  https://docs. microsoft. com/en-us/azure/app-service/quickstart-python

  https://docs. microsoft. com/en-us/azure/app-service/configure-language-python

- Heroku(配置文件)：

  https://devcenter. heroku. com/articles/getting-started-with-python#define-a-procfile

这一步的关键是正确设置启动命令。正如我们在上一节中所看到的，使用 Gunicorn 命令设置 Uvicorn worker 类以及应用程序的正确路径非常重要。

④ 设置环境变量。根据云提供商的不同，您应该在配置或部署期间执行此操作。请记住，它们是应用程序正常运行的关键。下面是最流行的云提供商的相关文档页面网址。

- Google APP Engine(配置文件)：

  https://cloud. google. com/appengine/docs/standard/python/config/appref

- Azure App Service(Web interface)：

  https://docs. microsoft. com/en-us/azure/app-service/configure-common#configure-app-settings

- Heroku(CLI 或 Web interface)：

  https://devcenter. heroku. com/articles/config-vars

⑤ 部署应用程序。某些平台在检测到托管存储库(如 GitHub)上的更改时可以自动部署。其他的平台则要求您从命令行工具启动部署。下面是最流行的云提供商的相关文档页面网址。

- Google APP Engine(CLI)：

  https://cloud. google. com/appengine/docs/standard/python3/testing-and-deploying-your-app#deploying_your_application

- Azure App Service(自动或手动部署 Git)：

  https://docs. microsoft. com/en-us/azure/app-service/deploy-continuous-deployment? tabs＝github

https：//docs. microsoft. com/en-us/azure/app-service/deploy-local-git? tabs＝cli

- Heroku(CLI)：

https：//devcenter. heroku. com/articles/gettings-started-with-python＃deploy-the-app

至此,您的应用程序现在应该可以在平台上运行了。实际上大多数云平台会在遵循您提供的配置的同时自动构建和部署 Docker 容器。它们将使您的应用程序在通用子域上可用,例如 myapplication. herokuapp. com。当然,它们还提供了将其绑定到您自己的域或子域的机制。下面是最流行的云提供商的相关文档页面网址。

- Google App Engine：

https：//cloud. google. com/appengine/docs/standard/python3/mapping-custom-domains

- Azure App Service：

https：//docs. microsoft. com/en-us/azure/app-service/manage-custom-dns-migrate-domain

- Heroku：

https：//devcenter. heroku. com/articles/custom-domains

添加数据库服务器

大多数情况下,应用程序将由数据库引擎(如 PostgreSQL)支持。幸运的是,云提供商提供了完全管理的数据库,根据您需要的计算能力、内存和存储计费。一旦创建,您将有权访问连接字符串以连接到数据库实例。然后,您所要做的就是在您的应用程序的环境变量中设置它。下面是与最流行的云提供商一起开始使用托管数据库的相关文档页面网址。

- Google Cloud SQL：

https：//cloud. google. com/sql/docs/postgres/create-instance

- Azure Database for PostgreSQL：

https：//docs. microsoft. com/en-us/azure/postgresql/quickstart-create-server-database-portal

- Amazon RDS：

https：//docs. aws. amazon. com/AmazonRDS/latest/UserGuide/CHAP_GettingStarted. html

- Heroku Postgres：

https：//devcenter. heroku. com/articles/heroku-postgresql

> **管理数据库迁移**
>
> 　在第 6 章中我们向您介绍了一些可用于管理数据库迁移的工具：Alembic 和 Aerich。在使用云数据库时，我们建议您仍然从本地计算机上运行它们，以便完全控制它们的执行方式，并检查是否一切正常。请确保设置了正确的数据库连接字符串。

　正如我们所看到的，无服务器平台是部署 FastAPI 应用程序的最快、最简单的方法。但是，在某些情况下，您可能希望对部署方式有更多的控制，或者您可能需要一些在无服务器平台上不可用的系统包。在这些情况下，使用 Docker 容器可能是更值得的。

10.5　使用 Docker 部署 FastAPI 应用程序

　Docker 是一种广泛用于集装箱化的技术。容器（Containers）是在计算机上运行的小型独立系统。每个容器包含运行单个应用程序所需的所有文件和配置：一个 web 服务器、一个数据库引擎、一个数据处理应用程序等。主要目标是能够运行这些应用程序，而不必担心在系统上安装和配置它们时经常发生的依赖项冲突和版本冲突。

　此外，Docker 容器设计为可移植和可复制：要创建 Docker 容器，您只需编写一个 Dockerfile，其中包含构建小型系统所需的所有指令，以及所需的所有文件和配置。这些指令在构建期间执行，从而生成 Docker 映像。此映像是一个包含小型系统的软件包，可以随时使用，您也可以通过 registries 轻松地在 internet 上共享映像。任何安装了 Docker 的开发人员都可以下载此映像并在系统上的容器中运行它。

　Docker 很快就被开发人员采用，是因为它大大简化了复杂开发环境的设置，允许它们拥有多个具有不同系统包版本的项目，而无须担心在本地机器上的安装。

　然而，Docker 不仅用于本地开发，它还广泛用于将应用程序部署到生产环境中。由于构建是可复制的，所以我们可以确保本地和生产环境保持不变；这在传递到生产期间，有些可能会发生的问题就受到了限制。

　本节将介绍如何为 FastAPI 应用程序编写 Dockerfile，如何构建映像，以及如何在云平台上部署映像。

10.5.1　编写 Dockerfile

　正如我们在本节导言中提到的，Dockerfile 是一组用于构建 Docker 映像的说明，它是一个自包含的系统，包含运行应用程序所需的所有组件。首先，所有 Dockerfile 都源于一个基本映像；通常，这是一个标准的 Linux 安装，如 Debian 或 Ubuntu。在此基础上，我们可以将本地计算机上的文件复制到映像（通常是我们应用程序的源代码）中，并执行 Unix 命令，例如安装软件包或执行脚本。

在我们的例子中,FastAPI 的创建者创建了一个基本 Docker 映像,其中包含运行 FastAPI 应用程序所需的所有工具! 我们所要做的就是从这个映像开始,复制源文件,并安装依赖项! 下面让我们学习如何做到这一点!

首先,需要在机器上安装一个可工作的 Docker。按官方入门教程完成此过程,网址如下:

https://docs.docker.com/get-started

要创建 Docker 映像,我们只需在项目的根目录下创建一个名为 Dockerfile 的文件。下面示例显示了当前项目中此文件的内容。

Dockerfile

```
FROM tiangolo/uvicorn-gunicorn-fastapi:python3.7

ENV APP_MODULE app.app:app

COPY requirements.txt /app

RUN pip install --upgrade pip && \
    pip install -r /app/requirements.txt

COPY . //app
```

https://github.com/PacktPublishing/Building-Data-Science-Application-with-FastAPI/blob/main/chapter10/project/Dockerfile

让我们看一看每一条指令。第一条指令 FROM,是我们派生的基本映像。在这里,我们使用由 FastAPI 的创建者创建的 uvicorn-gunicorn-fastapi 映像。Docker 映像具有标记,可用于获取映像的特定版本。在这里,我们选择了 Python 3.7。此映像具有许多变体,包括 Python 的较新版本。您可以在官方 README 中查看,网址如下:

https://github.com/tiangolo/uvicorn-gunicorn-fastapi-docker

然后,我们根据指令 ENV 设置环境变量 APP_MODULE。在 Docker 映像中,环境变量可以在构建时设置,就像我们在这里所做的那样,也可以在运行时设置。APP_MODULE 是由基础图像定义的环境变量。它应该指向您的 FastAPI 应用程序的路径,这与我们在 Uvicorn 和 Gunicorn 命令末尾设置的用于启动应用程序的参数相同。您可以在官方文档 README 中找到基本映像的所有可接受环境变量的列表。

接下来,我们有我们的第一个 COPY 声明。正如您可能猜到的,此指令将文件从本地系统复制到映像。在这里,我们只复制了 requirements.txt 文件。随后很快其解释原因。注意,我们将文件复制到了映像的/app 目录中;它是基本映像定义的主工作目录。

然后我们有一个 RUN 声明。此指令用于执行 Unix 命令。在本例中,我们按照刚才复制的 requirements.txt 文件运行 pip 来安装依赖项。这是至关重要的,可以确保我们所有 Python 依赖项都存在。

最后,我们将其余的源代码文件复制到/app 目录中。现在,让我们解释一下为什么我们要单独复制 requirements. txt。需要理解的重要一点是,Docker 图像是使用层构建的,即每个指令都会在构建系统中创建一个新层。为了提高性能,Docker 尽最大努力重用已经构建的层。因此,如果它没有检测到来自上一个构建的更改,它将重用内存中的更改,而不是重新构建它们。

通过单独复制 requirements. txt 文件并在其他源代码之前安装 Python 依赖项,我们允许 Docker 重用安装了依赖项的层。如果我们编辑源代码但不编辑 requirements. txt,那么 Docker 构建将会只执行最后一条 COPY 指令,重用前面的所有层。因此,映像将在几秒钟内构建,而不是几分钟。

大多数情况下,Dockerfile 以一条 CMD 指令结束,这应该是启动容器时要执行的命令。在本例中,我们将使用"添加 Gunicorn 作为部署的服务器进程"一节中的 Gunicorn 命令。然而,在我们的例子中,基本映像已经为我们处理了这个问题。

10.5.2 构建 Docker 映像

现在我们可以构建 Docker 映像了!从项目的根目录运行以下命令:

```
$ docker build - t fastapi - app  .
```

点(.)表示构建映像根目录上下文的路径,在本例中为当前目录。-t 选项用于标记映像并为其指定一个实用名称。Docker 随后将执行构建。您会看到它将下载基本映像并按顺序运行您的指令。这需要几分钟的时间。如果再次运行该命令,您将会体验到前面解释的关于层的内容:如果没有更改,层将被重用,构建只需几秒钟。

10.5.3 在本地运行 Docker 映像

在将其部署到生产环境之前,您可以尝试在本地运行映像。要执行此操作,请运行以下命令:

```
$ docker run - p 8000:80 - e ENVIRONMENT = production - e DATABASE_URL = sqlite://./app.
db fastapi - app
```

在这里,我们使用了刚刚构建的图像的名称 run 命令。当然,这里有几个选项:

- -p 允许您在本地计算机上发布端口。默认情况下,在本地计算机上无法访问 Docker 容器。如果您发布端口,它们将通过 localhost 提供。在容器端,FastAPI 应用程序在端口 80 上执行。我们在本地计算机的 8000 端口上发布它,就是 8000:80。
- -e 用于设置环境变量。正如在 10.2 节中提到的,我们需要这些变量来配置我们的应用程序。Docker 允许我们在运行时轻松动态地设置它们。请注意,因为测试目的,我们设置了一个简单的 SQLite 数据库。然而,在生产中,它应该指向一个合适的数据库。

- 在 Docker 官方文档中您可以查看到此命令的更多选项,网址如下:

https://docs.docker.com/engine/reference/commandline/run/#options

此命令将运行您的应用程序,您可以通过 http://localhost:8000 查看。Docker 将向您显示终端中的日志。

10.5.4　部署 Docker 映像

现在您已经有了一个可工作的 Docker 映像,您可以将其部署到几乎任何可运行 Docker 的机器上。这可以是您自己的服务器或专用平台。现在已经出现了很多无服务器平台来帮助您自动部署容器映像:Google Cloud Run、Amazon Elastic Container Service 和 Microsoft Azure Container Instances 只是其中的几个。

通常,您需要做的是将您的映像上传(用 Docker 的术语来说是推送)到注册中心。默认情况下,Docker 从 Docker Hub(Docker 官方注册中心)拉取和推送图像,但许多服务和平台都提出了自己的注册中心。通常,需要使用云平台提出的私有云注册中心将其部署在此平台上。下面是与最流行的云提供商一起开始使用私有注册的相关文档页面。

- Google Artifact Registry:
  https://cloud.google.com/artifact-registry/docs/docker/quickstart
- Amazon ECR:
  https://docs.aws.amazon.com/AmazonECR/latest/userguide/getting-star-ted-console.html
- Microsoft Azure Container Registry:
  https://docs.microsoft.com/en-us/azure/container-registry/container-regis-try-get-started-docker-cli? tabs=azure-cli

如果您按照相关说明操作,则应该有一个专用注册表来存储 Docker 映像。这些说明可能向您展示了如何使用它验证您的本地 Docker 命令行,以及如何推送第一个映像。基本上,您所要做的就是用私有注册表的路径标记您构建的图像:

```
$ docker tag fastapi-app aws_account_id.dkr.ecr.region.
amazonaws.com/fastapi-app
```

然后,您需要将其推送到注册表:

```
$ docker push fastapi-app aws_account_id.dkr.ecr.region.
amazonaws.com/fastapi-app
```

您的图像现在安全地存储在云平台注册表中。您现在可以使用它们的无服务器容器平台自动部署它。下面是与最流行的云提供商一起开始使用私有注册的相关文档页面。

- Google Cloud Run:

https://cloud. google. com/run/docs/quickstarts/build-and-deploy/python

- Amazon Elastic Container Service：

  https://docs. aws. amazon. com/AmazonECS/latest/developerguide/getting-
  started-ecs-ec2. html

- Microsoft Azure Container Instances：

  https://docs. microsoft. com/en-us/azure/container-instances/container-in-
  stances-tutorial-deploy-app

当然,您可以像完全管理的应用程序一样设置环境变量。这些环境还提供了许多选项来调整容器的可伸缩性,包括垂直(使用更强大的实例)和水平(生成更多的实例)。

一旦完成,您的应用程序就可以在网上实现! 与自动化无服务器平台相比,部署 Docker 映像的好处在于,不必局限于该平台支持的功能:您可以部署任何东西,甚至是引用大量外来软件包的复杂应用程序,而不必担心兼容性。现在,我们已经看到了部署 FastAPI 应用程序的最简单、最有效的方法。但是,您可能希望以老方式部署一个,并手动设置服务器。在下一节中,我们将提供一些这样做的指导。

10.6　在传统服务器上部署 FastAPI 应用程序

在某些情况下,您可能没有机会使用无服务器平台来部署应用程序。某些安全或管理策略可能会强制您在具有特定配置的物理服务器上部署。在这种情况下,有必要了解一些基本情况,以便您在传统服务器上部署应用程序。

在本节中,我们假设您在 Linux 服务器上工作：

① 确保您的服务器上安装了 Python 的最新版本,理想情况下,该版本与您在开发中使用的版本相匹配。最简单的方法是设置 pyenv,正如我们在第 1 章中看到的那样。

② 要检索您的源代码并使其与最新的开发保持同步,您可以在服务器上克隆 Git 存储库。这样,您只需拉动更改并重新启动服务器进程即可部署新版本。

③ 设置 Python 虚拟环境,正如我们在第 1 章中所解释的。借助 requirements. txt 文件,您可以通过 pip 安装依赖项。

④ 此时,可以运行 Gunicorn 并开始为您的 FastAPI 应用程序提供服务。但是,强烈建议进行一些改进。

⑤ 使用流程管理器,以确保服务器重新启动时您的 Gunicorn 进程会始终运行并重新启动。较好的选择是 Supervisor。Gunicorn 文档为此提供了良好的指南,网址如下：

https://docs. gunicorn. org/en/stable/deploy. html # supervisor

⑥ 建议将 Gunicorn 放在 HTTP 代理之后,而不是直接放在第一线。它的作用是处理 SSL 连接,执行负载平衡,并为静态文件(如图像或文档)提供服务。Gunicorn 文

档建议使用 Nginx 执行此任务，并提供了基本配置，网址如下：

https://docs.gunicorn.org/en/stable/deploy.html#nginx-configuration

正如您所看到的，在本文中，有很多关于服务器的配置需要调整，以及做出一些相关的决策。当然，您还应该注意安全性，并确保您的服务器受到良好的保护，免受常见的攻击。在 DigitalOcean 教程中，您将会找到一些保护服务器的指导原则，网址如下：

https://www.digitalocean.com/community/tutorials/recommended-security-measures-to-protect-your-servers

如果您不是经验丰富的系统管理员，我们建议您选择无服务器平台，让专业团队为您处理安全、系统更新和服务器可扩展性等问题，而您专注于最重要的事情：开发一个出色的应用程序！

10.7 总 结

您的应用程序现在已经在线！在本章中我们介绍了在将应用程序部署到生产环境之前要应用的最佳实践：使用环境变量设置配置选项，例如数据库 URL，并使用 requirements.txt 文件管理 Python 依赖项；然后，展示了如何将应用程序部署到一个无服务器平台，该平台通过检索源代码，将其与依赖项打包并在 Web 上提供服务来为您处理一切；接着，展示了如何使用 FastAPI 创建者创建的基本映像为 FastAPI 构建 Docker 映像。正如您所看到的，它允许您灵活地配置系统，但您仍然可以选择在几分钟内通过使用与容器兼容的无服务器平台来部署。最后，我们为您提供了一些在传统 Linux 服务器上手动部署的指南。

本书第二部分到此结束。现在，您应该有信心编写高效、可靠的 FastAPI 应用程序，并能够在 Web 上部署它们。在下一章中我们将开始一些数据科学任务，并将它们有效地集成到 FastAPI 项目中。

第三部分

使用 Python 和 FastAPI 构建
数据科学 API

本部分将介绍 Python 中用于执行数据科学相关任务的最常用库。我们将了解如何在考虑性能和可维护性的情况下，将这些工具集成到 FastAPI 后端中。

本部分包括以下各章：

第 11 章　NumPy 和 pandas 简介

近年来,Python 在数据科学领域得到了广泛的应用。其非常高效且可读的语法使该语言成为科学研究的一个非常好的选择,同时仍然适用于生产工作负载,也就是说,将研究项目部署到实际应用程序中非常容易,这将为用户带来价值。随着兴趣的增长,出现了许多专门的 Python 库。最著名的应该是 NumPy 和 pandas。它们的目标是提供一组工具,以高效的方式操作一大组数据,远远超过使用标准 Python 实际可以实现的功能,本章中将演示如何实现以及为什么可以实现。NumPy 和 pandas 是 Python 中大多数数据科学应用程序的核心,因此,了解它们是进入 Python 数据科学之旅的第一步。

在本章中,我们将介绍以下主题:

- NumPy 入门;
- 使用 NumPy 操作数组:计算、聚合、比较;
- pandas 入门。

11.1　技术要求

您需要一个 Python 虚拟环境,正如在第 1 章所设置的那样。

您可以在专用的 GitHub 存储库中找到本章的所有代码示例,网址如下:

https://github.com/PacktPublishing/Building-Data-Science-Applications-with-FastAPI/tree/main/chapter11

11.2　NumPy 入门

在第 2 章中我们指出 Python 是一种动态类型化语言。这意味着解释器在运行时自动检测变量的类型,这种类型甚至可以在整个程序中更改。例如,您可以在 Python 中执行以下操作:

```
$ python
>>> x = 1
>>> type(x)
<class 'int'>
```

```
>>> x = "hello"
>>> type(x)
<class 'str'>
```

解释器能够在每次赋值时确定 x 的类型。

在底层,Python 的标准实现——CPython,是用 C 语言编写的。C 语言是一种编译的静态类型语言。这意味着变量的性质在编译时是固定的,在执行过程中它们不能改变。因此,在 Python 实现中,变量不仅仅存在于它的值中:变量实际上是一个结构,除了它的值以外,还包含关于变量的信息以及变量的类型和大小。

由于这一点,我们可以在 Python 中非常动态地操作变量。然而,这是有代价的:代价是每个变量存储其所有元数据的内存占用比普通值要大得多。

数据结构尤其如此。比如,我们考虑一个简单的列表:

```
$ python
>>> l = [1, 2, 3, 4, 5]
```

列表中的每一项都是一个 Python 整型,所有元数据都关联在一起。在静态类型语言(如 C 语言)中,相同的列表只能是共享相同类型的内存中的一组值。

假设一组大数据,就像我们在数据科学中经常遇到的那样,将这组大数据存储在内存中的成本将是巨大的。这正是 NumPy 的目的:提供一个强大而高效的数组结构来处理大量数据。在底层上,它使用了一个固定类型的数组,这意味着结构的所有元素都是同一类型的,这使得 NumPy 可以摆脱每个元素高成本的元数据。此外,常见的算术运算,如加法或乘法,速度要快得多。在 11.3 小节中,我们将进行速度比较,以显示与标准 Python 列表的区别。

首先,我们使用以下命令安装 NumPy:

```
$ pip install numpy
```

在 Python 解释器中,我们现在可以导入库:

```
$ python
>>> import numpy as np
```

注意:按照惯例,NumPy 始终使用别名 np 导入。下面让我们来了解它的基本功能!

11.2.1 创建数组

要使用 NumPy 创建数组,只需使用 array 函数并向其传递 Python 列表:

```
>>> np.array([1, 2, 3, 4, 5])
array([1, 2, 3, 4, 5])
```

NumPy 将检测 Python 列表的性质。但是,我们可以使用 dtype 参数强制生成类型:

```
>>> np.array([1, 2, 3, 4, 5], dtype = np.float64)
array([1., 2., 3., 4., 5.])
```

所有元素都已升级到指定类型。关键是要记住 NumPy 数组是固定类型的。这意味着每个元素都具有相同的类型，NumPy 将默默地向数组类型强制转换一个值。例如，让我们考虑一个整数列表，在其中要插入一个浮点值：

```
>>> l = np.array([1, 2, 3, 4, 5])
>>> l[0] = 13.37
>>> l
array([13, 2, 3, 4, 5])
```

值 13.37 已被截断以适合整数。

如果无法将该值转换为数组类型，则会引发错误。例如，让我们尝试使用字符串更改第一个元素：

```
>>> l[0] = "a"
Traceback (most recent call last):
File "<stdin>", line 1, in <module>
ValueError: invalid literal for int() with base 10: 'a'
```

正如我们在本节导言中所说的，Python 列表对于大型数据集不是非常有效。这就是为什么使用 NumPy 函数来创建数组通常更有效的原因。最常用的方法通常如下：

- np.0，创建一个用零填充的数组；
- np.ones，创建一个填充了 1 的数组；
- np.empty，在内存中创建所需大小的空数组，而不初始化值；
- np.arange，要创建一个包含一系列元素的数组。

让我们看一看它们的作用：

```
>>> np.zeros(5)
array([0., 0., 0., 0., 0.])
>>> np.ones(5)
array([1., 1., 1., 1., 1.])
>>> np.empty(5)
array([1., 1., 1., 1., 1.])
>>> np.arange(5)
array([0, 1, 2, 3, 4])
```

注意，np.empty 的结果可能会有所不同：由于数组中的值未初始化，**因此它们采用该内存块中当前存在的任何值**。这个功能背后的支持是速度，允许您快速分配内存；但不要忘记在之后填充每个元素。

默认情况下，NumPy 使用浮点类型（float64）创建数组。同样，通过使用参数，可以强制使用另一种类型：

```
>>> np.ones(5, dtype = np.int32)
```

```
array([1, 1, 1, 1, 1], dtype = int32)
```

NumPy 提供了广泛的类型,允许您通过为数据选择正确的类型来优化程序的内存消耗。您可以在官方文档中找到 NumPy 支持的所有类型列表,网址如下:

https://NumPy.org/doc/stable/reference/arrays.scalars.html#sizedaliases

NumPy 还提出了一个函数,用于创建具有随机值的数组:

```
>>> np.random.seed(0)      #设置随机种子使示例可重复
>>> np.random.randint(10, size = 5)
```

其中,参数 10 表示是随机值的最大范围;size 参数设置表示要生成的值的数量。

到目前为止,我们展示了如何创建一维数组。然而,NumPy 的强大之处在于它本机处理多维数组!例如,让我们创建一个 3×4 矩阵:

```
>>> m = np.ones((3,4))
>>> m
array([[1., 1., 1., 1.],
       [1., 1., 1., 1.],
       [1., 1., 1., 1.]])
```

NumPy 确实创建了一个包含三行四列的数组!我们所要做的就是向 NumPy 函数传递一个元组,以指定我们的维度。当有这样一个数组时,NumPy 使我们能够访问属性以了解维度的数量以及它的形状和大小:

```
>>> m.ndim
2
>>> m.shape
(3, 4)
>>> m.size
12
```

11.2.2 访问元素和子数组

NumPy 数组严格遵循标准 Python 语法来操作列表。因此,要访问一维数组中的元素,只需执行以下操作:

```
>>> l = np.arange(5)
>>> l[2]
2
```

对于多维数组,我们只需添加另一个索引:

```
>>> np.random.seed(0)
>>> m = np.random.randint(10, size = (3,4))
>>> m
```

```
array([[5, 0, 3, 3],
       [7, 9, 3, 5],
       [2, 4, 7, 6]])
>>> m[1][2]
3
```

当然,这可以用于重新分配元素:

```
>>> m[1][2] = 42
>>> m
array([[ 5, 0, 3, 3],
       [ 7, 9, 42, 5],
       [ 2, 4, 7, 6]])
```

但这还不是全部。多亏了切片语法,我们可以通过开始和结束索引甚至一个步骤访问子数组。例如,在一维数组上,我们可以执行以下操作:

```
>>> l = np.arange(5)
>>> l
array([0,1,2,3,4])
>>> l[1:4]                 # 从索引 1(含)到索引 4(不含)
array([1,2,3])
>>> l[::2]                 # 每个秒元素
array([0,2,4])
```

这正是我们在第 2 章中看到的标准 Python 列表。当然,它也适用于多维数组,每个维度有一个切片:

```
>>> np.random.seed(0)
>>> m = np.random.randint(10, size = (3,4))
>>> m
array([[5, 0, 3, 3],
       [7, 9, 3, 5],
       [2, 4, 7, 6]])
>>> m[1:, 0:2]             # 从第 1 行到最后一行,第 0 列到第 2 列
array([[7, 9],
       [2, 4]])
>>> m[::, 3:]              # 每一行,最后一列
array([[3],
       [5],
       [6]])
```

您可以将这些子数组分配给变量。但是,出于性能原因,默认情况下 NumPy 不会复制值:它只是一个**视图**(或浅层副本),是现有数据的表示形式。记住这一点很重要,因为如果更改视图上的值,也会更改原始数组上的值。如以下示例所示:

```
>>> v = m[::, 3:]
>>> v[0][0] = 42
>>> v
array([[42],
       [ 5],
       [ 6]])
>>> m
array([[5, 0, 3, 42],
       [7, 9, 3, 5],
       [2, 4, 7, 6]])
```

如果需要深度复制值，只需在数组上使用 copy 方法。如以下示例所示：

```
>>> v = m[::,3:].copy()
```

此处，v 是一个单独副本，对其值的更改不会影响 m 中的值。

现在，您已经掌握了使用 NumPy 处理数组的基本知识。正如我们所看到的，语法与标准 Python 非常相似。使用 NumPy 时须记住以下要点：

- NumPy 数组是固定类型的，这意味着数组中的每一项都是相同类型的。
- NumPy 本地处理多维数组，并允许我们使用标准切片表示法对其进行子集划分。

当然，NumPy 可以做的远不止这些：事实上，它能以非常高效的方式将公共计算应用于这些数组。

11.3 使用 NumPy 操作数组：计算、聚合、比较

正如我们所说的，NumPy 的全部功能是以优异的性能和可控的内存消耗操纵大型数组。比如，我们要计算一个大数组中每个元素的双精度。在下面的示例中，您可以通过标准 Python 循环看到此类函数的实现。

chapter11_compare_operations. py

```python
import numpt as np

np. random. seed( 0 )                      # 设置随机种子使示例可重复

m = np. random. randint(10, size = 1000000)   # 包含 100 万个元素的数组

def standard_double(array):
    output = np. empty(array. size)
    for i in range(array. size):
        output[i] = array[i] * 2
```

```
return output
```

https://github. com/PacktPublishing/Building-Data-Science-Applications-with-FastAPI/blob/main/chapter11/chapter11_compare_operations. py

我们用 100 万个随机整数实例化一个数组,然后,让我们的函数用每个元素的 2 倍构建一个数组。基本上,我们首先实例化一个相同大小的空数组,然后在每个元素上循环设置 double。

让我们衡量一下这个函数的性能。在 Python 中,有一个标准模块 timeit 专门用于此目的。我们可以直接从命令行使用它,并传入我们想要度量性能的有效 Python 语句。以下命令将使用我们的大数组测量 standard_double 的性能:

```
$ python − m timeit "from chapter11.chapter11_compare_operations
import m, standard double; standard_double(m)"
1 loop, best of 5: 315 msec per loop
```

结果将会因机器而异,但大小应相等。timeit 所做的是将代码重复一定次数,并测量其执行时间。在这里,我们的函数花了大约 300 ms 来计算数组中每个元素的 double。在计算机上进行如此简单的计算,这并不令人意外。

让我们将其与使用 NumPy 语法的等效操作进行比较。您可以在下面的示例中看到这一点。

Chapter11_compare_operations. py

```
def numpy_double(array):
    return array * 2
```

https://github. com/PacktPublishing/Building-Data-Science-Applications-with-FastAPI/blob/main/chapter11/chapter11_compare_operations. py

显然,代码要短得多! NumPy 可以实现基本的算术运算,并将它们应用于数组的每个元素。数组直接乘以一个值,就是隐式地告诉 NumPy 将每个元素乘以该值。让我们用 timeit 来衡量绩效,如下例所示:

```
$ python − m timeit "from chapter11.chapter11_compare_operations
import m, numpy double; numpy double(m)"
500 loops, best of 5: 667 usec per loop
```

在这里,最好的循环在 600 μs 内完成了计算! 这比以前的函数快了近千倍! 我们如何解释这种变化? 在标准循环中,Python 由于其动态特性,必须在每次迭代时检查值的类型,以便为该类型应用正确的函数,这会增加大量开销。在 NumPy 中,操作被推迟到一个优化和编译的循环中,在这个循环中,类型是提前知道的,因此节省了大量无用的检查。

在这里,我们再次看到在处理大型数据集时 NumPy 数组优于标准列表的好处:它以本机方式实现操作,以帮助您快速进行计算。

11.3.1　数组的加法和乘法

正如您在上一个示例中看到的，NumPy 支持算术运算符对数组进行操作。

这意味着，您可以直接在相同尺寸的两个数组上操作，如以下示例所示：

```
>>> np.array([1, 2, 3]) + np.array([4, 5, 6])
array([5, 7, 9])
```

在这种情况下，NumPy 将按顺序应用操作元素。但在某些情况下，如果其中一个操作数的形状不同，它也会起作用，如下例所示：

```
>>> np.array([1, 2, 3]) * 2
array([2, 4, 6])
```

NumPy 自动理解为它应该将每个元素乘以 2，这称为广播，即 NumPy"扩展"较小的数组以匹配较大数组的形状。下例与上例等效：

```
>>> np.array([1, 2, 3]) * np.array([2, 2, 2])
array([2, 4, 6])
```

注意，即使这两个示例在概念上是等效的，但第一个示例的内存效率和计算效率更高：NumPy 足够聪明，可以只使用一个值"2"，而不必创建完整的"2"数组。

更一般地说，如果数组的最右边维度大小相同，或者其中一个维度为 1，则广播工作。例如，我们可以将维度为 4×3 的数组添加到维度为 1×3 的数组中，如以下示例所示：

```
>>> a1 = np.ones((4, 3))
>>> a1
array([[1., 1., 1.],
       [1., 1., 1.],
       [1., 1., 1.],
       [1., 1., 1.]])
>>> a2 = np.ones((1, 3))
>>> a2
array([[1., 1., 1.]])
>>> a1 + a2
array([[2., 2., 2.],
       [2., 2., 2.],
       [2., 2., 2.],
       [2., 2., 2.]])
```

但是，无法将尺寸为 4×3 的数组添加到尺寸为 1×4 的数组中，如以下示例所示：

```
>>> a3 = np.ones((1, 4))
>>> a3
array([[1., 1., 1., 1.]])
```

```
>>> a1 + a3
Traceback (most recent call last):
    File "<stdin>", line 1, in <module>
ValueError: operands could not be broadcast together withshape (4,3)(1,4)
```

这听起来比较复杂和混乱,但却是正常的;从概念上理解它需要时间,特别是在三维或更多维度上。有关其概念的解释,详见官方文档中的相关文章,网址如下:

https://numpy.org/doc/stable/user/theory.broadcasting.html

11.3.2 聚合数组:总和、最小值、最大值、平均值等

使用数组时,通常需要汇总数据以提取一些有意义的统计信息:平均值、最小值、最大值等。幸运的是,NumPy 本身也提供这些操作。它们作为方法提供,非常简单,您可以直接从数组调用,如以下示例所示:

```
>>> np.arange(10).mean()
4.5
>>> np.ones((4,4)).sum()
16.0
```

您可以在官方文档中找到聚合操作的完整列表,网址如下:

https://numpy.org/doc/stable/reference/arrays.ndarray.html#calculation

默认情况下,这些操作将聚合数组中的每个值。但是,对于多维数组,可以按轴应用它们,如以下示例所示:

```
>>> m = np.array(
      [[6, 5, 1, 1],
       [8, 9, 3, 2],
       [9, 3, 8, 5],
       [1, 0, 1, 9]]
)
>>> m.sum(axis = 0)              #行轴上的和(第一个维度)
array([24,17,13,17])
>>> m.sum(axis = 1)              #列轴上的和(第二个维度)
array([13,22,25,11])
```

11.3.3 数组比较

NumPy 还实现了用于比较数组的标准比较运算符。正如 11.3.1 小节中看到的算术运算符一样,广播规则也适用。这意味着,您可以将数组与单个值进行比较,如以下示例所示:

```
>>> l = np.array([1, 2, 3, 4])
```

```
>>> l < 3
array([ True, True, False, False])
```

您还可以将数组与数组进行比较，因为它们在广播规则的基础上是兼容的，如以下示例所示：

```
>>> m = np.array(
    [[1., 5., 9., 13.],
     [2., 6., 10., 14.],
     [3., 7., 11., 15.],
     [4., 8., 12., 16.]]
)
>>> m <= np.array([1, 5, 9, 13])
array([[ True, True, True, True],
       [False, False, False, False],
       [False, False, False, False],
       [False, False, False, False]])
```

结果数组中填充每个元素的布尔比较结果。这就是对 NumPy 的快速介绍。此库还有很多内容需要了解和发现，因此我们强烈建议您阅读官方用户指南，网址如下：

https://numpy.org/doc/stable/user/index.html

对于本书的其余部分，这应该足以让您理解后面的示例。

现在让我们来看看一个经常被引用并与 NumPy 一起使用的库——pandas。

11.4 pandas 入门

在上一节中，我们介绍了 NumPy 及其高效存储和处理大量数据的能力。现在我们将介绍另一个在数据科学中广泛使用的库：pandas。该库构建在 NumPy 之上，以提供方便的数据结构，能够高效地存储带有标记行和列的大型数据集。当然，这在处理大多数表示真实世界数据的数据集时尤其方便，我们希望在数据科学项目中分析和使用这些数据集。

首先，我们使用以下常用命令安装库：

```
$ pip install pandas
```

完成后，我们开始在 Python 解释器中使用它：

```
$ python
>>> import pandas as pd
```

就像我们将 numpy 别名为 np，惯例上在导入时将 pandas 别名为 pd。

11.4.1 使用 pandas Series 获取一维数据

我们将介绍的第一个数据结构是 Series。此数据结构的行为非常类似于 NumPy

中的一维数组。要创建一个 Series，我们只需使用值列表对其进行初始化，如以下示例所示：

```
>>> s = pd.Series([1, 2, 3, 4, 5])
>>> s
0    1
1    2
2    3
3    4
4    5
dtype: int64
```

在底层，pandas 创造了一个 NumPy 数组。因此，它使用相同的数据类型来存储数据。您可以通过访问 Serise 对象 values 的属性并检查其类型来验证这一点，如以下示例所示：

```
>>> type(s.values)
<class 'numpy.ndarray'>
```

索引和切片的工作方式与 NumPy 完全相同，如以下示例所示：

```
>>> s[0]
1
>>> s[1:3]
1    2
2    3
dtype: int64
```

到目前为止，这与常规 NumPy 数组没有太大区别。正如我们所说，pandas 的主要目的是给数据贴上标签。为了实现这一点，pandas 数据结构维护了一个索引，以允许此数据标记。可通过 index 属性访问，如以下示例所示：

```
>>> s.index
RangeIndex(start = 0, stop = 5, step = 1)
```

在这里，我们有一个简单的范围整数索引，但实际上，我们可以有任意索引。在下例中，我们创建相同的序列，用字母标记每个值。

```
>>> s = pd.Series([1, 2, 3, 4, 5], index = ["a", "b", "c", "d","e"])
>>> s
a    1
b    2
c    3
d    4
```

Series 初始值设定项上的 index 参数允许我们设置标签列表。现在，我们可以使用这些标签访问值，如以下示例所示：

```
>>> s["c"]
3
```

令人惊讶的是,即使是切片表示法也适用于这些类型的标签,如以下示例所示:

```
>>> s["b":"d"]
b    2
c    3
d    4
dtype: int64
```

在底层,pandas 保持索引的顺序,以允许使用这些有用的符号。但是请注意,使用此表示法时,**最后一个索引是包含的**(d 包含在结果中)。这与标准索引表示法不同,标准索引表示法中最后一个索引是排除在外的,如以下示例所示:

```
>>> s[1:3]
b    2
c    3
dtype: int64
```

为了避免这两种样式之间的混淆,pandas 公开了两种特殊的符号,以明确指示要使用的索引样式:loc(包含最后一个索引的标签符号)和 iloc(标准索引符号)。您可以在以下官方文档中了解更多信息:

https://pandas.pydata.org/docs/user_ guide/index.html # different-choices-indexing

Series 也可以直接从字典实例化,如以下示例所示:

```
>>> s = pd.Series({"a": 1, "b": 2, "c": 3, "d": 4, "e": 5}) >>> s
a    1
b    2
c    3
d    4
e    5
dtype: int64
```

在本例中,字典的键用作标签。

当然,在实际使用时,您可能需要处理二维(或更多!)数据集。这正是 DataFrames 的用途!

11.4.2　使用 pandas DataFrame 获取多维数据

大多数情况下,数据集由二维数据组成,其中每行有几列,就像在经典的电子表格应用程序中一样。在 pandas 中,DataFrame 设计用于处理此类数据。至于 Series,它可以处理由行和列标记的大量数据。

下例将使用一个小数据集,表示 2018 年法国博物馆交付的门票数量(付费和免费)。让我们考虑一下,我们需要两个字典的数据:

```
>>> paid = {"Louvre Museum": 5988065, "Orsay Museum": 1850092,"Pompidou Centre":
2620481, "National Natural History Museum":404497}
>>> free = {"Louvre Museum": 4117897, "Orsay Museum": 1436132,"Pompidou Centre":
1070337, "National Natural History Museum":344572}
```

这些字典中的每个键都是一行的标签。我们可以直接从这两个字典构建一个 DataFrame,如以下示例所示:

```
>>> museums = pd.DataFrame({"paid": paid, "free": free})
>>> museums
```

	paid	free
Louvre Museum	5988065	4117897
Orsay Museum	1850092	1436132
Pompidou Centre	2620481	1070337
National Natural History Museum	404497	344572

DataFrame 初始值设定项接受字典的字典,其中键表示列的标签。

我们可以查看 index 属性、存储行索引和列属性、存储列索引,如以下示例所示:

```
>>> museums.index
Index(['Louvre Museum', 'Orsay Museum', 'Pompidou Centre',
    'National Natural History Museum'],
    dtype = 'object')
>>> museums.columns
Index(['paid', 'free'], dtype = 'object')
```

同样,我们现在可以使用索引和切片表示法来获取列或行的子集,如以下示例所示:

```
>>> museums["free"]
Louvre Museum 4117897
Orsay Museum 1436132
Pompidou Centre 1070337
National Natural History Museum 344572
Name: free, dtype: int64
>>> museums["Louvre Museum":"Orsay Museum"]
```

	paid	free
Louvre Museum	5988065	4117897
Orsay Museum	1850092	1436132

```
>>> museums["Louvre Museum":"Orsay Museum"]["paid"]
```

	paid
Louvre Museum	5988065
Orsay Museum	1850092

```
Name: paid, dtype: int64
```

更强的是,您可以在括号内写一个布尔条件来匹配一些数据。此操作称为**掩蔽**,如以下示例所示:

```
>>> museums[museums["paid"] > 2000000]
                      paid          free
Louvre Museum      5988065       4117897
Pompidou Centre    2620481       1070337
```

最后,您可以使用相同的索引符号轻松设置新列,如以下示例所示:

```
>>> museums["total"] = museums["paid"] + museums["free"]
>>> museums
                                  paid        free        total
Louvre Museum                  5988065     4117897     10105962
Orsay Museum                   1850092     1436132      3286224
Pompidou Centre                2620481     1070337      3690818
National Natural History Museum 404497      344572       749069
```

正如您所看到的,就像 NumPy 数组一样,pandas 完全支持两个系列或 DataFrame 上的算术运算。

当然,支持所有基本聚合操作,包括 mean 和 sum,如以下示例所示:

```
>>> museums["total"].sum()
17832073
>>> museums["total"].mean()
4458018.25
```

您可以在以下官方文档中找到完整的操作列表:

https://pandas.pydata.org/pandas-docs/stable/user_guide/basics.html#descriptive-statistics。

11.4.3　导入和导出 CSV 数据

共享数据集的一种常见的方式是通过 CSV 文件。这种格式非常方便,因为它只包含一个简单的文本文件,每行代表一行数据,每列用逗号分隔。我们的简单 Museum 数据集在示例存储库中作为 CSV 文件提供,您可以在下面的示例中看到。

museums.csv

```
name,paid,free
Louvre Museum,5988065,4117897
Orsay Museum,1850092,1436132
Pompidou Centre,2620481,1070337
National Natural History Museum,404497,344572
```

https://github.com/PacktPublishing/Building-Data-Science-Applications-with-

FastAPI/blob/main/chapter11/museums.csv

导入 CSV 文件比较常见，pandas 提供了将 CSV 文件直接加载到 DataFrames 的函数，如以下示例所示：

```
>>> museums = pd.read_csv("./chapter11/museums.csv", index_col = 0)
>>> museums
                                    paid        free
name
Louvre Museum                    5988065     4117897
Orsay Museum                     1850092     1436132
Pompidou Centre                  2620481     1070337
National Natural History Museum   404497      344572
```

函数只需要 CSV 文件的路径。有几个参数可用于精细控制操作，这里，我们用 index_col 指定列的索引，该索引用作行标签。您可以在以下官方文档中找到完整的参数列表：

https://pandas.pydata.org/pandas-docs/stable/reference/api/pandas.read_csv.html

当然，从 DataFrame 导出 CSV 文件时存在相反的操作：

```
>>> museums["total"] = museums["paid"] + museums["free"]
>>> museums.to_csv("museums_with_total.csv")
```

对 pandas 的快速介绍到此结束。当然，我们只讨论了冰山一角，您可以通过以下官方文档了解更多用户指南信息：

https://pandas.pydata.org/pandas-docs/stable/user_guide/index.html

不过，您现在应该能够在大型数据集上执行基本操作和高效操作了。

11.5 总　结

太棒了！您现在已经掌握了 Numpy 和 pandas 的来龙去脉。总的来说，这些库是 Python 中数据科学家的基本工具。通过依赖优化和编译代码，它们允许您在不牺牲性能的情况下加载和操作 Python 中的大型数据集。为了实现这一点，它们定义了固定类型的数据结构，这意味着数据集中的每个值都应该是相同的类型。这就是实现高效内存消耗和快速计算的原因。

尽管这些基础知识应该足以让您开始学习，但我们建议您花一些时间阅读官方用户指南，并做稍微的修改，以了解其所有方面。

正如我们所说，NumPy 和 pandas 是 Python 中大多数数据科学应用程序的核心。在下一章中，我们将会看到，它们如何帮助我们完成机器学习任务，以及著名的机器学习库 scikit-learn。

第 12 章　使用 scikit-learn 训练机器学习模型

正如我们在第 11 章导言中提到的，Python 在数据科学领域已经得到普及。我们已经看到，NumPy 和 pandas 等库已经出现，能够在 Python 中高效地处理大型数据集。这些库是那些专门用于机器学习（ML）的库的基础，如著名的 scikit-learn 学习库，一个完整的工具集，用于实现那些数据科学家每天使用的大部分算法和技术。在本章中，我们将快速介绍 ML，它是关于什么的，它试图解决什么，以及如何解决。然后，我们将学习如何使用 scikit-learn 来训练和测试 ML 模型。我们还将更深入地了解两个经典的 ML 模型——朴素贝叶斯模型和支持向量机，如果正确使用，这两个模型的性能都会好得出乎意料。

在本章中，我们将介绍以下主题：

- 什么是机器学习？
- scikit-learn 的基础知识；
- 使用朴素贝叶斯模型对数据进行分类；
- 使用支持向量机对数据进行分类。

12.1　技术要求

您需要一个 Python 虚拟环境，类似于在第 1 章所设置的环境。

您可以在专用 GitHub 存储库中找到本章的所有代码示例，网址如下：

https://github.com/PacktPublishing/Building-DataScience-Applications-with-FastAPI/tree/main/chapter12

12.2　什么是机器学习

ML 通常被视为人工智能的一个子领域。虽然其分类具有争议，但近年来，由于其广泛而可见的应用领域，如垃圾邮件过滤器、自然语言处理和自动驾驶，已经有了大量的报道。

ML 是根据现有数据建立数学模型的一个领域，以便机器能够自己理解这些数据。机器在某种意义上是"学习"的，开发人员不必编写一个分步算法来解决问题，这对于复杂的任务来说是不可能的。一旦一个模型已经在现有数据上"训练"，它就可以用来预测新的数据或理解新的观察结果。

以垃圾邮件过滤器为例,如果有一个足够大的电子邮件的集合标记为"垃圾邮件"或"非垃圾邮件",我们就可以使用 ML 技术来建立一个模型,该模型可以告诉我们一个新来的电子邮件是否为垃圾邮件。

在使用 scikit-learn 了解这一点之前,我们先回顾一下 ML 的最基本概念。

12.2.1 监督学习与无监督学习

ML 技术可以分为两大类:监督学习和无监督学习。

通过监督学习,现有数据集已经被标记,这意味着我们既有输入(观察的特征),即特征,也有输出。仍以垃圾邮件过滤器为例,特征可以是每个词的频率,标签可以是类别,即"垃圾邮件"或"非垃圾邮件"。有监督学习分为两组:

- **分类问题**,使用有限的类别集对数据进行分类,例如垃圾邮件过滤器。
- **回归问题**,预测连续数值,例如,给定一周中的某一天、天气和地点,去预测租用的电动踏板车的数量。

另一方面,无监督学习只对数据进行操作,而不涉及任何标签的修改。这里的目的是从特性本身中发现有趣的模式。无监督学习试图解决以下两个主要问题:

- **群集**,试图找到类似的数据点来组成组。例如,推荐系统,可以根据与您相似的其他人的喜好,推荐您可能喜欢的产品。
- **降维**,目的是找到包含许多不同功能的数据集的一种更紧凑的表示形式。这样做有助于我们在处理较小的数据集维度时,只保留最有意义和最有区别性的特征。

12.2.2 模型验证

ML 的一个关键方面是评估您的模型是否运行良好。比如,如何说明您的模型在新观测到的数据上表现良好?在构建模型时,如何判断一种算法的性能是否优于另一种算法?所有这些问题都可以而且应该用模型验证技术来回答。

正如前面所说,ML 方法从一组现有的数据开始,我们将使用这些数据来训练模型。

简单地说,就是希望使用所有的数据来训练模型。一旦完成,若要测试它我们该怎么做?我们可以将模型应用于相同的数据,看输出是否正确,然后我们会得到一个令人惊讶的好结果!在这里,我们用训练模型的同一组数据来测试模型。显然,该模型在这些数据上的表现会过于好,因为它见过这些数据。正如您所想,这不是衡量模型准确性的可靠方法。

验证模型的正确方法是将数据分成两部分:一部分用于训练数据,另一部分用于测试数据。这就是所说的holdout set(留出集)。这种方可以用测试模型测试以前从未见过的数据,并将模型预测的结果与实际值进行比较。这样一来,我们所测量的精度更为合理。

这项技术效果很好,然而,却带来了一个问题:因为保留一些数据,我们丢失了本可以帮助我们构建更好模型的宝贵信息。如果我们的初始数据集很小,这一点将更加明显。为了解决这个问题,我们可以使用cross-validation(交叉验证)。此方法是将数据分为两组,需要将对模型进行两次训练,使每个数据集分别作为训练集和测试集。您可以在图 12.1 中看到此操作的示意。

图 12.1　双重交叉验证

操作结束后,我们获得了两个精度,这让我们更好地了解了模型在整个数据集上的表现。此技术有助于我们使用较小的测试集执行更多试验,如图 12.2 所示。

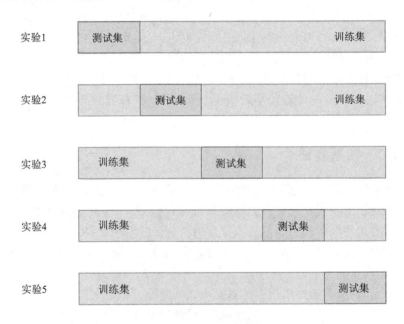

图 12.2　五重交叉验证

关于 ML 的快速介绍到此结束。我们仅仅触及了 ML 的表面知识,ML 是一个巨大而复杂的领域,有很多专门介绍这个主题的书籍。不过,这些信息应该足以帮助您理解 scikit-learn 的基本概念,我们将在本章的其余部分介绍这些概念。

12.3　scikit-learn 的基础知识

现在,让我们关注 scikit-learn——Python 的一个基本 ML 库。它实现了几十个经典的 ML 模型,但在训练过程中,也需要大量工具来辅助,例如预处理方法和交叉验证。

首先,必须在 Python 环境中安装它:

```
$ pip install scikit-learn
```

接下来就可以开始 scikit-learn 之旅了!

12.3.1　训练模型和预测

在 scikit-learn 中,ML 模型和算法被称为估计器。每一个都是实现相同方法的 Python 类。特别地,我们有 fit(用于训练模型)和 predict(用于在新数据上运行训练模型)。

要尝试此操作,我们需要加载一个示例数据集。scikit-learn 附带了一些对执行实验非常有用的玩具数据集。您可以在以下官方文档中找到关于它们的更多信息:

https://scikit-learn.org/stable/datasets.html

这里,我们使用 digits 数据集,这是一组表示手写数字的像素矩阵。正如您所想,这个数据集的目标是训练一个模型来自动识别手写的数字。下面的示例显示了如何加载此数据集。

chapter12_load_digits.py

```python
from sklearn.datasets import load_digits

digits = load_digits()

data = digits.data
targets = digits.target

print(data[0].reshape((8, 8)))      # 第一个 8×8 手写数字矩阵
print(targets[0])                   # 第一个手写数字标签
```

https://github.com/PacktPublishing/Building-Data-Science-Applications-with-FastAPI/blob/main/chapter12/chapter12_load_digits.py

请注意,玩具数据集的函数是从 scikit-learn 的 datasets 包中导入的。load_digits 函数返回一个包含数据和一些元数据的对象。

该对象最有趣的部分是 data(它包含手写数字像素矩阵)和 targets(这些数字的相应标签)。两者都是 NumPy 阵列。

为了弄清楚这是什么样子,我们将取数据中的第一个数字,并将其重塑为一个 8×8 的矩阵;这是源图像的大小。每个值表示灰度上的一个像素,值域为 0~16。

然后,我们打印第一个数字的标签,它是 0。如果运行此代码,那么可获得以下输出:

```
$ python chapter12/chapter12_load_digits.py
[[ 0. 0. 5. 13. 9. 1. 0. 0.]
 [ 0. 0. 13. 15. 10. 15. 5. 0.]
 [ 0. 3. 15. 2. 0. 11. 8. 0.]
 [ 0. 4. 12. 0. 0. 8. 8. 0.]
 [ 0. 5. 8. 0. 0. 9. 8. 0.]
 [ 0. 4. 11. 0. 1. 12. 7. 0.]
 [ 0. 2. 14. 5. 10. 12. 0. 0.]
 [ 0. 0. 6. 13. 10. 0. 0. 0.]]
0
```

我们可以从矩阵中猜出零的形状。

接下来,让我们尝试建立一个识别手写数字的模型。为了简单起见,我们将使用高斯朴素贝叶斯模型,我们将在 12.4 节中详细介绍该模型。下面的示例显示了整个过程。

chapter12_fit_predict. py

```python
from sklearn.datasets import load_digits
from sklearn.metrics import accuracy_score
from sklearn.model_selection import train_test_split
from sklearn.naive_bayes import GaussianNB


digits = load_digits()

data = digits.data
targets = digits.target

# 划分训练集和测试集
training_data, testing_data, training_targets, testing_targets = train_test_split(
    data, targets, random_state=0
)

# 训练模型
model = GaussianNB()
model.fit(training_data, training_targets)
```

```
# 在测试集上运行预测
predicted_targets = model.predict(testing_data)

# 计算准确度
accuracy = accuracy_score(testing_targets, predicted_targets)
print(accuracy)
```

https://github.com/PacktPublishing/Building-Data-Science-Applications-with-FastAPI/blob/main/chapter12/chapter12_fit_predict.py

现在我们已经加载了数据集,可以看到它负责将数据集拆分为一个训练集和一个测试集。正如我们在 12.2.2 小节中提到的,这对于计算有意义的准确度分数以检查我们的模型执行情况是至关重要的。

为此,我们可以依赖 model_selection 包中提供的 train_test_split 函数。它从我们的数据集中选择随机实例来形成两个集合。默认情况下,它保留 25% 的数据用来创建测试集,但这个比例可以自定义。random_state 参数允许我们设置随机种子,以使示例可复制。您可以在官方网站上了解有关此功能的更多信息,网址如下:

https://scikit-learn.org/stable/modules/generated/sklearn.model_selection.train_test_split.html#sklearn-model-selection-train-test-split

然后,我们必须实例化 GaussianNB 类。这个类是在 scikit-learn 中实现的众多 ML 估计器之一。每个估计器都有自己的一组参数,用于微调算法的行为。然而,scikit-learn 旨在为所有估计器提供合理的默认值,因此在调整它们之前,通常最好先从默认值开始。

之后,我们必须调用 fit 方法来训练我们的模型。模型需要一个参数和两个数组:第一个是实际数据及其所有特性,第二个是相应的标签。就这样! 您已经训练了您的第一个 ML 模型!

现在,让我们看一看它的行为:我们将在测试集上使用 predict 调用我们的模型,以便它自动对测试集的数字进行分类。其结果是一个带有预测标签的新数组。

我们现在要做的就是将它与测试集的实际标签进行比较。scikit-learn 通过 metrics 包中提供的 accuracy_score 函数来实现。第一个参数是真标签,而第二个参数是预测标签。

如果运行这段代码,准确率将会达到 83%。这对于第一种方法来说,还不算太坏! 正如您所看到的,使用 scikit-learn,在 ML 模型上进行训练和运行预测非常简单。

在实践中,我们通常需要在将数据输入估计器之前对数据执行预处理步骤。scikit-learn 提出了一个方便的功能,可以自动执行此过程,而不是手动顺序执行此操作——pipeline。

12.3.2　使用 pipeline 链接预处理器和估计器

通常,需要对数据进行预处理,以便估计器可以使用这些数据。通常,需要将图像转换为像素值数组，或者，如下面示例中所看到的，将原始文本转换为数值，以便我们可以对其应用一些数学方法。

scikit-learn 提出了一种可以自动链接预处理器和估计器的功能——pipeline，而不是手工编写这些步骤。一旦创建，它们将公开与任何其他估计器完全相同的接口，允许您在一个操作中进行训练和预测。

为了向您展示这是什么样子的，我们看一看另一个经典数据集的示例，即 20 个新闻组文本数据集。它由 18 000 篇新闻组文章组成，分为 20 个主题。此数据集的目标是构建一个模型，该模型可以自动对其中一个主题中的文章进行分类。

下面的示例显示了如何通过 fetch_20newsgroups 函数加载此数据。

chapter12_pipelines. py

```python
import pandas as pd
from sklearn.datasets import fetch_20newsgroups
from sklearn.feature_extraction.text import TfidfVectorizer
from sklearn.metrics import accuracy_score, confusion_matrix
from sklearn.naive_bayes import MultinomialNB
from sklearn.pipeline import make_pipeline

# 加载新闻组数据集的一些类别
categories = [
    "soc.religion.christian",
    "talk.religion.misc",
    "comp.sys.mac.hardware",
    "sci.crypt",
]
newsgroups_training = fetch_20newsgroups(
    subset = "train", categories = categories, random_state = 0
)
newsgroups_testing = fetch_20newsgroups(
    subset = "test", categories = categories, random_state = 0
)
```

https://github.com/PacktPublishing/Building-Data-Science-Applications-with-FastAPI/blob/main/chapter12/chapter12_pipelines.py

由于数据集相当大，所以我们只能加载一些类别。在这里，我们只使用四个类别。另外，请注意，它已经被划分为训练集和测试集，所以我们只需要用相应的参数加载它们。您可以在以下官方文档中找到有关此数据集功能的更多信息：

https://scikitlearn.org/stable/datasets/real_world.html#the-20-newsgroup-text-dataset

在继续之前，了解源数据是什么这一点很重要。实际上，这是一篇文章的原始文本，通过打印数据中的一个样本可以检查这一点：

```python
>>> newsgroups_training.data[0]
```

```
"From：sandvik@newton. apple. com (Kent Sandvik)\nSubject：
Re：Ignorance is BLISS, was Is it good that Jesus died? \
nOrganization：Cookamunga Tourist Bureau\nLines：17\n\
nIn article <f1682Ap@quack. kfu. com>, pharvey@quack. kfu. com
(Paul Harvey)\nwrote：\n> In article < sandvik - 170493104859@
sandvik - kent. apple. com> \n> sandvik@newton. apple. com (Kent
Sandvik) writes：\n >> Ignorance is not bliss! \n \n> Ignorance
is STRENGTH! \n> Help spread the TRUTH of IGNORANCE! \n\nHuh,
if ignorance is strength, then I won't distribute this piece\
nof information if I want to follow your advice (contradiction
above). \n\n\nCheers,\nKent\n --- \nsandvik@newton. apple. com.
ALink：KSAND -- Private activities on the net. \n"
```

因此,我们需要从文本中提取一些特征,然后再将其提供给估计器。在处理文本数据时,一种常见的方法是使用 Term Frequency Inverse Document Frequency (TF - IDF)。在不涉及太多细节的情况下,该方法可以统计所有文档中每个单词的出现次数(术语频率),并根据每个文档中该单词的重要性进行加权(逆文档频率)。这样做的目的是让更为罕见的词语更具份量,这应该比"the"等常见词语更能表达意义。您可以在 scikit-learn 文档中找到更多关于这一点的信息,网址如下:

https://scikit-learn. org/dev/modules/feature_extraction. html # tfidf-term-weighting

此操作包括拆分文本样本中的每个单词并对其进行计数。通常,我们会应用很多技术来改进这一点,例如删除**"停止词"**(stop word);诸如"and"或"is"之类的普通词不会带来太多信息。所幸,scikit-learn 为此提供了一个多功能工具——Tfidf-Vectorizer。

该预处理器可以获取文本数组,标记每个单词,并计算每个单词的 TF - IDF。有很多选项可用于微调其行为,但默认值是英文文本的良好开端。下面的示例显示了如何将其与 pipeline 中的估计器一起使用。

chapter12_pipelines. py

```
# Make the pipeline
model = make_pipeline(
    TfidfVectorizer(),
    MultinomialNB(),
)
```

https://github. com/PacktPublishing/Building-Data-Science-Applications-with-FastAPI/blob/main/chapter12/chapter12_%20pipelines. py

make_pipeline 函数在其参数中接受任意数量的预处理器和估计器。这里,我们使用多项式朴素贝叶斯分类器,它适用于表示频率的特征。

然后,我们可以简单地训练模型并运行预测以检查其准确性,就像我们之前做的那样。您可以在下面的示例中看到这一点。

chapter12_pipelines. py

```
# 训练模型
model.fit(newsgroups_training.data, newsgroups_training.target)

# 在测试集上进行预测
predicted_targets = model.predict(newsgroups_testing.data)
# 计算准确度
accuracy = accuracy_score(newsgroups_testing.target, predicted_targets)
print(accuracy)

# 展示混淆矩阵
confusion = confusion_matrix(newsgroups_testing.target,predicted_targets)
confusion_df = pd.DataFrame(
    confusion,
    index = pd.Index(newsgroups_testing.target_names,name = "True"),
    columns = pd.Index(newsgroups_testing.target_names,name = "Predicted"),
)
print(confusion_df)
```

https://github.com/PacktPublishing/Building-Data-Science-Applications-with-FastAPI/blob/main/chapter12/chapter12_pipelines.py

请注意,我们还打印了一个混淆矩阵,它非常方便地表示了全局结果。scikit-learn 为此有一个专用函数,称为 confusion_matrix。然后,我们将结果包装在一个 pandas 库的 DataFrame 中,以便设置轴标签以提高可读性。如果运行上述示例,将会得到与图 12.3 所示类似的输出。根据您的机器和系统,运行可能需要几分钟。

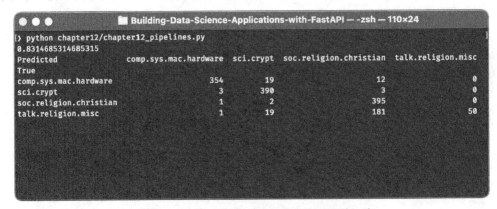

图 12.3　在 20 个新闻组数据集上使用混淆矩阵

在这里,您可以看到,我们第一次尝试的结果并不算太坏。请注意,soc. religation. christian 和 talk. religation. misc 类别之间有一个很大的混淆区域,考虑到它们的相似性,这并不令人惊讶。

如您所见,使用预处理器构建 pipeline 非常简单。这样做的好处是,它会自动将其应用于训练数据,而且在预测结果时也是如此。

在继续之前,让我们看看 scikit-learn 的另一个重要特性:交叉验证。

12.3.3　通过交叉验证验证模型

在 12.2.2 小节中,我们介绍了交叉验证技术,它允许我们在训练集或测试集中使用数据。正如您所想,这种技术非常普遍,它在 scikit-learn 中本机实现!

让我们再看一看手写数字示例,并应用交叉验证。

chapter12_cross_validation. py

```
from sklearn.datasets import load_digits
from sklearn.model_selection import cross_val_score
from sklearn.naive_bayes import GaussianNB

digits = load_digits()

data = digits.data
targets = digits.target

# 创建模型
model = GaussianNB()

# 运行交叉验证
score = cross_val_score(model, data, targets)

print(score)
print(score.mean())
```

https://github. com/PacktPublishing/Building-Data-Science-Application-with-FastAPI/blob/main/chapter12/chapter12_cross_uuvalidation. py

这一次,我们不必自己分割数据,因为 cross_val_score 函数会自动执行折叠。在参数中,它需要估计器,包含手写数字像素矩阵的 data,以及这些数字相应标签的 targets。默认情况下,它执行 5 次折叠。

此操作的结果是一个数组,该数组提供 5 倍的精度分数。为了获得该结果的全局概览,我们可以取平均值。如果运行此示例,将获得以下输出:

```
$ python chapter12/chapter12_cross_validation.py
[0.78055556   0.78333333   0.79387187   0.8718663   0.80501393]
0.8069281956050759
```

如您所见,平均准确率约为 80%,略低于使用单个训练集和测试集获得的 83%。这就是交叉验证最主要的好处,因此我们获得了关于模型性能的更精确的统计指标。通过这些,我们了解了使用 scikit-learn 的基本知识。在回到 FastAPI 之前,我们将回顾两类 ML 模型:朴素贝叶斯模型和支持向量机。

12.4　使用朴素贝叶斯模型对数据进行分类

尽管您可能听说过很多关于超高级的 ML 方法,如深度学习,但重要的是,更简单的方法已经存在多年，并且在许多情况下被证明是非常有效的。一般来说，当您从数据科学问题开始时，尝试参数较少且易于调整的简单模型总是一个好主意。这将很快为您提供一个基线，以便与更先进的技术进行比较。

在本节中，我们将回顾朴素贝叶斯模型，这是一组快速而简单的分类算法。

12.4.1　原　理

朴素贝叶斯模型依赖于贝叶斯定理，该定理定义了一个方程，来描述在给定相关事件概率的前提下，某一事件的概率。在分类的背景下，它给了我们一个方程来描述一个标签 L 在给定一组特性下的概率。在手写数字识别问题中，这将转化为"给定像素的矩阵值，此观测值为数字零的概率"。方程如下：

$$P(L \mid \text{features}) = \frac{P(\text{features} \mid L) \times P(L)}{P(\text{features})}$$

式中：$P(L|\text{features})$ 为给定特性的前提下 L 的概率。

在实践中，我们的分类器将不得不决定，一个观测值是属于 L_1 的概率更高，还是属于 L_2 的概率更高，也就是说，它看起来更像一个 0 还是一个 8？要做到这一点，需要计算两个概率的比，利用上面的等式，可以得到以下结果：

$$\frac{P(L_1 \mid \text{features})}{P(L_2 \mid \text{features})} = \frac{P(\text{features} \mid L_1) \times P(L_1)}{P(\text{features} \mid L_2) \times P(L_2)}$$

L_1 和 L_2 的原始概率，即 $P(L_1)$ 和 $P(L_2)$，是训练集中 L_1 和 L_2 的相对频率。如果我们的训练集包含 100 个样本，并且有 15 个样本为零，则标签为零的概率为 0.15。

现在，我们必须找到一种方法来计算给定标签下的特征的概率，即 $P(\text{features}|L_1)$ 和 $P(\text{features}|L_2)$。我们在这里要做的是通过寻找简单的统计规律来对数据的分布做出假设。这就是为什么这些模型被称为"朴素"。

关于这些模型的第一个经典假设是高斯分布。

12.4.2　使用高斯朴素贝叶斯对数据进行分类

正如我们前面提到的，朴素贝叶斯模型通过对原数据的分布做出"朴素"的假设。在高斯朴素贝叶斯的情况下，我们假设数据来自高斯分布（或正态分布）。高斯分布曲线如图 12.4 所示。

这背后的直觉是，对于遵循高斯分布的数据，平均值 μ 和标准偏差 σ 附近的概率较高。当远离平均值时，概率会迅速减小。公式如下：

$$P = \frac{1}{\sigma\sqrt{2\pi}} \exp\left[-\frac{1}{2}\left(\frac{x-\mu}{\sigma}\right)^2\right]$$

然后，为了训练模型，我们需要做的就是，计算每个标签中每个特征的平均值和标准偏差。对于每个标签（假定为 L），这将为我们提供一个简单的公式来计算标签下含有特征的概率。一旦我们有了它们，我们需要做的就是应用前面的公式得到这个观测的概率。

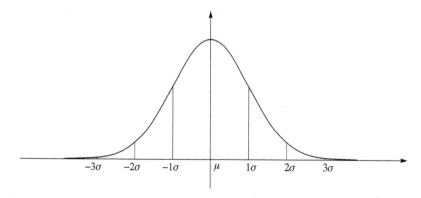

图 12.4　高斯分布曲线

这正是我们在 scikit-learn 中训练 GaussianNB 估计器时发生的情况。如果考虑 12.3.1 小节中显示的例子，我们可以检索每个可能数字的每个像素并计算平均值和标准偏差。在下面的示例中，您可以看到，在打印数字 0 的平均值和标准偏差之前，我们将在手写数字集上训练高斯朴素贝叶斯模型。

Chapter12_gaussian _naive _bayes. py

```python
from sklearn.datasets import load_digits
from sklearn.model_selection import train_test_split
from sklearn.naive_bayes import GaussianNB

digits = load_digits()

data = digits.data
targets = digits.target

# 划分训练集与测试集
training_data, testing_data, training_targets, testing_targets = train_test_split(
    data, targets, random_state = 0
)

# 训练模型
model = GaussianNB()
model.fit(training_data, training_targets)

# 输出数字 0 的平均值与标准偏差
print("Mean of each pixel for digit zero")
print(model.theta_[0])

print("Standard deviation of each pixel for digit zero")
print(model.sigma_[0])
```

https://github. com/PacktPublishing/Building-Data-Science-Applications-with-FastAPI/blob/main/chapter12/chapter12_gaussian_naive_bayes. py

运行上述示例,将获得以下输出:

```
$ python chapter12/chapter12_gaussian_naive_bayes.py
Mean of each pixel for digit zero
[0.00000000e+00    2.83687943e-02    4.12765957e+00    1.29716312e+01
 1.13049645e+01    2.96453901e+00    3.54609929e-02    0.00000000e+00
 0.00000000e+00    9.50354610e-01    1.25035461e+01    1.37021277e+01
 1.16453901e+01    1.12765957e+01    9.00709220e-01    0.00000000e+00
 0.00000000e+00    3.79432624e+00    1.43758865e+01    5.57446809e+00
 2.13475177e+00    1.23049645e+01    3.43971631e+00    0.00000000e+00
 0.00000000e+00    5.31205674e+00    1.27517730e+01    2.06382979e+00
 1.34751773e-01    9.26241135e+00    6.45390071e+00    0.00000000e+00
 0.00000000e+00    5.78723404e+00    1.16737589e+01    1.00000000e+00
 5.67375887e-02    8.89361702e+00    7.10638298e+00    0.00000000e+00
 0.00000000e+00    3.41843972e+00    1.33687943e+01    1.82269504e+00
 1.69503546e+00    1.12127660e+01    5.90070922e+00    0.00000000e+00
 0.00000000e+00    7.80141844e-01    1.29787234e+01    1.02056738e+01
 1.06382979e+01    1.32340426e+01    2.53191489e+00    0.00000000e+00
 0.00000000e+00    7.09219858e-03    4.15602837e+00    1.35602837e+01
 1.33049645e+01    5.46099291e+00    2.83687943e-01    0.00000000e+00]
Standard deviation of each pixel for digit zero
[4.30146180e-08    5.59328432e-02    9.13263925e+00    5.40345057e+00
 1.19566421e+01    1.10838489e+01    3.42035539e-02    4.30146180e-08
 4.30146180e-08    3.62164885e+00    1.24060158e+01    8.98928630e+00
 1.66827625e+01    1.22284594e+01    3.08233997e+00    4.30146180e-08
 4.30146180e-08    7.09954232e+00    5.32679447e+00    2.42870077e+01
 1.03435441e+01    1.03112520e+01    7.16835174e+00    4.30146180e-08
 4.30146180e-08    6.08701780e+00    1.01298728e+01    1.13505357e+01
 3.57728527e-01    1.27609276e+01    5.38262667e+00    4.30146180e-08
 4.30146180e-08    5.03274487e+00    1.11843469e+01    5.54609933e+00
 1.38624861e-01    1.46624416e+01    7.28655505e+00    4.30146180e-08
 4.30146180e-08    5.17951818e+00    5.96328157e+00    9.69196725e+00
 8.97791866e+00    1.45362910e+01    1.38482974e+01    4.30146180e-08
 4.30146180e-08    1.80272626e+00    7.62366082e+00    1.54257835e+01
 1.74365475e+01    1.00516071e+01    1.00503999e+01    4.30146180e-08
 4.30146180e-08    7.04194232e-03    7.77707363e+00    4.30310351e+00
 7.87153568e+00    1.51846487e+01    9.83350981e-01    4.30146180e-08]
```

所有这些数字代表数字 0 的 8×8 像素矩阵 64 个像素的平均值和标准偏差。

如果想了解更多关于这方面的数学知识,可以在宾夕法尼亚州立大学的在线课程中阅读详细的介绍,网址如下如下:

https://online.stat.psu.edu/stat414/lesson/16

这就是为什么在高斯朴素贝叶斯模型上训练和运行预测速度如此之快的原因:它只涉及简单的数学计算。当然,它的准确性只取决于假设的正确性:如果我们的数据不符合高斯分布,那么模型的性能就不会很好。然而,在考虑更复杂的算法之前,它的简单性和效率使它成为学习复杂技术的良好的基础。

12.4.3 使用多项式朴素贝叶斯对数据进行分类

我们可以对数据做的另一个假设是,它遵循多项式分布。这特别适用于具有表示计数特性的数据集,例如它们在数据集中出现的次数,例如词频。

如果我们考虑一些文本,计算每个单词的频率(或者 TF - IDF,正如我们在 12.3.2 小节中所看到的),以及如何计算它属于标签 L 的概率;我们可以将这些特征写成 $P(\text{features}|L)$ 的多项式定律,用以下公式来计算:

$$P(\text{features} \mid L) = \frac{n!}{(x_1! \ x_2! \ \cdots x_i!)} p_1^{x_1} p_2^{x_2} \cdots p_i^{x_i}$$

式中:n 是出现的总数,$x_1, x_2, \cdots, x_i$ 是单词 $1, 2, \cdots, i$ 的出现次数,$p_1, p_2, \cdots, p_i$ 是单词 $1, 2, \cdots, i$ 出现的概率。

我们现在需要做的就是找出每个类别中每个单词出现的概率,这是模型训练阶段的目的。计算如下:

$$\alpha p_{Li} = \frac{N_{Li} + \alpha}{N_L + \alpha n}$$

式中:N_{Li} 是类别 L 中单词 i 出现的频率;N_L 是类别 L 中每个单词出现的总数;n 为不同单词的数量;α 是一个平滑参数,用于防止某些概率等于零,以便在多项式公式中传播。默认情况下,它通常设置为 1,但这是可以调整的。

如果想了解更多关于这方面的数学知识,可以阅读宾夕法尼亚州立大学在线课程,里面有非常详细的介绍,网址如下:

https://online.stat.psu.edu/stat504/lesson/1/1.7

当使用 scikit-learn 训练 MultinomialNB 估计器时,这正是该算法所做的:它计算每个类别中每个单词的概率。

当预测一段新文本的类别时,它只需计算每个单词的频率,并应用第一个公式以及在训练期间计算的概率。

这就是朴素贝叶斯模型背后的理论。要记住的关键是,它们训练速度非常快,通常在开始分类问题时提供了相当好的基础。此外,如果特征的数量很大,它们往往工作得很好。

在下一节中,我们将看到另一种对于分类和回归都非常强大的模型——支持向量机。

12.5 使用支持向量机对数据进行分类

支持向量机(SVM)是另一种分类和回归模型,已被证明在许多情况下都非常有效。它们背后的原理很容易理解,但它们的基础主要来自于一种数学技术,这种技术在许多其他 ML 算法中使用,称为内核技巧。

12.5.1 原 理

首先让我们考虑一个简单的分类问题,比如想把样本分成两类。图 12.5 是包含此问题的一些随机生成数据。

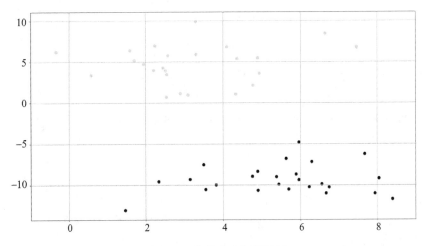

图 12.5　简单分类问题数据

凭直觉,有了这些数据,找到一条直线来清晰地区分这两个类别似乎很简单。但是,我们很快发现有很多不同的解决方案,如图 12.6 所示。

那么,我们如何找到一个能产生最佳结果的方法来预测一个新点的类别呢?

SVM 所做的是在每个可能的分类器周围画一个边界线,直到另一个分类器中最近的点。能够最大化边距的分类器,则是我们将为模型选择的分类器。如果我们在样本数据集上训练 SVM,我们将获得图 12.7 所示的分类器。此图还显示了可视化效果更好的边界划定。

接触边界的两个样本就是支持向量。

当然,在现实世界中,拥有如此精确分离的数据是非常罕见的,甚至线性分类器都可能不存在。图 12.8 显示了一些不可线性分离的随机生成的数据。

为了解决这个问题,SVM 对数据应用核函数并将数据集投影到更高的维度。

这方面的数学细节我们不讨论,但核函数可以计算每对点之间的相似性,即在新的维度中,相似的点是接近的,而不同的点是遥远的。

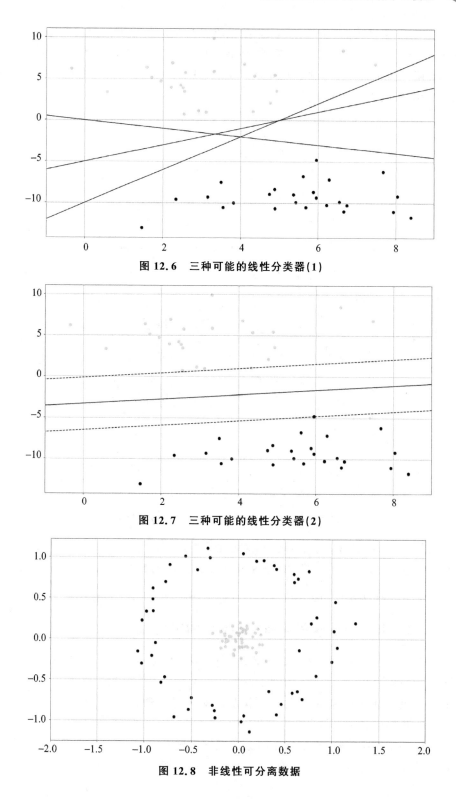

图 12.6 三种可能的线性分类器(1)

图 12.7 三种可能的线性分类器(2)

图 12.8 非线性可分离数据

打个比方,假设我们在一张纸上画出图 12.8 中所示的数据。核技巧的目标是找到一种方法来折叠或弯曲这张纸,这样黄色和紫色的圆点就可以被一个平面线性分开。

目前存在多种核函数,例如径向基函数(RBF),在使用支持向量机和 scikit-learn 时,往往会默认应用径向基函数。

图 12.9 显示了对样本数据执行此类操作的结果。

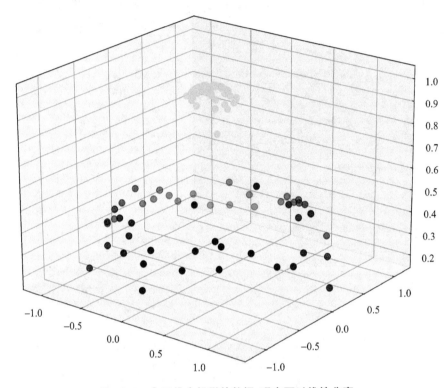

图 12.9   在三维中投影的数据,现在可以线性分离

在这里,我们看到有一个清晰的三维线性分类器可以分离数据。

您可以在 scikit-learn 文档中阅读更多关于这方面的数学知识,网址如下:

https://scikit-learn.org/stable/modules/svm.html#mathematical-formulation

12.5.2   支持向量机在 scikit-learn 中的应用

现在我们已经掌握了 SVM 的功能,我们可以尝试在 scikit-learn 中使用它。正如您所见,它与目前为止我们看到的朴素贝叶斯模型没有太大区别。

它的侧重略有不同,根据您的使用情况略有调整。通常,SVC 估计器适用于分类问题,而 SVR 通常适用于回归。

在下面的示例中,我们再次以手写数字识别为例应用 SVC 估计器。我们将使用交叉验证方法对其进行评估。

chapter12_svm.py

```
from sklearn.datasets import load_digits
from sklearn.model_selection import cross_val_score
from sklearn.svm import SVC

digits = load_digits()

data = digits.data
targets = digits.target

# 创建模型
model = SVC()

# 运行交叉验证
score = cross_val_score(model, data, targets)

print(score)
print(score.mean())
```

https://github.com/PacktPublishing/Building-Data-Science-Application-with-FastAPI/blob/main/chapter12/chapter12_svm.py

如您所见,我们只是实例化 SVC 类并保留默认参数。如果运行上面的示例,将获得以下输出:

```
$ python chapter12/chapter12_svm.py
[0.96111111    0.94444444    0.98328691    0.98885794    0.93871866]
0.9632838130609718
```

我们模型的平均准确率为 96％! 这令人印象非常深刻,因为我们甚至不需要调整参数。

12.5.3 查找最佳参数

对于朴素的贝叶斯模型,我们几乎没有可调整的参数。然而,在支持向量机的例子中,有相当多的例子,最值得注意的,则是核函数(默认为 RBF)和 C 参数。C 参数定义了线性分类器周围边缘的"硬度":如果 C 参数过高,则边缘内没有点可以蠕变。而较低的 C 参数将放松此约束,在某些情况下,允许更好地拟合数据。

然而,找到最佳的参数集并不总是直观的,手工操作会非常耗时。那我们能做什么呢? scikit-learn 可以帮助我们做到这一点!

model_selection 包提供了一个名为 GridSearchCV 的有用类,它允许我们自动搜索估计器的最佳参数。在这里,我们设置了我们想要尝试的不同参数,它使用各种可能的组合训练模型。在此过程结束时,它将返回达到最佳精度的参数。

在下面的示例中,我们实施了网格搜索,为手写数字识别问题查找最佳 C 参数和核函数。

chapter12_finding_parameters. py

```
from sklearn. datasets import load_digits
from sklearn. model_selection import GridSearchCV
from sklearn. svm import SVC


digits = load_digits()

data = digits. data
targets = digits. target


# 创建参数网格
param_grid = {
    "C": [1, 10, 100, 1000],
    "kernel": ["linear", "poly", "rbf", "sigmoid"]
}
grid = GridSearchCV(SVC(), param_grid)

grid. fit(data, targets)

print("Best params", grid. best_params_)
print("Best score", grid. best_score_)
```

https://github. com/PacktPublishing/Building-Data-Science-Applications-with-FastAPI/blob/main/chapter12/chapter12_finding_parameters. py

如您所见,我们只需创建一个字典,将参数名称映射到我们要尝试使用的参数的值列表中,然后使用估计器实例和这个参数网格初始化 GridSearchCV。

在数据集上调用 fit 方法运行搜索。完成之后,就可以访问 best_params_ 和 best_score_ 属性了,这将会为您提供最好的结果。

运行是在的示例,将会得到以下结果:

```
$ python chapter12/chapter12_finding_parameters. py
Best params {'C': 10, 'kernel': 'rbf'}
Best score 0. 9738502011761063
```

在这里,当 C 参数设置为 10 并使用 RBF 核函数时,我们实现了 97% 的精度。

当然,网格越大,计算所有可能性所需的时间就越多。如果您有一组非常大的参数要尝试,请查看 RandomizedSearchCV。其工作原理与上述类似,但仅通过随机选取一些组合来测试少数组合。您可以在 scikit-learn 文档中了解更多信息,网址如下:

https://scikit-learn. org/stable/modules/generated/sklearn. %20model _ selection. RandomizedSearchCV. html

12.6 总 结

祝贺您！您已经了解了 ML 和 scikit-learn 的基本概念。接下来，您就能够探索 Python 中的第一个数据科学问题了。当然，这并不是一个完整的 ML 课程，因为这个领域非常广阔，有大量的算法和技术需要探索。然而，我希望它们激发了您的好奇心，并希望您能加深对这门学科的了解。

现在，是时候回到 FastAPI 了！有了新的 ML 工具，我们就能够利用 FastAPI 的强大功能为我们的估计器提供服务，并为我们的用户提供可靠、高效的预测 API。

第 13 章 使用 FastAPI 创建高效的 预测 API 端点

在前几章中,我们介绍了 Python 社区中广泛使用的最常见的数据科学技术和库。多亏了这些工具,我们现在可以建立能够进行有效预测和分类数据的机器学习模型。当然,我们现在必须考虑一个简便的界面,以便利用它们的智能。这样,微服务或前端应用程序就可以要求我们的模型做出预测,以改善用户体验或业务运营。

在本章中,我们将学习如何使用 FastAPI 实现这一点。正如在本书中所看到的,FastAPI 允许我们使用清晰轻量级的语法实现非常高效的 REST API。在本章中,您将学习如何尽可能高效地执行此操作,以便它能够服务于数千个预测请求。为了帮助我们完成这项任务,我们将引入另一个库 Joblib,它提供了帮助我们序列化经过训练的模型和缓存预测结果的工具。

在本章中,我们将介绍以下主题:

- 使用 Joblib 持久化经过训练的模型;
- 实现有效的预测端点;
- 使用 Joblib 缓存结果。

13.1 技术要求

您需要一个 Python 虚拟环境,如我们在第 1 章所设置的环境。

您可以在本书的专用 GitHub 存储库中找到本章的所有代码示例,网址如下:

https://github.com/PacktPublishing/Building-DataScience-Applications-with-FastAPI/tree/main/chapter13

13.2 使用 Joblib 持久化经过训练的模型

在上一章中,学习了如何使用 scikit-learn 训练估计器。在构建这样的模型时,您可能会获得一个相当复杂的 Python 脚本来加载训练数据,对其进行预处理,并使用最佳参数集训练模型。但是,在 Web 应用程序(如 FastAPI)中部署模型时,您不希望在服务器启动时重复此脚本并运行所有这些操作。相反,您需要一个经过训练的模型的现成表示,您可以直接加载和使用它。

这就是 Joblib 所做的。该库旨在提供有效地将 Python 对象保存到磁盘的工具，如大型数据数组或函数结果，此操作通常称为转储。Joblib 已经是 scikit-learn 的依赖项，所以我们甚至不需要安装它。scikit-learn 在内部使用它加载绑定的玩具数据集。

正如我们要看到的，转储一个经过训练的模型只需要使用 Joblib 编写一行代码。

13.2.1　抛弃已训练的模型

在本例中，我们使用的是新闻组示例，我们在 12.3.2 小节中看到过。作为提醒，我们加载了 20 个新闻组数据集中的 4 个类别，并构建了一个模型来自动将新闻文章分类到这些类别中。完成此操作后，我们将模型转储到一个名为 newsgroups_umodel.joblib 的文档中。

chapter13_dump_joblib.py

```
# Make the pipeline
model = make_pipeline(
    TfidfVectorizer(),
    MultinomialNB(),
)
# 训练模型
model.fit(newsgroups_training.data, newsgroups_training.target)

# 序列化模型和目标名称
model_file = "newsgroups_model.joblib"
model_targets_tuple = (model, newsgroups_training.target_names)
joblib.dump(model_targets_tuple, model_file)
```

https://github.com/PacktPublishing/Building-Data-Science-Applications-with-FastAPI/blob/main/chapter13/chapter13_dump_joblib.py

如您所见，Joblib 公开了一个名为 dump 的函数，该函数只需要两个参数：要保存的 Python 对象和文件的路径。

请注意，我们并不是单独转储变量，而是将其与类别的名称 target_names 一起包装在一个元组中。这允许我们在做出预测后检索类别的实际名称，而无须重新加载训练数据集。

如果运行以下脚本，您将会看到 newsgroups_model.joblib 文件已创建。

```
$ python chapter13/chapter13_dump_joblib.py
$ ls -lh *.joblib
-rw-r--r--  1 fvoron  staff  3,2M 10 jul 10:41 newsgroups_model.joblib
```

请注意，这个文件相当大：超过 3 MB！它存储由多项式朴素贝叶斯模型计算的每个类别中每个单词的所有概率。

这就是我们需要做的。这个文件现在包含我们的 Python 模型的静态表示，它将易于存储、共享和加载。接下来,让我们学习如何加载它,并检查是否可以运行、进行预测。

13.2.2　加载转储模型

现在我们有了转储的模型文件,让我们学习如何使用 Joblib 再次加载它,并检查是否一切正常。在下面的示例中,我们加载第 13 章示例存储库目录中的 Joblib 转储并运行一个预测。

chapter13_load_joblib. py

```python
import os
from typing import List, Tuple

import joblib
from sklearn.pipeline import Pipeline

# 加载模型
model_file = os.path.join(os.path.dirname(__file__),"newsgroups_model.joblib")
loaded_model: Tuple[Pipeline, List[str]] = joblib.load(model_file)
model, targets = loaded_model

# 进行预测
p = model.predict(["computer cpu memory ram"])
print(targets[p[0]])
```

https://github.com/PacktPublishing/Building-Data-Science-Applications-with-FastAPI/blob/main/chapter13/chapter13_load_joblib. py

这里我们需要做的是,从 Joblib 调用 load 函数,并将有效路径传递给转储文件。此函数的结果与我们转储的 Python 对象完全相同。这里,它是一个元组,由 scikit-learn 估计器和一个类别列表组成。

请注意,我们添加了一些类型提示,虽然没有必要,但它们可以帮助 mypy 或 IDE 识别所加载对象的性质,并从类型检查和自动完成中获益。

最后,我们用模型进行了预测:它是一个真正的 scikit-learn 估计器,具有所有必要的训练参数。

就这样! 正如您所看到的,Joblib 的使用非常简单。然而,它是导出 scikit-learn 模型并能够在外部服务中使用它们而无需重复培训阶段的基本工具。现在,我们可以在 FastAPI 项目中使用这些转储文件了。

13.3 实现高效的预测端点

现在我们有了一种保存和加载机器学习模型的方法,是时候在 FastAPI 项目中使用它们了。正如您要看到的,如果您参照这本书,那么最终实现应该不会太令人惊讶。实现的主要部分是类依赖关系,它将负责加载模型和进行预测。如果您需要更新类依赖项,请参阅第 5 章。

继续!下面的示例将基于上一节中转储的 newgroups 模型。首先向您展示如何实现类依赖关系,它将负责加载和做出预测。

chapter13_prediction_endpoint. py

```python
class PredictionInput(BaseModel):
    text: str


class PredictionOutput(BaseModel):
    category: str


class NewsgroupsModel:
    model: Optional[Pipeline]
    targets: Optional[List[str]]

    def load_model(self):
        """Loads the model"""
        model_file = os.path.join(os.path.dirname(__file__), "newsgroups_model.joblib")
        loaded_model: Tuple[Pipeline, List[str]] = joblib.Load(model_file)
        model, targets = loaded_model
        self.model = model
        self.targets = targets

    async def predict(self, input: PredictionInput) ->PredictionOutput:
        """Runs a prediction"""
        if not self.model or not self.targets:
            raise RuntimeError("Model is not loaded")
        prediction = self.model.predict([input.text])
        category = self.targets[prediction[0]]
        return PredictionOutput(category = category)
```

https://github.com/PacktPublishing/Building-Data-Science-Applications-with-FastAPI/blob/main/chapter13/chapter13_prediction_endpoint.py

首先,我们从定义两个 pydantic 模型开始:PredictionInput 和 PredictionOutput。在纯粹的 FastAPI 理念中,它们将帮助我们验证请求负载并返回结构化 JSON 响应。这里,作为输入,只需要一个包含我们想要分类的文本的 text 属性;作为输出,我们期望一个包含预测类别的 category 属性。

这个摘录中最有趣的部分是 NewsgroupsModel 类。它实现了 load_model 和 predict 两种方法。

load_model 方法使用 Joblib 加载模型,如前一节所述,并将模型和目标存储在类属性中。因此,它们可用于 predict 方法。

predict 方法将被注入到路径操作函数中。如您所见,它直接接受将由 FastAPI 注入的 PredictionInput。在这个方法中,我们正在进行预测,就像我们通常使用 scikit-learn 所做的那样。我们返回一个具有我们预测的类别的 PredictionOutput 对象。

您可能已经注意到,首先,在执行预测之前,我们检查模型及其目标是否已在类属性中指定。当然,在做出预测之前,我们需要确保 load_model 在某个时候调用了。您可能想知道为什么我们不将此逻辑放入初始值设定项_init_中,以便确保在类实例化时加载模型。这将非常有效,但是,这会引起一些问题。正如我们将看到的,我们正在FastAPI 之后实例化一个 NewsgroupsModel 实例,以便在我们的路由中使用它。如果加载逻辑在_init_中,那么每当我们从这个文件导入一些变量(比如 app 实例)时就会加载模型,比如在单元测试中。在大多数情况下,这将导致不必要的 I/O 操作和内存消耗。正如我们将看到的,最好在应用程序运行时使用 FastAPI 的启动事件来加载模型。

以下摘录显示了实现的其余部分,以及处理预测的实际 FastAPI 路由。

chapter13_prediction_endpoint. py

```
app = FastAPI()
newgroups_model = NewsgroupsModel()

@app.post("/prediction")
async def prediction(
    output: PredictionOutput = Depends(newgroups_model.Predict),
) ->PredictionOutput:
    return output

@app.on_event("startup")
async def startup():
    newgroups_model.load_model()
```

https://github. com/PacktPublishing/Building-Data-Science-Applications-with-FastAPI/blob/main/chapter13/chapter13_prediction_endpoint. py

如前所述,我们正在创建一个 NewsgroupsModel 实例,以便可以将其注入到路径操作函数中。此外,我们正在实现一个要调用 load_model 的启动事件处理程序。通过这种方式,我们可以确保模型在应用程序启动期间被加载并做好使用准备。

预测端点非常简单,如您所见,我们直接依赖于 predict 方法,该方法将负责注入有效负载并对其进行验证。我们只需要返回输出即可。

就是这样! FastAPI 再次让我们的生活变得非常轻松,因为它允许我们编写非常简单且可读的代码,即使对于复杂的任务也是如此。我们可以像往常一样使用 Uvicorn 运行此应用程序:

```
$ uvicorn chapter13.chapter13_prediction_endpoint:app
```

下面我们可以尝试使用 HTTPie 运行一些预测。

```
$ http POST http://localhost:8000/prediction text = "computer cpumemory ram"
HTTP/1.1 200 OK
content - length: 36
content - type: application/json
date: Tue, 13 Jul 2021 06:34:58 GMT
server: uvicorn

{
    "category": "comp.sys.mac.hardware"
}
```

我们的机器学习分类器还健在! 为了更进一步,让我们看看如何使用 Joblib 实现一个简单的缓存机制。

13.4　使用 Joblib 缓存结果

如果您的模型需要时间进行预测,那么缓存结果可能会很有趣,也就是说,如果特定输入的预测已经完成,那么返回保存在磁盘上的相同结果,而不是再次运行计算,这才是合理的。在本节中,我们将学习如何在 Joblib 的帮助下实现这一点。

Joblib 为我们提供了一个非常方便和易于使用的工具来实现这一点,因此实现变得非常简单。重点是我们应该选择标准函数还是选择异步函数来实现端点和依赖项。这将使得我们能够更详细地解释 FastAPI 的一些技术细节。

我们将以上一节中提供的示例为基础。我们必须做的第一件事是初始化 Joblib Memory 类,它是缓存函数结果的助手。然后,我们可以向要缓存的函数添加装饰器。您可以在下面的示例中看到这一点。

chapter13_caching. py

```
memory = joblib.Memory(location = "cache.joblib")
```

```
@memory.cache(ignore = ["model"])
def predict(model: Pipeline, text: str) ->int:
    prediction = model.predict([text])
    return prediction[0]
```

https://github.com/PacktPublishing/Building-Data-Science-Applications-with-FastAPI/blob/main/chapter13/chapter13_caching.py

初始化 memory 时,主参数为 location,这是 Joblib 将在其中存储结果的目录路径。Joblib 自动将缓存结果保存在硬盘上。

然后,您可以看到,我们实现了一个预测函数,它接受我们的 scikit-learn 模型、一些文本输入,然后返回预测的类别索引。这和我们到目前为止看到的预测操作是一样的。在这里,我们从 NewsgroupsModel 依赖类中提取它,因为 Joblib 缓存主要是设计用于处理常规函数的。不建议使用缓存类方法。正如您所看到的,我们只需在这个函数的顶部添加一个@memory.cache 装饰器即可启用 Joblib 缓存。

每当调用此函数时,Joblib 都会检查磁盘上是否有相同参数的结果。如果是,则直接返回,否则,它将继续执行常规函数调用。

如您所见,我们向装饰器添加了一个 ignore 参数,是告诉 Joblib 不要考虑缓存机制中的一些参数。在这里,我们排除了模型参数。Joblib 无法转储复杂对象,例如 scikit-learn 估计器。不过,这不是问题:模型在几个预测之间没有变化,所以我们不关心它是否缓存。如果我们对模型进行改进并部署一个新模型,我们所要做的就是清除整个缓存,以便使用新模型再次进行旧的预测。

现在,我们可以调整 NewsgroupsModel 依赖类,让它与这个新 predict 函数一起工作。您可以在下面的示例中看到这一点。

chapter13_caching.py

```
class NewsgroupsModel:
    model: Optional[Pipeline]
    targets: Optional[List[str]]

    def load_model(self):
        """Loads the model"""
        model_file = os.path.join(os.path.dirname(__file__),"newsgroups_model.
joblib")

        loaded_model: Tuple[Pipeline, List[str]] = joblib.load(model_file)
        model, targets = loaded_model
        self.model = model
        self.targets = targets
```

```
def predict(self, input: PredictionInput) ->PredictionOutput:
    """Runs a prediction"""
    if not self.model or not self.targets:
        raise RuntimeError("Model is not loaded")
    prediction = predict(self.model, input.text)
    category = self.targets[prediction]
    return PredictionOutput(category = category)
```

https://github.com/PacktPublishing/Building-Data-Science-Applications-with-FastAPI/blob/main/chapter13/chapter13_caching.py

在 predict 方法中,我们调用外部 predict 函数,而不是直接在方法内部调用。注意,将模型和输入文本作为参数传递。之后,我们所要做的就是检索相应的类别名称并构建一个 PredictionOutput 对象。

最后,我们有 REST API 端点。在这里,我们添加了一个 DELETE/cache 路由,以便可以通过 HTTP 请求清除整个 Joblib 缓存。您可以在下面的示例中看到这一点。

chapter13_caching.py

```
@app.post("/prediction")
def prediction(
    output: PredictionOutput = Depends(newgroups_model.predict),
) ->PredictionOutput:
    return output


@app.delete("/cache", status_code = status.HTTP_204_NO_CONTENT)
def delete_cache():
    memory.clear()
```

https://github.com/PacktPublishing/Building-Data-Science-Applications-with-FastAPI/blob/main/chapter13/chapter13_caching.py

memory 对象的 clear 方法可以删除磁盘上的所有 Joblib 缓存文件。

我们的 FastAPI 应用程序现在正在缓存预测结果。如果您使用相同的输入发出两次请求,第二个响应将向您显示缓存的结果。在本例中,模型速度很快,因此您不会注意到执行时间方面的差异;然而,对于更复杂的模型来说,这可能很有趣。

在标准函数或异步函数之间选择

您可能已经注意到,我们更改了 predict 方法和 prediction 及 delete_cache 路径操作函数,使它们成为标准的非异步函数。

从本书一开始,我们就向您展示了 FastAPI 是如何完全支持异步 I/O 的,以及它为什么对应用程序性能有好处。我们还建议使用异步工作的库(如数据库驱动程序)来利用这种功能。

然而,在某些情况下,这并不总是可行的。在这种情况下,Joblib 实现为同步工作。尽管如此,它仍在执行长时间的 I/O 操作:读取和写入硬盘上的缓存文件。因此,正如我们在 2.6 节中所解释的,它将阻塞进程,并且在发生这种情况时无法响应其他请求。

为了解决这个问题,FastAPI 实现了一种简洁的机制:如果将路径操作函数或依赖项定义为标准的非异步函数,它将在单独的线程中运行。这意味着阻塞操作(如同步文件读取)不会阻塞主进程。在某种意义上,我们可以说它模拟了异步操作。

为了理解这一点,我们将做一个简单的实验。在下面的示例中,我们打算构建一个具有三个端点的虚拟 FastAPI 应用程序:

- /fast,它直接返回响应。
- /slow-async,定义为路径操作,执行一个耗时 10 s 的同步阻塞操作。
- /slow-sync,一种被定义为标准方法的路径操作,它执行一个耗时 10 s 的同步阻塞操作。

chapter13_async_not_async. py

```python
import time

from fastapi import FastAPI

app = FastAPI()

@app.get("/fast")
async def fast():
    return {"endpoint": "fast"}


@app.get("/slow-async")
async def slow_async():
    """Runs in the main process"""
    time.sleep(10)  # Blocking sync operation
    return {"endpoint": "slow-async"}

@app.get("/slow-sync")
def slow_sync():
    """Runs in a thread"""
    time.sleep(10)  # Blocking sync operation
    return {"endpoint": "slow-sync"}
```

https://github.com/PacktPublishing/Building-Data-Science-Applications-with-

FastAPI/blob/main/chapter13/chapter13_async_not_async.py

使用这个简单的应用程序,目的是了解那些阻塞操作是如何阻塞主进程的。让我们使用 Uvicorn 运行此应用程序:

```
$ uvicorn chapter13.chapter13_async_not_async:app
```

接下来,打开两个新端子。在第一种情况下,向/slow-async 端点发出请求:

```
$ http GET http://localhost:8000/slow-async
```

在不等待响应的情况下,在第二个终端向/fast 端点发出请求:

```
$ http GET http://localhost:8000/fast
```

您将会看到,必须等待 10 s 才能获得/fast 端点的响应。这意味着,此情况发生时,/slow-async 阻止了进程并阻止服务器响应其他请求。

现在,让我们对/slow-sync 端点执行相同的实验:

```
$ http GET http://localhost:8000/slow-sync
```

再次运行以下命令:

```
$ http GET http://localhost:8000/fast
```

您会立即得到/fast 响应,而无须等待/slow-sync 完成。由于它被定义为标准的非异步函数,FastAPI 将在一个线程中运行它以防止阻塞。但是,请记住,将任务发送到单独的线程意味着开销很小,因此先考虑解决当前问题的最佳方法非常重要。

那么,在使用 FastAPI 开发时,如何在路径操作和依赖项的标准函数和异步函数之间进行选择?这方面的经验法则如下:

(1) 如果不进行长时间的 I/O 操作(文件读取、网络请求等),则将其定义为 async。

(2) 如果进行 I/O 操作,请执行以下操作:

① 尝试选择与异步 I/O 兼容的库,正如我们在数据库或 HTTP 客户端中看到的那样。在这种情况下,您的函数将是 async。

② 如果不可能(Joblib 缓存就是这种情况),请将它们定义为标准函数。FastAPI 将在单独的线程中运行它们。

由于 Joblib 在进行 I/O 操作时是完全同步的,因此我们切换了路径操作和依赖方法,使它们成为同步、标准的方法。

在本例中,差异不是很明显,因为 I/O 操作又小又快。但是,如果要实施较慢的操作,例如执行文件上传到云存储,记住这一点很重要。

13.5 总 结

恭喜!您可以构建一个快速高效的 REST API 来为您的机器学习模型服务了。

多亏了 Joblib,您已经学会了如何将经过训练的 scikit-learn 估计器转储到一个易于在应用程序中加载和使用的文件中。我们还看到了一种使用 Joblib 缓存预测结果的方法。最后,我们讨论了 FastAPI 如何通过将同步操作发送到单独的线程来处理同步操作,以防止阻塞。虽然这有点技术性,但在处理阻塞 I/O 操作时,一定要记住这一点。

FastAPI 之旅即将结束,在您构建出色的数据科学应用程序之前,我们还编写了第 14 章,以进一步推动这一点,即使用 WebSocket 和一个专门用于计算机视觉的库 OpenCV,学习如何实现能够执行实时人脸检测的应用程序。

第 14 章　使用带 FastAPI 和 OpenCV 的 WebSockets 实现人脸实时检测系统

在第 13 章中，学习了如何创建有效的 REST API 端点，以便使用经过训练的机器学习模型进行预测。这种方法涵盖了很多用例，因为我们有一个需要处理的单一观察结果。然而，在某些情况下，我们可能需要对输入流连续执行预测，例如，一个对视频输入实时工作的人脸检测系统。这正是本章所要构建的内容。怎样构建？如果您还记得，除了 HTTP 端点之外，FastAPI 还能够处理 WebSockets 端点，该功能可以允许我们发送和接收数据流。在这种情况下，浏览器将向 WebSocket 发送来自网络摄像头的图像流，我们的应用程序将运行人脸检测算法并返回图像中检测到的人脸的坐标。对于这个人脸检测任务，我们将依赖 OpenCV，这是一个专门用于计算机视觉的库。

在本章中，我们将介绍以下主题：

- OpenCV 入门；
- 实现 HTTP 端点以对单个图像执行人脸检测；
- 实现 WebSocket 以对图像流执行人脸检测；
- 在 WebSocket 中从浏览器发送图像流；
- 在浏览器中显示人脸检测结果。

14.1　技术要求

您需要一个 Python 虚拟环境，正如我们在第 1 章所设置的环境。

您还需要在计算机上安装一个网络摄像头，以便能够运行示例。

您可以在专用的 GitHub 存储库中找到本章的所有代码示例，网址如下：

https://github.com/PacktPublishing/Building-Data-Science-Applications-with-FastAPI/tree/main/chapter14

14.2　OpenCV 入门

计算机视觉是一个与机器学习相关的领域，旨在开发自动分析图像和视频的算法和系统。计算机视觉应用的一个典型例子是人脸检测：一个自动检测图像中人脸的系统。这就是我们将在本章中构建的系统。

为了完成这项任务,我们将使用 OpenCV,它是最流行的计算机视觉库之一。它是用 C 和 C++语言编写的,但它有绑定,使它可以在许多其他编程语言中使用,包括 Python。我们本可以使用 scikit-learn 开发人脸检测模型,但我们看到 OpenCV 已经包含了执行此任务所需的所有工具,因此无须手动训练和调整机器学习估计器。

从 OpenCV 开始,我们将实现一个简单的 Python 脚本,使用计算机网络摄像头在本地执行人脸检测。

(1) 安装 Python 的 OpenCV 库:

```
$ pip install opencv - python
```

现在,我们需要做的就是使用 OpenCV 提供的工具来实现一个简单的人脸检测程序。正如您看到的,所有内容都捆绑在库中。

(2) 在下面的示例中,您可以看到整个实现过程。

chapter14_opencv. py

```python
import cv2

# Load the trained model
face_cascade = cv2.CascadeClassifier(
    cv2.data.haarcascades + "haarcascade_frontalface_default.xml"
)

# 可能需要根据您的计算机和相机更改索引
video_capture = cv2.VideoCapture(0)

while True:
    # 获取图像帧
    ret, frame = video_capture.read()

    # 将其转换为灰度并运行检测
    gray = cv2.cvtColor(frame, cv2.COLOR_BGR2GRAY)
    faces = face_cascade.detectMultiScale(gray)

    # 在面部周围画一个矩形
    for (x, y, w, h) in faces:
        cv2.rectangle(
            img = frame,
            pt1 = (x, y),
            pt2 = (x + w, y + h),
            color = (0, 255, 0),
            thickness = 2,
        )
```

```
# 显示结果帧
cv2.imshow("Chapter 14 - OpenCV", frame)

# 按 q 键时中断
    if cv2.waitKey(1) == ord("q"):
        break
video_capture.release()
cv2.destroyAllWindows()
```

https://github.com/PacktPublishing/Building-Data-Science-Applications-with-FastAPI/blob/main/chapter14/chapter14_opencv.py

您只需使用以下命令即可运行该脚本：

```
$ python chapter14/chapter14_opencv.py
```

一个类似于图 14.1 所示的窗口将会打开并通过网络摄像头传输图像。

（3）当算法检测到一张脸时，它会在其周围绘制一个绿色矩形。按 q 键停止脚本。

图 14.1　使用 OpenCV 的人脸检测脚本

（4）让我们看一下实现结果。我们要做的第一件事是用绑定在库中的 XML 文件实例化一个 CascadeClassifier 类。这个类实际上是一个使用 Haar 级联原理的机器学习算法。您可以在 OpenCV 文档中阅读有关此算法背后的理论的更多信息，网址如下：

https://docs.opencv.org/master/db/d28/tutorial_cascade_classifier.html

这里的好处是 OpenCV 带有预先训练的模型，以 XML 文件的形式提供，包括用于人脸检测的模型。因此，我们只需加载它们就可以开始处理图像。

（5）然后，我们实例化一个 VideoCapture 类。它将允许我们从网络摄像头中传输图像。初始值设定项中的整数参数是要使用的相机的索引。如果有多个摄像头，则可能需要调整此参数。

(6) 然后,我们开始一个无限循环,这样我们就可以连续地对图像流进行检测。在它里面,我们首先从实例 video_capture 中检索一个图像 frame。由于 detectMultiScale 方法,该图像随后被送到分类器。请注意,我们首先将其转换为灰度,这是 Haar 级联分类器的要求。

该操作的结果是一个元组列表,其中包含检测到的人脸周围的矩形的特征:x 和 y 是起点的坐标;w 和 h 是这个矩形的宽度和高度。我们所要做的就是使用 rectangle 函数在图像上绘制每个矩形。

(7) 最后,我们可以在窗口中显示图像。注意,在结束循环之前,通过在键盘上按某个键来给它一个中断的机会:如果按了 q 键,则中断循环。

就是这样!不到 40 行代码就有了可工作的面部检测系统!

正如您所见,OpenCV 通过提供训练有素的分类器使我们的生活变得更加美好。此外,它还提供了所有用于捕获和处理图像的工具。

当然,本章的目标是将所有这些智能放在远程服务器上,以便千千万万的用户拥有这种体验。FastAPI 再次成为了我们的盟友。

14.3 实现 HTTP 端点以对单个图像执行人脸检测

在使用 WebSockets 之前,我们将使用 FastAPI 实现简单的任务:一个典型的 HTTP 端点,用于接收图像上传并对其执行人脸检测。正如您将看到的,与上一个示例的主要区别在于获取图像的方式:我们不是从网络摄像头中获取图像流,而是从上传的文件中获取必须将其转换为 OpenCV 对象的图像。

您可以在下面的示例中看到整个实现。

chapter14_api.py

```python
from typing import List, Tuple

import cv2
import numpy as np
from fastapi import FastAPI, File, UploadFile
from pydantic import BaseModel

app = FastAPI()
cascade_classifier = cv2.CascadeClassifier()

class Faces(BaseModel):
    faces: List[Tuple[int, int, int, int]]

@app.post("/face-detection", response_model=Faces)
```

```python
async def face_detection(image: UploadFile = File(...)) ->Faces:
    data = np.fromfile(image.file, dtype = np.uint8)
    image = cv2.imdecode(data, cv2.IMREAD_UNCHANGED)
    gray = cv2.cvtColor(image, cv2.COLOR_BGR2GRAY)
    faces = cascade_classifier.detectMultiScale(gray)
    if len(faces) > 0:
        faces_output = Faces(faces = faces.tolist())
    else:
        faces_output = Faces(faces = [])
    return faces_output


@app.on_event("startup")
async def startup():
    cascade_classifier.load(
        cv2.data.haarcascades + "haarcascade_frontalface_default.xml"
    )
```

https://github.com/PacktPublishing/Building-Data-Science-Applications-with-FastAPI/blob/main/chapter14/chapter14_api.py

如您所见,我们从一个相当简单的 FastAPI 应用程序开始。在文件的顶部,我们实例化了一个 CascadeClassifier 类。但是,请注意,与前面的示例相反,我们将经过训练的模型加载到启动事件中,而不是立即加载。这与我们在第 13 章中解释的原因相同,当我们加载转储的 Joblib 模型时,我们只想在应用程序实际启动时加载它,而不是在导入模块时加载它。

然后,我们定义了一个预期 FileUpload 的 face_detection 端点。如果您在文件加载中需要一个更新器,可以查看第 3 章。一旦有了这个文件,您就可以看到我们正在使用 NumPy 和 OpenCV 执行两个操作。实际上,图像需要加载到 OpenCV 可用的 NumPy 矩阵中。

如果我们有一个文件路径,则可以直接使用 OpenCV 的 imread 函数来加载它。这里,我们有一个 UploadFile 对象,它的 file 属性指向一个文件描述符。使用 NumPy,我们可以将二进制数据加载到像素数组 data 中。随后可以使用 imdecode 函数来创建适当的 OpenCV 矩阵。

最后,我们使用分类器运行预测,如前一节所示。请注意,我们将结果构造成一个结构化的 Pydantic 模型。当 OpenCV 检测到面部时,它将以嵌套 NumPy 数组的形式返回结果。tolist 方法的目标只是将其转换为标准列表。可以使用常用的 Uvicorn 命令运行此示例:

```
$ uvicorn chapter14.chapter14_api:app
```

在代码示例存储库中您将会看到一张包含一群人的照片,网址如下:

https://github.com/PacktPublishing/Building-Data-Science-Applications-with-FastAPI/blob/main/assets/people.jpg

让我们用 HTTPie 将其上传到我们的端点上：

```
$ http -- form POST http://localhost:8000/face - detection
image@./assets/people.jpg
HTTP/1.1 200 OK
content - length: 43
content - type: application/json
date: Wed, 21 Jul 2021 07:58:17 GMT
server: uvicorn

{
    "faces": [
        [
            237,
            92,
            80,
            80
        ],
        [
            426,
            75,
            115,
            115
        ]
    ]
}
```

分类器能够检测图像中的两张脸。

很棒！我们的人脸检测系统现在可以作为 web 服务器使用。然而，我们的目标仍然是建立一个实时系统，而且多亏了 WebSocket，才能够处理图像流。

14.4 实现 WebSocket 以对图像流执行人脸检测

正如我们在第 8 章中所看到的，WebSocket 的一个主要好处是它在客户端和服务器之间打开了一个全双工通信通道。一旦建立了连接，就可以快速传递消息，而不必经过 HTTP 协议的所有步骤。因此，它更适合于实时发送大量消息。

这里的要点是实现一个 WebSocket 端点，该端点能够接收图像数据并在其上运行 OpenCV 检测。这里的主要挑战是处理一种称为 backpressure 的现象。简单地说，由于运行检测算法所需的时间,我们从浏览器接收到的图像比服务器能够处理的图像更多。因此,我们必须使用有限大小的队列(或缓冲区),并在处理流的过程中放置一些图像,以接近实时地处理流。在下面的示例中可以实现这一点。

app. py

```python
async def receive(websocket: WebSocket, queue: asyncio.Queue):
    bytes = await websocket.receive_bytes()
    try:
        queue.put_nowait(bytes)
    except asyncio.QueueFull:
        pass


async def detect(websocket: WebSocket, queue: asyncio.Queue):
    while True:
        bytes = await queue.get()
        data = np.frombuffer(bytes, dtype = np.uint8)
        img = cv2.imdecode(data, 1)
        gray = cv2.cvtColor(img, cv2.COLOR_BGR2GRAY)
        faces = cascade_classifier.detectMultiScale(gray)
        if len(faces) > 0:
            faces_output = Faces(faces = faces.tolist())
        else:
            faces_output = Faces(faces = [])
        await websocket.send_json(faces_output.dict())


@app.websocket("/face - detection")
async def face_detection(websocket: WebSocket):
    await websocket.accept()
    queue: asyncio.Queue = asyncio.Queue(maxsize = 10)
    detect_task = asyncio.create_task(detect(websocket, queue))
    try:
        while True:
            await receive(websocket, queue)
    except WebSocketDisconnect:
        detect_task.cancel()
        await websocket.close()
```

https://github.com/PacktPublishing/Building-Data-Science-Applications-with-FastAPI/blob/main/chapter14/websocket_face_ detection/app.py

正如我们所说,我们有两项任务:receive 和 detect。第一个用于从 WebSocket 读取原始字节,而第二个用于执行检测并发送结果,正如我们在上一节中看到的那样。

这里的关键是使用 asyncio.Queue 对象。这是一种方便的结构,允许我们在内存中对一些数据进行排队,并使用先进先出(FIFO)策略检索这些数据。我们可以对队列中存储的元素数量设置限制,这就是我们用于限制处理图像数量的方式。

receive 函数接收数据并将其放在队列的末尾。当与 Queue 一起使用时,我们有两种方法将新元素放入队列:put 和 put_nowait。如果队列已满,则第一个队列将等待直到队列中有空间。这不是我们想要的,我们想要的是丢弃我们无法及时处理的图像。对于 put_nowait,如果队列已满,则引发 QueueFull 异常。在这种情况下,我们只是跳过并删除数据。

另一方面,detect 函数从队列中提取第一条信息,并在发送结果之前运行其检测。在上一节中,我们使用 fromfile 函数读取图像数据。在这里,我们直接使用字节数据,因此 frombuffer 函数更合适。

WebSocket 本身的实现与我们在第 8 章中看到的有些不同。事实上,我们不希望这两个任务同时进行,我们希望接受新的图像,并在图像出现时持续对其进行检测。

这就是为什么 detect 函数有自己的无限循环。通过在这个函数上使用 create_task,我们在事件循环中调度它,以便它开始处理队列中的图像。然后,我们有一个常规的 WebSocket 循环,它调用 receive 函数。在某种意义上,我们可以说 detect 函数在"后台"运行。请注意,我们确保在关闭 WebSocket 时取消此任务,以便正确停止无限循环。

实现的其余部分与我们在上一节中看到的类似。我们的后端现在准备好了! 现在让我们看看如何使用浏览器的功能。

14.5　在 WebSocket 中从浏览器发送图像流

在本节中,我们将学习如何在浏览器中从网络摄像头捕获图像并通过 WebSocket 发送。它主要涉及 JavaScript 代码,虽然这有点超出了本书的范围,但有必要让应用程序完整工作:

(1) 在浏览器中启用相机输入,打开 WebSocket 连接,拾取相机图像,然后通过 WebSocket 发送。基本上,它是这样工作的:多亏了 MediaDevices 浏览器 API,我们能够列出设备上所有可用的摄像头输入。有了这个,我们可以构建一个选择表单,用户可以使用该表单选择他们想要使用的相机。您可以在下面的示例中看到具体的 JavaScript 实现。

script. js

```javascript
window.addEventListener('DOMContentLoaded', (event) => {
    const video = document.getElementById('video');
    const canvas = document.getElementById('canvas');
    const cameraSelect = document.getElementById('cameraselect');
    let socket;
```

```javascript
// List available cameras and fill select
navigator.mediaDevices.enumerateDevices().then((devices) => {
    for (const device of devices) {
        if (device.kind === 'videoinput' && device.deviceId) {
            const deviceOption = document.createElement('option');
            deviceOption.value = device.deviceId;
            deviceOption.innerText = device.label;
            cameraSelect.appendChild(deviceOption);
        }
    }
});

// Start face detection on the selected camera on submit
document.getElementById('form-connect').addEventListener('submit', (event) => {
    event.preventDefault();

    // Close previous socket is there is one
    if (socket) {
        socket.close();
    }

    const deviceId = cameraSelect.selectedOptions[0].value;
    socket = startFaceDetection(video, canvas, deviceId);
});

});
```

https://github.com/PacktPublishing/Building-Data-Science-Applications-with-FastAPI/blob/main/chapter14/websocket_face_detection/script.js

（2）一旦用户提交表单，MediaDevices API 将允许我们开始捕获视频并在 HTML `<video>` 元素中显示输出。有关 MediaDevices API 的所有详细信息您可以在 MDN 文档中阅读，网址如下：

https://developer.mozilla.org/en-US/docs/Web/API/ MediaDevices

（3）同时，我们还与 WebSocket 建立连接。连接一旦建立起来，我们将启动一个重复任务，从视频输入中捕获图像并将其发送到服务器。为此，我们必须使用一个 `<canvas>` 元素，一个专门用于图形绘制的 HTML 标记。它附带了一个完整的 JavaScript API，因此我们可以通过编程在其中绘制图像。在那里，我们能够绘制当前视频图像并将其转换为有效的 JPEG 字节。如果您想了解更多信息，MDN 提供了一个关于 `<canvas>` 非常详细的教程，网址如下：

https://developer. mozilla. org/en-US/docs/Web/API/Canvas_API/Tutorial

具体的 JavaScript 实现如下：

script. js

```
const startFaceDetection = (video, canvas, deviceId) => {
    const socket = new WebSocket('ws://localhost:8000/face-detection');
    let intervalId;

    // Connection opened
    socket.addEventListener('open', function () {

        // Start reading video from device
        navigator.mediaDevices.getUserMedia({
            audio: false,
            video: {
                deviceId,
                width: { max: 640 },
                height: { max: 480 },
            },
        }).then(function (stream) {
            video.srcObject = stream;
            video.play().then(() => {
                // Adapt overlay canvas size to the video size
                canvas.width = video.videoWidth;
                canvas.height = video.videoHeight;

                // Send an image in the WebSocket every 160 ms
                intervalId = setInterval(() => {

                    // Create a virtual canvas to draw current videoimage
                    const canvas = document.createElement('canvas');
                    const ctx = canvas.getContext('2d');
                    canvas.width = video.videoWidth;
                    canvas.height = video.videoHeight;
                    ctx.drawImage(video, 0, 0);

                    // Convert it to JPEG and send it to the WebSocket
                    canvas.toBlob((blob) => socket.send(blob), 'image/jpeg');
                }, IMAGE_INTERVAL_MS);
```

```
        }));
    });
});


    // Listen for messages
    socket.addEventListener('message', function (event) {
        drawFaceRectangles(video, canvas, JSON.parse(event.data));
    });


    // Stop the interval and video reading on close
    socket.addEventListener('close', function () {
        window.clearInterval(intervalId);
        video.pause();
    });


    return socket;
};
```

https://github.com/PacktPublishing/Building-Data-Science-Applications-with-FastAPI/blob/main/chapter14/websocket_face_detection/script.js

请注意,我们将视频输入的像素大小限制为 640×480,这样就不会用太大的图像破坏服务器。此外,我们将间隔设置为每 42 ms 运行一次(该值设置为 IMAGE_INTERVAL_MS 常量),大致相当于每秒 24 幅图像。

如您所见,我们还连接事件侦听器来处理从 WebSocket 接收的消息。它调用 drawFaceRectangles 函数,我们将在下一节详细介绍。

14.6　在浏览器中显示人脸检测结果

现在我们可以将输入图像发送到服务器,我们必须在浏览器中显示检测结果。与我们在 14.2 节中展示的方法类似,我们将在检测到的人脸周围绘制一个绿色矩形。因此,我们必须找到一种方法来获取服务器发送的矩形坐标,并在浏览器中绘制它们:

(1)为此,我们再次使用 <canvas> 元素。这一次,它对用户可见,我们使用它绘制矩形。这里的窍门是使用 CSS 定位,以便该元素覆盖视频,这样,矩形将会显示在视频和相应面部的上方。下面是 HTML 代码。

index. html

```
<body>
    <div class = "container">
```

```
<h1 class = "my - 3"> Chapter 14 - Real time face detection </h1>
    <form id = "form - connect">
        <div class = "input - group mb - 3">
            <select id = "camera - select"> </select>
            <button class = "btn btn - success" type = "submit"id = "button - start">
Start </button>
        </div>
    </form>
    <div class = "position - relative">
        <video id = "video"> </video>
        < canvas id = "canvas" class = "position - absolute top - 0start - 0"> </
canvas >
    </div>
</div>

<script src = "script. js"> </script>
</body>
```

https://github. com/PacktPublishing/Building-Data-Science-Applications-with-FastAPI/blob/main/chapter14/websocket_face_detection/index. html

我们使用的 CSS 类是实用程序，由 Bootstrap 提供，Bootstrap 是一个非常常见的 CSS 库。基本上，我们将画布设置为绝对定位，并将其放置在左上角，以便覆盖视频元素。

（2）现在的关键是使用 Canvas API 根据接收到的坐标绘制矩形。这是 drawFace Rectangles 函数的用途，如下面示例代码块所示：

script. js

```
const drawFaceRectangles = (video, canvas, faces) => {
    const ctx = canvas. getContext('2d');

    ctx. width = video. videoWidth;
    ctx. height = video. videoHeight;

    ctx. beginPath();
    ctx. clearRect(0, 0, ctx. width, ctx. height);
    for (const [x, y, width, height] of faces. faces) {
        ctx. strokeStyle = "#49fb35";
        ctx. beginPath();
        ctx. rect(x, y, width, height);
        ctx. stroke();
    }
}
```

```
};
```

https://github. com/PacktPublishing/Building-Data-Science-Applications-with-FastAPI/blob/main/chapter14/websocket_face_detection/script. js

使用 canvas 元素,我们可以使用 2D 上下文在对象中绘制。请注意,首先清理所有内容,以便从上一次检测中删除矩形。然后,我们循环遍历所有检测到的人脸,并用给定的 x、y、width 和 height 值绘制一个矩形。

(3) 我们的系统现在已经准备好了,是时候试一试了! 正如第 8 章一样,我们启动两个服务器:一个使用 Uvicorn 来服务 FastAPI 应用程序,另一个使用内置 Python 服务器来服务 HTML 和 JavaScript 文件。

在一个终端中,启动 FastAPI 应用程序:

```
$ uvicorn chapter14.websocket_face_detection.app:app
```

在另一个终端中,使用内置 Python 服务器为 HTML 应用程序提供服务:

```
$ python - m http. server -- directory chapter14/websocket_face_detection 9000
```

HTML 应用程序现已在端口 9000 上就绪。您可以使用地址 http://localhost:9000 在浏览器中访问它。您将会看到一个界面,邀请您选择要使用的相机,如图 14.2 所示。

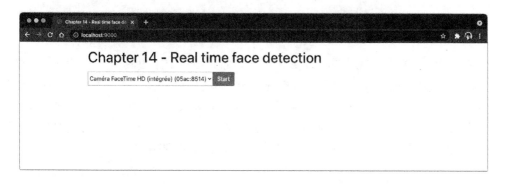

图 14.2　人脸检测 Web 应用程序的网络摄像头选择

(4) 选择要使用的网络摄像头,然后单击"开始"按钮。视频输出将显示出来,人脸检测将通过 WebSocket 启动,并在检测到的人脸周围绘制绿色矩形。图 14.3 中展示了这一点。

成功了! 我们将 Python 系统的智能直接引入用户的 Web 浏览器。这只是一个使用 WebSockets 和机器学习算法可以实现的示例,但这绝对可以让您为用户创建近乎实时的体验。

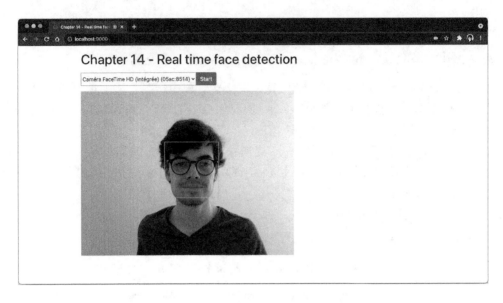

图 14.3　运行人脸检测 Web 应用程序

14.7　总　结

在本章中,展示了 WebSocket 如何帮助我们为用户带来更具交互性的体验。借助于 OpenCV,我们能够快速实现人脸检测系统。然后,在 FastAPI 的帮助下,我们将其集成到 WebSocket 端点中。最后,通过使用现代 JavaScript API,我们将视频输入发送到浏览器,并在浏览器中直接显示算法结果。总之,这样一个项目一开始可能听起来很复杂,但当我们看到像 FastAPI 这样的强大工具时,就能够在很短的时间内获得结果,并且很容易理解源代码。

本书和我们的 FastAPI 之旅到此结束。我们真诚地希望您喜欢它,并希望您在这一过程中学到很多东西。本书涵盖了许多主题,虽然有的只是触及表面,但您现在应该已经准备好使用 FastAPI 构建自己的项目,并提供智能数据科学算法。一定要查看我们书中提到的所有外部资源,因为它们为您提供了所需的具体信息。

近年来,Python 获得了广泛的应用,尤其是在数据科学领域,FastAPI 虽然还很新,但作为一种游戏规则的构建功能,它的使用率已经达到了前所未有的普及程度。在未来几年中,它可能会成为许多数据科学系统的核心。如果您读了这本书,您也会成为未来数据科学系统的建造者之一。

快来开启您的 FastAPI 之旅吧!